高等职业教育系列教材

自动控制原理与系统

主　编　刘　丽

副主编　李　斌　黄敦华

参　编　王宏伟

机　械　工　业　出　版　社

本书根据高职高专教育的特点，从实用的角度出发，以经典控制理论为主线，结合直流调速系统、位置随动系统和交流调速系统，在内容安排上力求循序渐进、由浅入深。本书主要介绍了自动控制系统的基本概念、控制系统数学模型的建立方法；自动控制系统的稳定性、稳态性和动态性的分析方法；系统校正的理论；MATLAB 在自动控制原理与系统中的应用；直流调速系统、位置随动系统和交流调速系统。控制理论以结论的应用分析为主，去掉了结论的推导过程，控制系统指标的计算以 MATLAB 软件为主，解决了高职学生学习控制理论的瓶颈问题。本书内容以够用为度，强调基本技能的训练，从而培养具有工程师素质的实用型人才。

本书可作为高职高专院校、应用型本科院校、职工大学的自动化类、电气类、机电一体化类和应用电子类专业的教材，也可作为自学考试用书，并可供工程技术人员参考。

本书提供配套的电子课件，需要的教师可登录 www.cmpedu.com 进行免费注册，审核通过后即可下载；或者联系编辑索取（QQ：1239258369，电话：010-88379739）。

图书在版编目（CIP）数据

自动控制原理与系统/刘丽主编．—北京：机械工业出版社，2017.5（2025.2 重印）

全国高等职业教育“十三五”规划教材

ISBN 978-7-111-56916-9

Ⅰ.①自… Ⅱ.①刘… Ⅲ.①自动控制理论-高等职业教育-教材 ②自动控制系统-高等职业教育-教材 Ⅳ.①TP13 ②TP273

中国版本图书馆 CIP 数据核字（2017）第 114348 号

机械工业出版社（北京市百万庄大街 22 号 邮政编码 100037）
策划编辑：李文铁 责任编辑：李文铁
责任校对：佟瑞鑫 责任印制：邓 博
北京盛通数码印刷有限公司印刷
2025 年 2 月第 1 版第 5 次印刷
184mm×260mm · 12.5 印张 · 298 千字
标准书号：ISBN 978-7-111-56916-9
定价：45.00 元

电话服务
客服电话：010-88361066
010-88379833
010-68326294

网络服务
机 工 官 网：www.cmpbook.com
机 工 官 博：weibo.com/cmp1952
金 书 网：www.golden-book.com
机工教育服务网：www.cmpedu.com

封底无防伪标均为盗版

前　　言

本书是为工科类高职学生编写的自动控制原理与系统教材。本书以经典控制理论为主线，结合直流调速系统、位置随动系统和交流调速系统，在内容安排上力求循序渐进、由浅入深。本书更多地应用图文、图表，使文字表达尽量通俗易懂，便于学生将跨学科内容有机联系、相互贯通。本书在编写过程中注重理论和实际的紧密相连，同时注重介绍分析问题与解决问题的思路、方法。

全书内容共分为7章：第1章主要介绍了自动控制系统的基本概念、控制系统数学模型的建立方法以及结构图的表示方法；第2章主要介绍了自动控制系统的稳定性、稳态性和动态性的分析方法；第3章主要介绍了系统校正的理论；第4章主要介绍MATLAB在自动控制原理与系统中的应用，本章比较全面，考虑高职学生的计算机能力相对欠缺，实例编写很丰富，软件的学习以学生自学为主，教师主讲如何用软件解决系统分析问题，控制理论以结论的应用分析为主，去掉了结论的推导过程，控制系统指标的计算以MATLAB软件为主，解决了高职学生学习控制理论的瓶颈问题；第5~7章介绍了目前控制系统应用较多的直流调速系统、位置随动系统和交流调速系统，实用性较强。

本书可作为高职高专院校、应用型本科院校、职工大学的自动化类、电气类、机电一体化类和应用电子类专业的教材，也可作为自学考试用书，并可供工程技术人员参考。

本书是机械工业出版社组织出版的“高等职业教育系列教材”之一，由刘丽（沈阳职业技术学院）担任主编，李斌（沈阳职业技术学院）、黄敦华（北京电子科技职业学院）担任副主编，王宏伟（沈阳黎明职业技术学院）担任参编。其中，第1~3章和附录由刘丽编写，第4章、第7章由李斌编写，第5章由黄敦华编写，第6章由王宏伟编写。刘丽统稿。杨汇军副教授（辽宁工业大学）在百忙中抽出时间，认真审阅了全书，并提出了许多宝贵意见，在此表示感谢！本书参考了大量的文献资料，在此一起向这些作者表示衷心感谢！

由于编者水平有限，书中难免存在错误和不妥之处，敬请广大读者不吝赐教。

编　者

目　　录

第 1 章　自动控制基础

1.1　自动控制的基本概念

1.1.1　自动控制系统概述

自动控制（Automatic Control）是一个非常重要的研究领域，在过去的几十年中发展起来的理论和实践解决了大量的自动化问题，使这个领域发展成为综合性的学科，它涉及电气工程、计算机应用、机电一体化、过程控制等各种专业，应用领域极为广泛。

自动控制在我们日常生活中随处可见，人本身就是一个非常智能的自动控制系统。人体的许多功能可以在不需要有意识干涉的情况下完成，从而维持人们的生命：人的体温保持在37℃左右的自动温控系统、心跳控制系统、眼球聚焦系统等都属于自动控制系统。在我们的周围有更多的自动控制系统。在一个现代化的居室内，温度由温度调节装置自动控制，类似的还有水箱中热水的温度。导航控制系统使汽车自动保持在设定车速，制动防抱死系统自动防止汽车在湿滑的路面上打滑，数控车床按预定程序自动切削，人造卫星准确进入预定轨道等。

所谓自动控制，就是在没有人直接参与的情况下，利用控制装置，对生产过程、工艺参数、目标要求等进行自动的调节与控制，使之按照预定的方案达到要求的指标。自动控制系统（Automatic Control System），是指能够对被控对象的工作状态进行自动控制的系统。它一般由控制装置和被控对象组成。

自动控制系统具有测量、控制和执行单元，这些功能分别由相应的元器件来完成。下面以电炉箱恒温自动控制系统为例来说明自动控制各部分的构成，如图 1-1 所示。

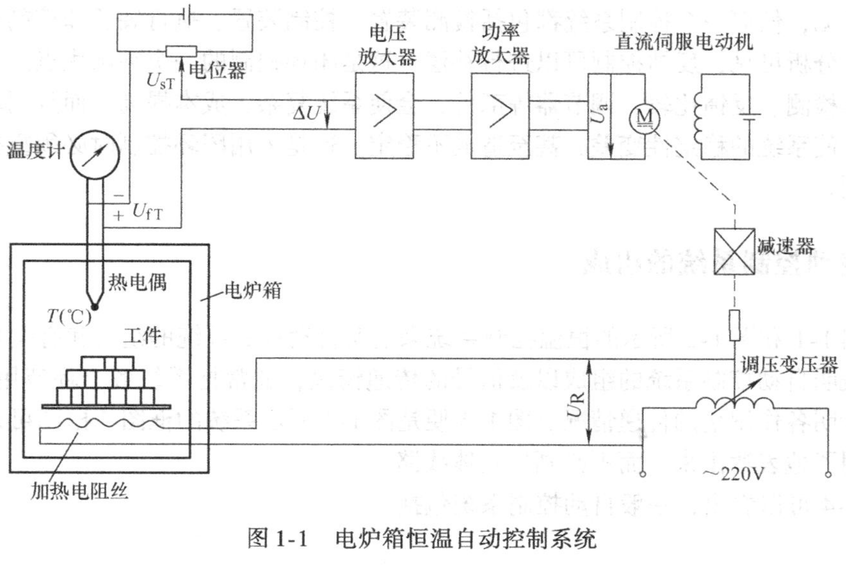

图 1-1　电炉箱恒温自动控制系统

由图 1-1 可见，现采用热电偶来检测温度，并将炉温转换成电压信号 U_{fT}（毫伏级），然后反馈至输入端与给定电压 U_{sT}进行比较，由于采用的是负反馈控制，因此两者极性相反，两者的差值 ΔU 称为偏差电压（$\Delta U = U_{sT} - U_{fT}$）。此偏差电压作为控制电压，经电压放大和功率放大后，去驱动直流伺服电动机（控制电动机电枢电压），电动机经减速器带动调压变压器的滑动触头来调节炉温。电炉箱自动控制框图如图 1-2 所示。

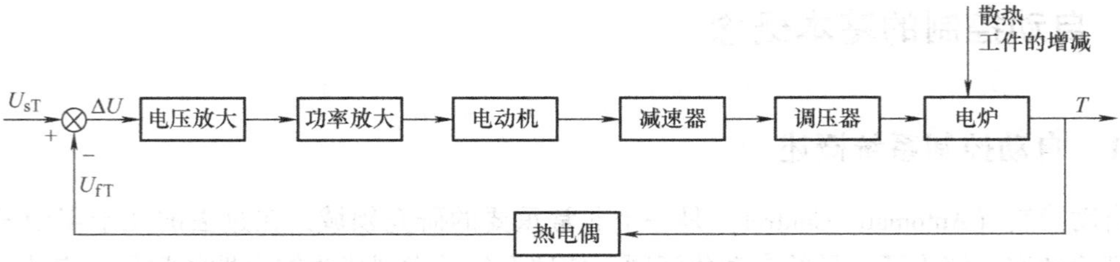

图 1-2　电炉箱自动控制框图

当炉温低时，$U_{fT} < U_{sT}$，$\Delta U = U_{sT} - U_{fT} > 0$，此时偏差电压极性为正，此偏差电压经电压放大和功率放大后，产生的电压 U_a（设 $U_a > 0$），供给电动机电枢，使电动机“正”转，带动调压器滑点右移，从而使电炉供电电压（U_R）增加，电流加大，炉温上升，直至炉温升至给定值，即 $T = T_{sT}$（T_{sT}为给定值），$U_{fT} = U_{sT}$，$\Delta U = 0$ 时为止。这样炉温可自动恢复，并保持恒定。

炉温自动调节过程如图 1-3 所示。

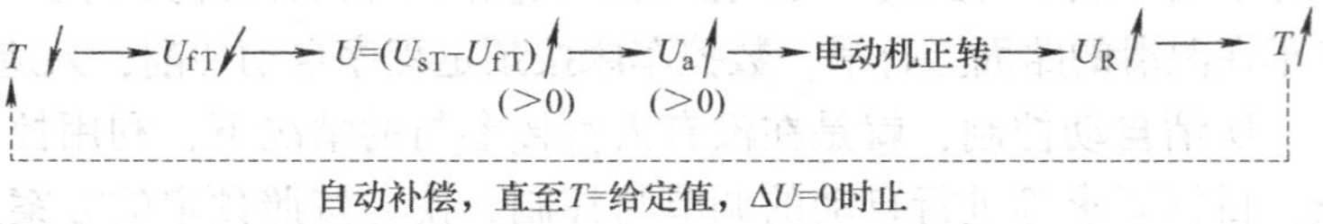

图 1-3　炉温自动调节过程

反之，当炉温偏高时，则 ΔU 为负，经电压放大和功率放大后使电动机“反”转，带动调压器滑点左移，使供电电压减少，直至炉温降至给定值。

炉温处于给定值时，$\Delta U = 0$，电动机停转。

由此可见，任何一个控制系统都包括检测装置、控制装置、执行装置和控制对象。

由以上分析可见，反馈控制可以进行补偿，这是闭环控制的一个突出优点。当然，闭环控制要增加检测、反馈比较、调节器等部件，会使系统复杂、成本提高。而且闭环控制会带来副作用，使系统的稳定性变差，甚至造成不稳定。这是采用闭环控制时必须重视并要加以解决的问题。

1.1.2　自动控制系统的组成

现以图 1-1 和图 1-2 所示的恒温控制系统来说明自动控制系统的组成和有关术语。

为了表明自动控制系统的组成以及信号的传递情况，通常把系统各个环节用框图表示，并用箭头标明各作用量的传递情况。图 1-4 便是图 1-1 所示系统的框图。框图可以把系统的组成简单明了地表达出来，而不必画出具体线路。

由图 1-4 可以看出，一般自动控制系统包括：

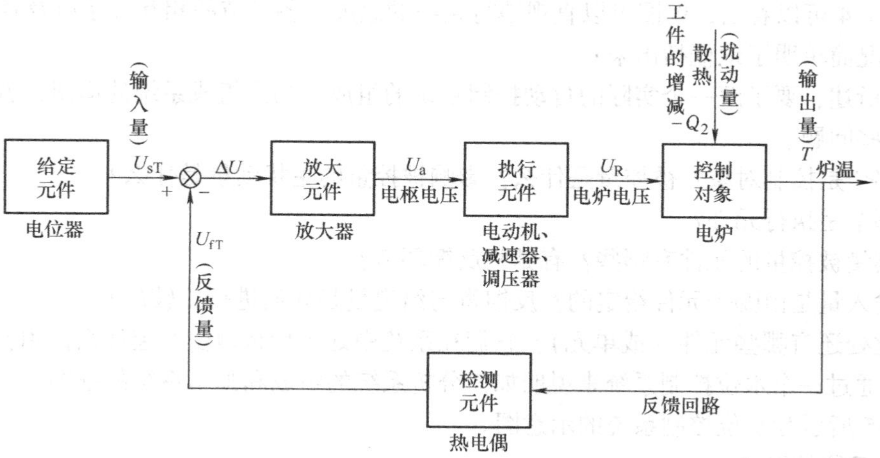

图 1-4　自动控制系统的框图

● 给定元件——由它调节给定信号，以调节输出量的大小。此处为电位器。

● 检测元件——由它检测输出量的大小，并反馈到输入端。此处为热电偶。

● 比较环节——在此处，反馈信号与给定信号进行叠加，信号的极性以“+”或“-”表示。若为负反馈，则两信号极性相反。若极性相同，则为正反馈。

● 放大元件——由于偏差信号一般很小，所以要经过电压放大或功率放大，以驱动执行元件。此处为晶体管放大器或集成运算放大器。

● 执行元件——是驱动被控制对象的环节。此处为伺服电动机、减速器和调压器。

● 控制对象——亦称被控对象。在此恒温系统中即为电炉。

● 反馈回路——由它将输出量引出，再回送到控制部分。一般的闭环系统中，反馈环节包括检测、分压、滤波等单元，反馈信号与输入信号极性相同则为正反馈，相反则为负反馈。

由图 1-4 可见，系统的各种作用量和被控制量有：

● 输入量——又称控制量或参考输入量，输入量的角标常用 i（或 r）表示。它通常由给定的信号电压构成，或通常检测元件将非电输入量转换成信号电压。如图 1-4 中的给定电压 U_{sT}。

● 输出量——又称被控制量，输出量角标常用 o（或 c）表示。它是被控对象的输出，是自动控制的目标。如图 1-4 中的炉温 T。

● 反馈量——通常检测元件将输出量转变成与给定信号性质相同且数量级相同的信号。如图 1-4 中的反馈量即为通过热电偶将温度 T 转换成与给定电压信号性质相同的电压信号 U_{fT}。反馈量的角标常以 f 表示。

● 扰动量——又称干扰或“噪声”，所以扰动量的角标常以 d（或 n）表示。它通常是指引起输出量发生变化的各种因素。来自系统外部的称为外扰动，例如电动机负载转矩的变化、电网电压的波动、环境温度的变化等。图 1-4 中的炉壁散热、工件增减均可看成是来自系统外部的扰动量。来自系统内部的扰动称为内扰动，如系统元件参数的变化、运放器的零位漂移等。

● 中间变量——它是系统中各环节之间的作用量。它是前一个环节的输出量，也是后一环节的输入量。如图 1-4 中的 ΔU、U_a、U_R 等就是中间变量。

由图 1-4 可以看出，框图可以直观地将系统的组成、各环节的相互关系以及各种作用量的传递情况简单明了地概括出来。

综上所述，要了解一个实际的自动控制系统的组成，画出组成系统的框图，就必须明确下面的一些问题。

① 哪个是控制对象？被控量是什么？影响被控量的主扰动量是什么？

② 哪个是执行元件？

③ 测量被控量的元件有哪些？有哪些反馈环节？

④ 输入量是由哪个元件给定的？反馈量与给定量是如何进行比较的？

⑤ 此处还有哪些元件（或单元）？它们在系统中处于什么地位？起什么作用？

下面通过一个水位控制系统来说明如何分析系统的组成和画出系统的框图。

图 1-5 所示为水位控制系统的示意图。

（1）系统的组成

由图 1-5 可见，系统的控制对象是水箱（而不是控制阀），被控制量（或输出量）是高度 H（而不是 Q_1 或 Q_2）。使水位 H 发生改变的外界因素是用水量 Q_2，因此，Q_2 为负载扰动量（它是主要扰动量）。使水位能保持恒定的可控因素是给水量 Q_1，因此，Q_1 为主要作用量（理清 H 与 Q_1、Q_2 的关系，是分析本系统的组成的关键）。

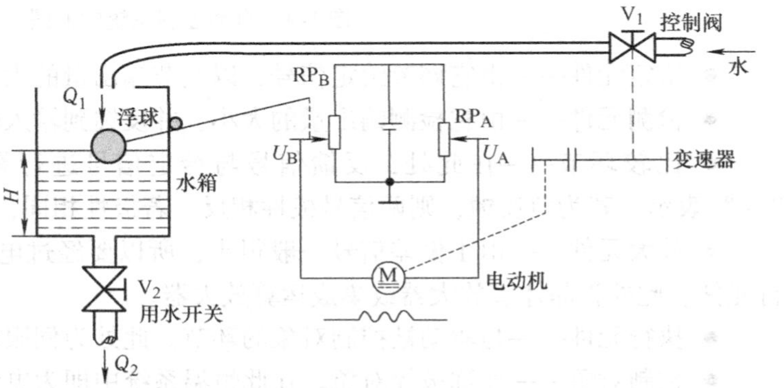

图 1-5　水位控制系统的示意图

控制 Q_1 的是由电动机驱动的控制阀门 V_1，因此，电动机–变速器–控制阀便构成执行元件。电动机的供电电压 $U=U_A-U_B$，其中，U_A 由电位器 RP_A 给定（电位器 RP_A 为给定元件），U_B由电位器 RP_B 给出，U_B的大小取决于浮球的位置，而浮球的位置取决于水位 H，因此，由浮球–杠杆–电位器 RP_B 就构成水位的检测和反馈环节。U_A 为给定量，U_B为反馈量，U_B与 U_A 极性相反，所以为负反馈。

根据以上的分析，便可画出组成系统的框图，如图 1-6 所示。

（2）工作原理

当系统处于稳态时，此时电动机停转，$U=U_A-U_B=0$，即 $U_B=U_A$；同时，$Q_1=Q_2$，$H=H_0$（稳态值）（它由 U_A 给定）。若设用水量 Q_2 增加，则水位 H 将下降，通过浮球及杠杆的反馈作用，将使电位器 RP_B 的滑点上移，U_B将增大；这样 $U=U_A-U_B<0$，此电压使电动机反转，经减速后，驱动控制阀 V_1，使阀门开大（这是安装时做成如此的），从而使给水量 Q_1 增加，使水位不再下降，且逐渐上升并恢复到原位。这个自动调节的过程一直继续到 $Q_1=Q_2$，$H=H_0$（恢复到原水位），$U_B=U_A$，$U=0$，电动机停转为止。其自动调节过程如图 1-7 所示。

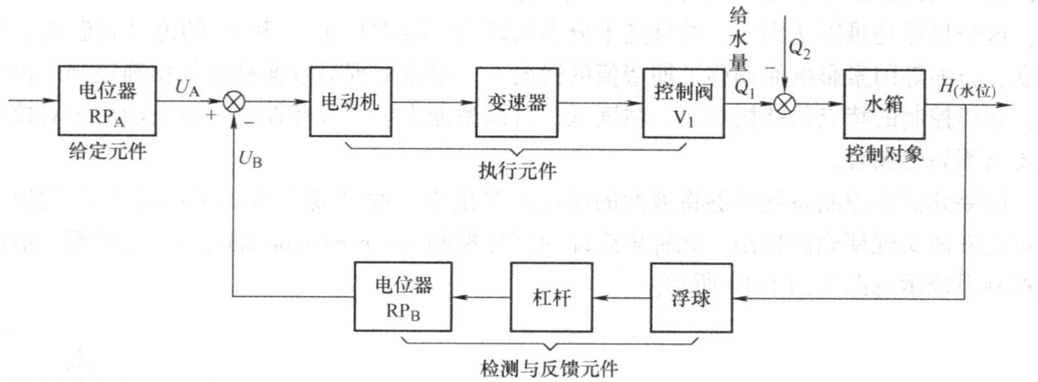

图 1-6　水位控制系统框图

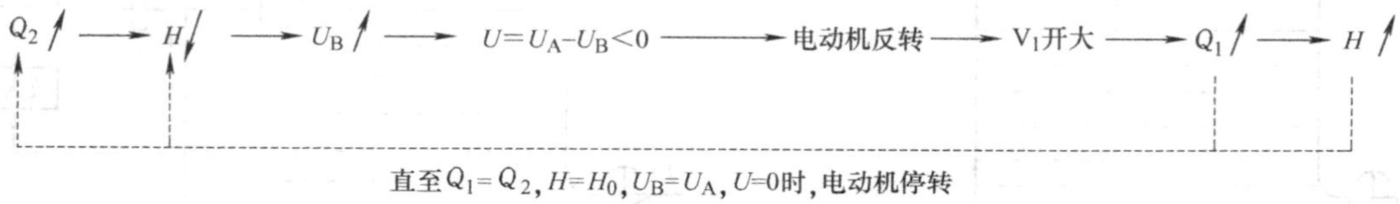

图 1-7　水位控制的自动调节过程

1.1.3　开环控制和闭环控制

若通过某种装置将能反映输出量的信号引回来去影响控制信号，这种作用称为“反馈”作用。自动控制系统按有无反馈可分为开环控制和闭环控制。

开环控制（Ope-loop Control）是一种最简单的控制方式，其特点是：在控制器与被控对象之间只有正向控制作用而没有反馈控制作用，即系统的输出量对控制量没有影响。开环控制系统结构框图如图 1-8 所示。

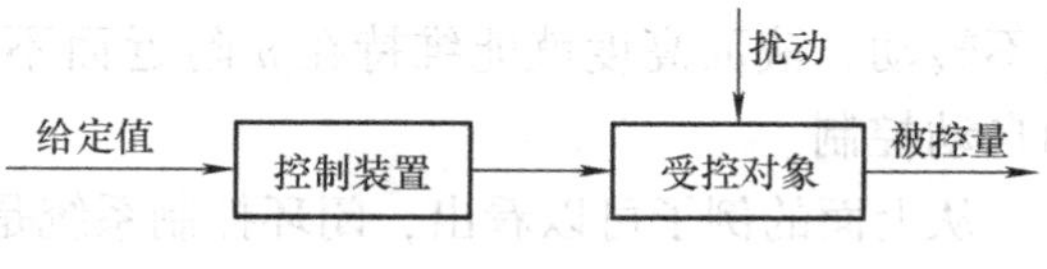

图 1-8　开环控制系统结构框图

传统的洗衣机就是一个开环的例子，浸湿、洗涤和漂清过程，在洗衣机中是依次进行的，在洗涤过程中，无须对其输出信号即衣服的清洁程度等进行测量。

在任何开环控制中，系统的输出量都不需要与参考输入进行比较，对应于每一个参考输入量，便有一个相应的固定工作状态与之对应，这样，系统的精度便取决于校准的精度（为了满足实际应用的需要，开环控制系统必须精确地予以校准，并且在工作工程中保持这种校准值不发生变化）。当出现扰动时，开环控制系统就不能实现既定任务了，如果输入量与输出量之间的关系已知，并且不存在扰动，则可以采用开环控制。沿时间坐标轴单向运行的任何系统，都是开环系统。

下面以一个简单的液面开环控制系统为例来说明开环控制的原理与特点。

图 1-9 所示为一个简单的液面开环控制系统，要求其液面高度 h 能够保持在允许偏差的范围内。V_1 和 V_2 是单位时间流出和流入此水槽的液体体积。要达到对液体高度控制的目

的，首先应该根据要求的液面高度 h 及 V_1 的值，确定 V_2 的值，以达到期望的液面高度。显然，这个目标是难以达到的，并且是十分不精确的。特别是在 V_1 和 V_2 的值受到温度、液体浓度、压强等因素影响而偏移了期望值的情况下，很难实现对液面高度的精确控制。由此可见，开环控制的特点是结构简单，精度低，自调整能力差。开环控制一般只能用于对控制性能要求不高的场合。

如果此液面控制系统能够将液面的高度检测出来，通过液面的高度来调整 V_2 的值，即可对此液面实现精确的控制。此种思想即为闭环控制（Closed-loop Control）的思想。液面闭环控制系统示意图如图 1-10 所示。

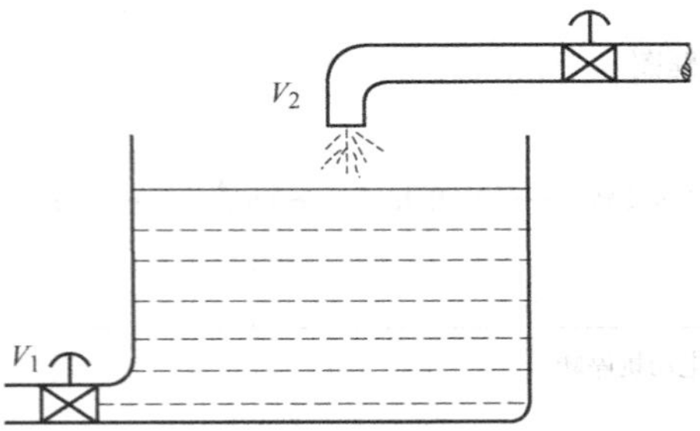

图 1-9　液面开环控制系统

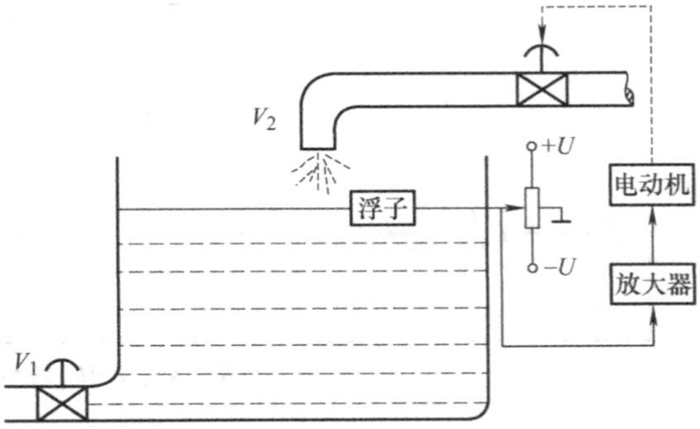

图 1-10　液面闭环控制系统

图 1-10 中浮子的位置就是测量出来的液面实际高度，将它与电位器相连接，在期望高度 h 的位置，此电位器的电压值为零。若水槽中液体的液面高度偏离期望值 h，就使电位器输出一个电压值 u，此电压值经过放大后，作用于电动机，用以调整 V_2 的值，改变流入水槽中液体的速度，直到液面高度恢复到期望高度的值，此时电压输出为零，电动机不转动，液面高度就能维持在 h 附近而不超过允许误差的范围。从而实现了液面系统的自动控制。

从上面的例子可以看出，闭环控制系统是将输出的测量值与预期的输出值相比较，产生偏差信号并将偏差信号作用于执行机构。闭环控制也称为反馈控制，就是在输出与输入之间存在反馈通道，通过反馈通道将输出量反馈到输入端。

闭环控制方式比较复杂，但对于外界干扰导致控制装置与控制对象参数发生变化而引起的内部干扰，系统都能自动补偿。因此，闭环系统的控制精度比较高。闭环控制系统是自动控制系统中最基本的控制方式，也是自动控制理论的基础。

1.1.4　自动控制系统的分类

自动控制系统可以从不同的角度进行分类。

1. 按系统输入信号的变化规律不同分类

（1）恒值控制系统（或称自动调节系统）

这类系统的特点是输入信号是一个恒定的数值，并且要求系统的输出量相应地保持恒定。工业生产中的恒温、恒速等自动控制系统都属于这一类型。恒值控制系统主要研究各种干扰对系统输出的影响以及如何克服这些干扰，把输入、输出量尽量保持在希望的数值上。

(2) 过程控制系统（或称程序控制系统）

这类系统的特点是输入信号是一个已知的时间函数，系统的控制过程按预定的程序进行，要求被控量能迅速准确地复现，如化工中反应的压力、温度、流量控制。恒值控制系统也认为是过程控制系统的特例。

(3) 随动控制系统（或称伺服系统）

这类系统的特点是输入信号是一个未知的函数，要求输出量跟随给定量变化。在随动系统中，扰动的影响是次要的，系统分析、设计的重点是研究被控量跟随的快速性和准确性。函数记录仪、高炮自动跟踪系统便是典型的随动系统的例子。在随动系统中，如果被控制量是机械位置（角位置）或其导数时，这类系统称之为伺服系统。

2. 按描述系统的数学模型不同分类

(1) 线性系统

由线性元件构成的系统叫作线性系统。其运动方程为线性微分方程。若各项系数为常数，则称为线性定常系统。其运动方程的一般形式为

$$a_n \frac{\mathrm{d}^n c(t)}{\mathrm{d}t^n} + a_{n-1}\frac{\mathrm{d}^{n-1} c(t)}{\mathrm{d}t^{n-1}} + \cdots + a_1 \frac{\mathrm{d}c(t)}{\mathrm{d}t} + a_0 c(t)$$
$$= b_m \frac{\mathrm{d}^m r(t)}{\mathrm{d}t^m} + b_{m-1}\frac{\mathrm{d}^{m-1} r(t)}{\mathrm{d}t^{m-1}} + \cdots + b_1 \frac{\mathrm{d}r(t)}{\mathrm{d}t} + b_0 r(t)$$

式中　$r(t)$——系统的输入量；

$c(t)$——系统的输出量。

线性系统的主要特点是具有迭加性和齐次性，即当系统的输入分别为 $r_1(t)$ 和 $r_2(t)$ 时，对应的输出分别为 $c_1(t)$ 和 $c_2(t)$，则当输入为 $r(t)=a_1r_1(t)+a_2r_2(t)$ 时，输出量为 $c(t)=a_1c_1(t)+a_2c_2(t)$，其中 a_1、a_2 为常系数。

(2) 非线性系统

在构成系统的环节中有一个或一个以上的非线性环节时，则称此系统为非线性系统。典型的非线性特性有饱和特性、死区特性、间隙特性、继电特性、迟滞特性等，如图 1-11 所示。

非线性理论研究远不如线性系统那么完整，一般只能近似地定性描述和数值计算。在自然界中，严格来说，任何物理系统的特性都是非线性的。但是，为了研究问题的方便，许多系统在一定的条件下和一定的范围内，可以近似地看成是线性系统来加以分析研究，其误差往往在工业生产允许的范围之内。

3. 按系统传输信号的性质分类

(1) 连续系统

系统各部分的信号都是模拟的连续函数。图 1-3 所示的炉温自动调节过程就属于这一类型。

(2) 离散系统

系统的某一处或几处，信号以脉冲序列或数码的形式传递的控制系统称为离散系统。其主要特点是：系统中用脉冲开关或采样开关，将连续信号转变为离散信号。若离散信号为脉冲的系统又叫脉冲控制系统。若离散信号以数码形式传递的系统，又叫采样数字控制系统或数字控制系统。如数字计算机控制系统就属于这一类型。

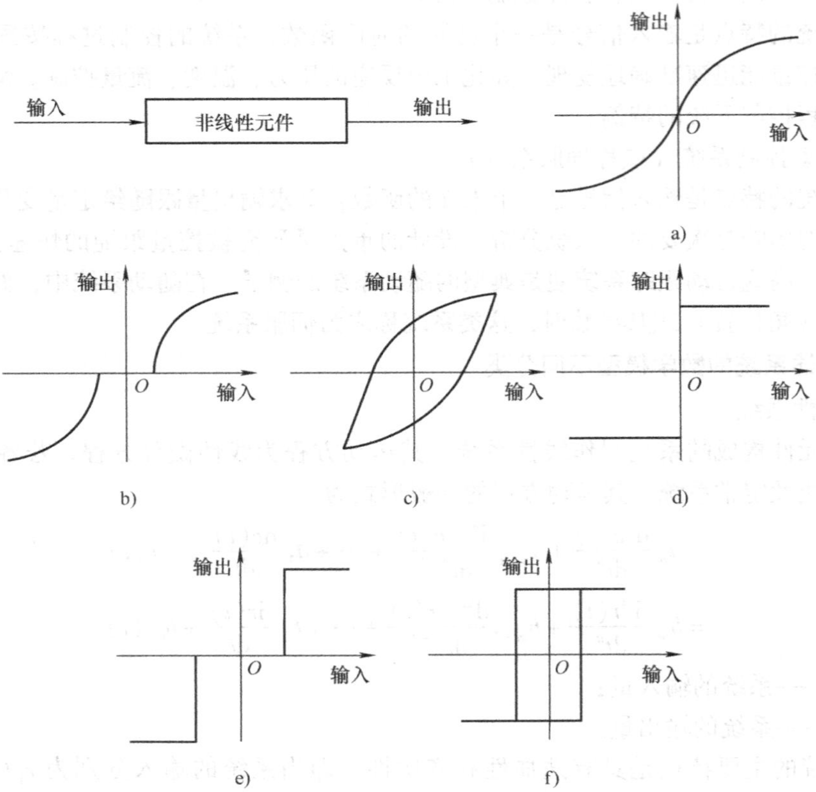

图 1-11　非线性元件的静特性举例

a）饱和特性　b）死区特性　c）间隙特性　d）、e）、f）继电特性

4. 其他分类方法

自动控制系统还有其他的分类方法，如按系统的输入/输出信号的数量来分，有单输入/单输出系统和多输入/多输出系统；按控制系统的功能来分，有温度控制系统、速度控制系统、位置控制系统等；按系统元件类型来分，有机电系统、液压系统、气动系统、生物系统等。综合这些分类，可以全面反映控制系统。本书主要讲述线性定常系统，线性定常系统可用输入量与输出量的微分方程表示，且微分方程的系数是常数；反之，如果微分方程的系数随时间变化，称为时变系统。

对控制系统进行分类，可以在分析和设计系统前，对系统有初步的研究和认识，这样既可以选择适当的方法，又能有针对性地分析和设计系统。

1.1.5　自动控制系统的性能指标

系统从原来的平衡状态过渡到一个新的平衡状态，称为过渡过程，也称为动态过程（即随时间而变的过程），而把被控量处于平衡状态称为静态或稳态。自动控制系统的基本要求可以归结为稳定性、准确性和快速性。

稳定性是指，对于恒值系统，要求当系统受到扰动后，经过一定时间的调整能够回到原来的期望值；对于随动系统，被控制量始终跟随输入量的变化。稳定性是对系统的基本要求，不稳定的系统不能实现预定任务。稳定系统的动态过程如图 1-12 所示。不稳定的系统无法进行正常的工作。如图 1-13 所示，在给定信号的作用下，被控量振荡发散的情况；另外，若系统出现等幅振荡，即处于临界稳定的状态，这种情况也视为不稳定。因此，对于任何自动控制系统，首要的条件是系统能稳定正常地运行。

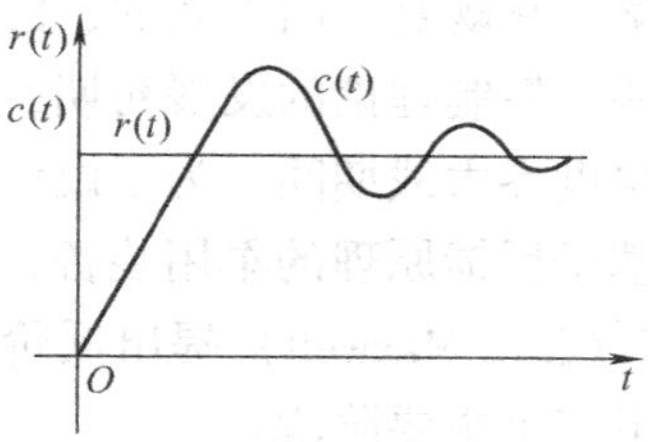

图 1-12　稳定系统的动态过程

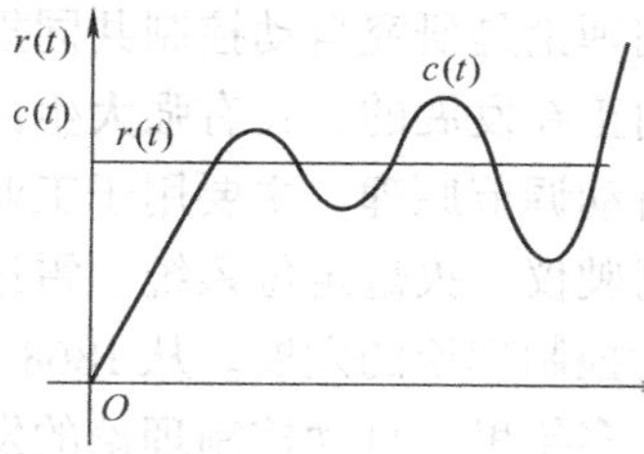

图 1-13　不稳定系统的动态过程

快速性是通过动态过程时间长短来表征的，如图 1-14 所示。它对过渡过程的形式和快慢提出要求，一般称为动态性能。

快速性的好坏一般用调节时间来表示，所谓的调节时间（t_s）是指从给定量作用于系统开始，到输出量进入并保持在允许误差带（±5%、±2%）内所需的时间。通常希望过渡过程越快越好。快速性表明了系统输出对输入响应的快慢程度。系统响应越快，说明系统的输出复现输入信号的能力越强。

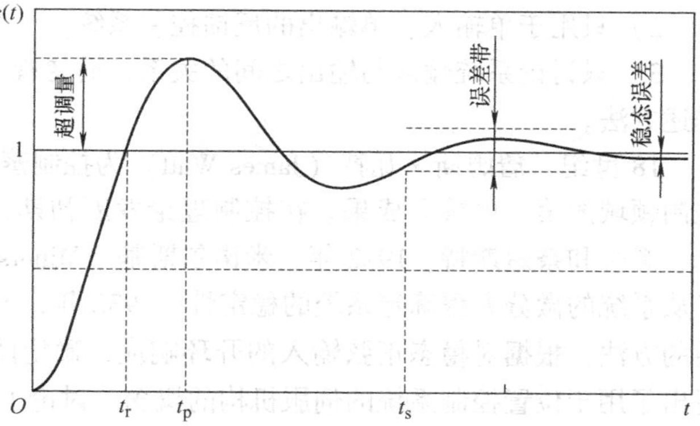

图 1-14　控制系统的快速性

准确性用稳态误差 e_{ss} 来表示。在参考输入信号作用下，当系统达到稳态后，其稳态输出与参考输入所要求的期望输出之差叫作给定稳态误差，如图 1-15 所示。显然，这种误差越小，表示系统的输出跟随参考输入的精度越高。它反映了系统的稳态精度。若系统的最终误差为零，则称为无差系统，否则称为有差系统。

由于被控对象的具体情况不同，各种系统对上述三方面性能要求的侧重点也有所不同。例如，随动系统对快速性和稳态精度的要求较高，而恒值系统一般侧重于稳定性能和抗扰动的能力。在同一个系统中，上述三方面的性能要求通常是相互制约的。例如，为了提高系统动态响应的快速性和稳态精度，就需要增大系统的放大能力，而放大能力的增强，必然促使系统动态性能变差，甚至会使系统变为不稳定。反之，若强调系统动态过程平稳性的要求，系统的放大倍数就应较小，从而导致系统稳态精度的降低

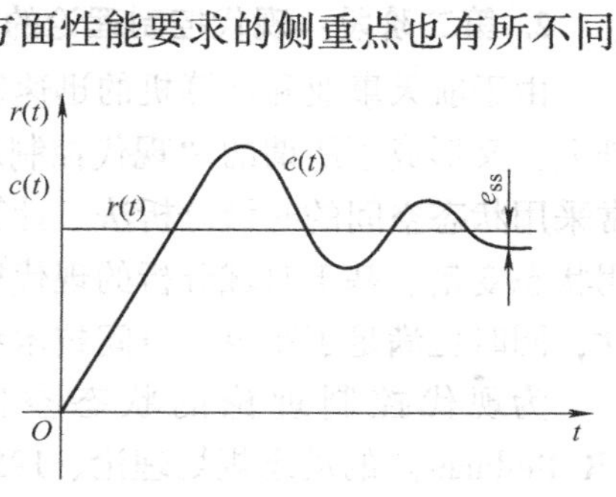

图 1-15　控制系统的稳态误差

和动态过程的缓慢。由此可见，系统动态响应的快速性、高精度与动态稳定性之间是矛盾的。

1.1.6 自动控制系统的发展

自动控制理论是研究自动控制共同规律的技术科学。它既是一门古老的、已近成熟的学科，又是一门正在发展的、具有强大生命力的新兴学科。控制理论的发展初期，是以反馈理论为基础的自动调节原理，主要用于工业控制。第二次世界大战期间，为了设计和制造飞机及船用自动驾驶仪、火炮定位系统、雷达跟踪系统等基于反馈原理的军用装备，进一步促进和完善了自动控制理论的发展。从1868年马克斯威尔（J. C. Maxwell）提出低阶系统稳定性判据至今100多年里，自动控制理论的发展可分为以下三个主要阶段：

1. 第一阶段：经典控制理论（或古典控制理论）的产生、发展和成熟

经典控制理论的基本特征为：

1）主要用于线性定常系统的研究，即用于常系数线性微分方程描述的系统的分析与综合。

2）只用于单输入、单输出的反馈控制系统。

3）只讨论系统输入与输出之间的关系，而忽视系统的内部状态，是一种对系统的外部描述方法。

18世纪，詹姆斯·瓦特（James Watt）为控制蒸汽机速度而设计的离心调节器，是自动控制领域的第一项重大成果。在控制理论发展初期，做出过重大贡献的众多学者有迈纳斯基、黑曾和奈魁斯特。1922年，米诺尔斯基（Minorsky）研制船舶操纵自动控制器，并证明了从系统的微分方程确定系统的稳定性。1932年，奈奎斯特（Nyquist）提出了一种相当简便的方法，根据对稳态正弦输入的开环响应，确定闭环的稳定性。1934年，黑森（Hezen）提出了用于位置控制系统的伺服机构的概念，讨论了可以精确跟踪变化的输入信号的继电式伺服机构。19世纪40年代，频率响应法为闭环控制系统提供了一种可行方法，从20世纪40年代末到50年代初，伊凡思（Evans）提出并完善了根轨迹法。频率响应法和根轨迹法是古典控制理论的核心。由这两种方法设计出来的系统是稳定的，至少能基本满足一组合理的性能要求。一般来说，这些系统是令人满意的，但它不是某种意义上的最佳系统。

本书重点讲解经典控制理论的内容。

2. 第二阶段：现代控制理论的兴起和发展

由于航天事业和计算机的迅速发展，20世纪60年代初，在原有“经典控制理论”的基础上，又形成了所谓的“现代控制理论”。现代控制系统解决的是多输入、多输出问题，通常采用状态空间的时域分析法。计算机的出现为复杂系统的时域分析提供了可能。因此，利用状态变量、基于时域分析的现代控制理论应运而生，从而适应了现代设备日益增加的复杂性，同时也满足了军事、空间技术和工程应用领域对精确度、质量和成本方面的严格要求。

为现代控制理论的状态空间法的建立做出开拓性贡献的有：1954年贝尔曼（R. Bellman）的动态规划理论、1956年庞特里雅金（L. S. Pontryagin）的极大值原理和1960年卡尔曼（R. E. Kalman）的多变量最优控制和最优滤波理论。状态空间方法的核心是最优化技术。它以状态空间描述（实质上是一阶微分或差分方程组）作为数学模型，利用计算机作为系统建模分析、设计乃至控制的手段，适用于多变量、非线性、时变系统。它不但在航空、航天、制导与军事武器控制中有成功的应用，而且在工业生产过程控制中也得到了逐步应用。

3. 第三阶段：智能控制发展阶段

智能控制是近年来新发展起来的一种控制技术，是人工智能在控制上的应用。智能控制的概念和原理主要是针对被控对象、环境、控制目标或任务的复杂性提出来的，它的指导思想是依据人的思维方式和处理问题的技巧，解决那些目前需要人的智能才能解决的复杂的控制问题。被控对象的复杂性体现为：模型的不确定性，高度非线性，分布式的传感器和执行器，动态突变，多时间标度，复杂的信息模式，庞大的数据量，以及严格的特性指标等。而环境的复杂性则表现为变化的不确定性和难以辨识。智能控制是从“仿人”的概念出发的，智能控制的方法包括模糊控制、神经网络控制、专家系统控制等方法，以解决传统控制系统不能解决的问题。由于传统的控制系统建立在精确的数学模型基础上，不能解决具有不确定性的系统，并且传统控制系统输入信息比较单一，而现代的复杂系统必须处理多种形式的信息，进行信息融合。所以具有自适应、自学习和自组织的功能，能处理不确定性问题的智能控制系统应运而生。

1.2 数学模型

系统的数学模型（Mathematical models）是分析和设计控制系统的前提和基础。所谓数学模型是指描述系统输入变量、输出变量以及内部各变量之间关系的数学表达式。

建立系统的数学模型有两种方法：解析法和试验法。解析法就是根据系统或元件各变量间所遵循的物理、化学等各种科学规律，用数学形式推导变量间的关系而建立系统的数学模型。试验法是指对实际系统或元件加入一定形式的输入信号，根据输入信号与输出信号间的关系建立系统的数学模型。实际上，只有部分系统的数学模型能根据机理用解析推导的方法求得，另外相当多的数学模型要通过试验的方法得到。

1.2.1 自动控制系统的微分方程

描述系统的输入量与输出量之间关系的最直接的数学方法是列写系统的微分方程。当系统的输入量和输出量都是时间 t 的函数时，其微分方程可以确切地描述系统的运动过程。微分方程是系统最基本的数学模型。

1. 系统微分方程建立的一般步骤

1）根据要求，确定系统和各元件的输入量和输出量。

2）一般从系统的输入端开始，根据各元件或环节所遵循的物理、化学规律，列写方程组。

3）将各元件或环节的微分方程联立起来消去中间变量，求取一个仅含有系统的输入、输出及其导数的方程，它就是系统的微分方程。

4）将该方程整理成标准形式。即把与输入量有关的各项放在方程的右边，把与输出量有关的各项放在方程的左边，各导数项按降幂排列，并将方程中的系数化为具有一定物理意义的形式，如时间常数。

2. 建立系统微分方程示例

【例 1-1】 列写图 1-16 所示 *RC* 电路的微分方程。

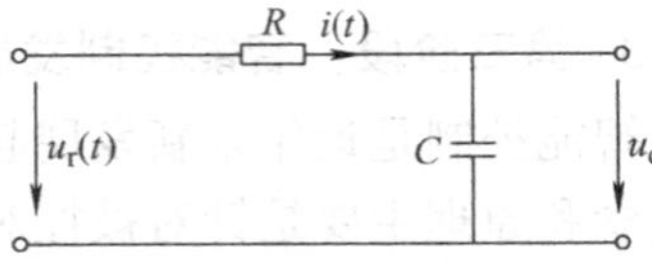

图 1-16 *RC* 电路

解： 1）确定电路的输入量和输出量。设 $u_r(t)$ 为输入量，$u_c(t)$ 为输出量。

2）列出原始微分方程式。根据电路理论得

$$u_r(t) = i(t)R + u_c(t)$$

电容两端电压与电流的关系可表示为

$$i(t) = C\frac{\mathrm{d}u_c(t)}{\mathrm{d}t}$$

3）消去中间变量 i，可得

$$RC\frac{\mathrm{d}u_c(t)}{\mathrm{d}t} + u_c(t) = u_1(t)$$

4）令 $T=RC$，则微分方程可表示为

$$T\frac{\mathrm{d}u_c(t)}{\mathrm{d}t} + u_c(t) = u_1(t)$$

该式为一阶方程，从该微分方程中可以看出，微分方程的系数是常数，并且是线性方程，这样的方程称为线性定常系统。

【例 1-2】 列写图 1-17 所示 *RLC* 串联电路的微分方程。

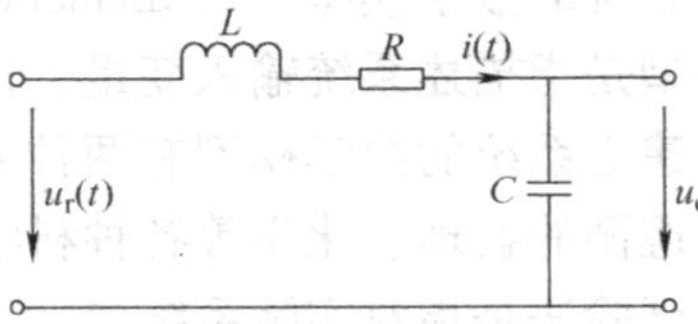

图 1-17 *RLC* 串联电路

解： 1）令 $u_r(t)$ 为输入量，$u_c(t)$ 为输出量。

2）根据基尔霍夫定律可列写方程

$$L\frac{\mathrm{d}i(t)}{\mathrm{d}t} + Ri(t) + C\int i(t)\,\mathrm{d}t = u_r(t)$$

3）i 为中间变量，它与输出 $u_c(t)$ 有如下关系

$$u_c(t) = \frac{1}{C}\int i(t)\,\mathrm{d}t$$

4）消去中间变量 i 后，得输入和输出的微分方程式

$$LC\frac{\mathrm{d}^2u_c(t)}{\mathrm{d}t^2} + RC\frac{\mathrm{d}u_c(t)}{\mathrm{d}t} + u_c(t) = u_r(t)$$

令 $T_1 = L/R$，$T_2 = RC$ 为该电路的两个时间常数，则上式可表示为

$$T_1T_2\frac{\mathrm{d}^2u_c(t)}{\mathrm{d}t^2} + T_2\frac{\mathrm{d}u_c(t)}{\mathrm{d}t} + u_c(t) = u_r(t)$$

该式为二阶微分方程。

【例 1-3】 编写电枢控制的他励直流电动机的微分方程式。

解： 1）确定输入量和输出量。取输入量为电动机的电枢电压 u_d，取输出量为电动机的转速 n。

2）列写微分方程式。电动机的运动微分方程式由该装置的电枢控制电路（图 1-18）的微分方程式和转动部分的机械运动微分方程式所决定。电枢控制电路的微分方程式为

$$e_d + i_d R_d + L_d \frac{di_d}{dt} = u_d$$

式中　e_d——电动机电枢反电势（V）；

R_d——电动机电枢电路电阻（Ω）；

L_d——电动机电枢电路电感（H）；

i_d——电动机电枢电路电流（A）。

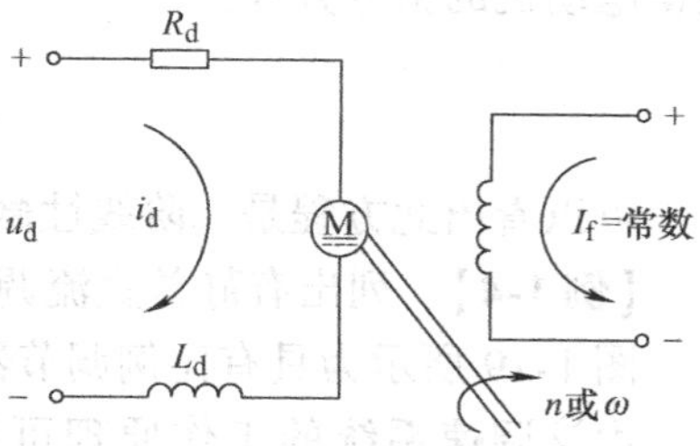

图 1-18　电枢控制电路

因为反电势 e_d 与电动机的转速成反比，故

$$e_d = c_e n$$

式中　c_e——电动机电势常数［V/(r/min)］；

n——电动机转速（r/min）。

因此上式可以改写为

$$c_e n + i_d R_d + L_d \frac{di_d}{dt} = u_d$$

当不考虑电动机的负载力矩和黏性摩擦力矩时，电动机机械运动部分的微分方程式为

$$M = \frac{GD^2}{375} \frac{dn}{dt}$$

式中　M——电动机的转矩（kg · m）；

GD^2——电动机的飞轮惯量（kg · m^2）；

t——时间（s）。

由于电动机的转矩是电枢电流的函数，当电动机的励磁不变时，电动机转矩为

$$M = c_m i_d$$

式中　c_m——电动机转矩常数（kg · m/A）。

代入上式可以得到

$$i_d = \frac{GD^2}{375 c_m} \frac{dn}{dt}$$

上述三个方程式为电动机暂态过程的方程组，其中，电枢电流和电动机转矩是中间变量。

3）消去中间变量，得

$$\frac{di_d}{dt} = \frac{GD^2}{375 c_m} \frac{d^2 n}{dt^2}$$

因此，电枢电路的微分方程可以写为

$$c_e n + R_d \frac{GD^2}{375 c_m} \frac{dn}{dt} + L_d \frac{GD^2}{375 c_m} \frac{d^2 n}{dt^2} = u_d$$

整理之后可以得到

$$\frac{L_d}{R_d} \frac{GD^2}{375 c_m} \frac{R_d}{c_m c_e} \frac{d^2 n}{dt^2} + \frac{GD^2}{375 c_m} \frac{R_d}{c_m c_e} \frac{dn}{dt} + n = \frac{u_d}{c_e}$$

令

$$\frac{L_d}{R_d} = T_d \text{——电动机的电磁时间常数}$$

$$\frac{GD^2}{375}\frac{R_d}{c_m c_e} = T_m$$——电动机的机电时间常数

则得电动机的微分方程为

$$T_d T_m \frac{d^2 n}{dt^2} + T_m \frac{dn}{dt} + n = \frac{u_d}{c_e}$$

可以看出此方程是二阶线性微分方程。

【例 1-4】 列出有静差直流调速系统的微分方程。

图 1-19 所示为具有比例调节器的有静差直流调速系统。

由该调速系统的工作原理可以确定系统的输入量为给定电压 u_s，输出量为电动机的转速 n。

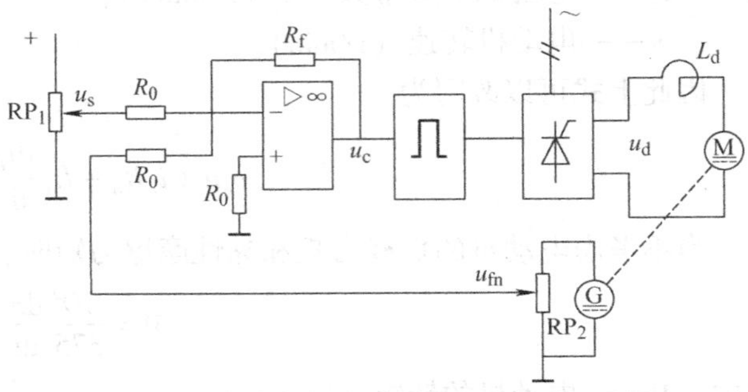

图 1-19　有静差直流调速系统

此系统各个环节的微分方程分别如下：

1）比较环节

$$\Delta u = u_s - u_{fn}$$

2）比例环节

$$u_c = K_K \Delta u$$

3）晶闸管触发整流装置

$$u_d = K_S u_c$$

4）直流电动机

$$T_d T_m \frac{d^2 n}{dt^2} + T_m \frac{dn}{dt} + n = \frac{u_d}{c_e}$$

5）测速发电机

$$u_{fn} = \alpha n$$

由以上各式，经过综合迭代，消去中间变量 Δu、u_{fn}、u_c 和 u_d 并经整理，就可得到此调试系统的以 u_s 为输入量、n 为输出量的微分方程。即

$$T_m T_d \frac{d^2 n}{dt^2} + T_m \frac{dn}{dt} + \left(1 + \frac{K_K K_S \alpha}{c_e}\right) n = \frac{K_K K_S}{c_e} u_s$$

若令 $K = \frac{K_S K_K \alpha}{c_e}$，并代入上式得

$$T_m T_d \frac{d^2 n}{dt^2} + T_m \frac{dn}{dt} + (1 + K) n = \frac{1}{\alpha} K u_s$$

由上式可见，采用比例调节器的自动调速系统的数学模型是二阶线性常系数微分方程，因此它为二阶系统。

1.2.2　控制系统的传递函数

1. 传递函数的定义

线性定常系统在零初始条件下，输出量的拉氏变换与输入量的拉氏变换之比称为传递函数。

$$传递函数\ G(s)=\frac{输出量的拉氏变换式}{输入量的拉氏变换式}=\frac{C(s)}{R(s)}$$

如果系统的输入量为 $r(t)$，输出量为 $c(t)$，并由下列微分方程描述

$$a_n\frac{\mathrm{d}^n c(t)}{\mathrm{d}t^n}+a_{n-1}\frac{\mathrm{d}^{n-1}c(t)}{\mathrm{d}t^{n-1}}+\cdots+a_1\frac{\mathrm{d}c(t)}{\mathrm{d}t}+a_0c(t)$$
$$=b_m\frac{\mathrm{d}^m r(t)}{\mathrm{d}t^m}+b_{m-1}\frac{\mathrm{d}^{m-1}r(t)}{\mathrm{d}t^{m-1}}+\cdots+b_1\frac{\mathrm{d}r(t)}{\mathrm{d}t}+b_0r(t)$$

式中，a_0，a_1，…，a_n；b_0，b_1，…，b_m 是与系统结构参数有关的常系数。令 $C(s)=L[c(t)]$，$R(s)=L[r(t)]$，在初始条件为零时，对上式进行拉氏变换得

$$[a_ns^n+a_{n-1}s^{n-1}+\cdots+a_1s+a_0]C(s)=[b_ms^m+b_{m-1}s^{m-1}+\cdots+b_1s+b_0]R(s)$$

根据传递函数的定义得到上式的传递函数：

令 $b_ms^n+b_{m-1}s^{n-1}+\cdots+b_1s+b_0$ 为传递函数的分子多项式；$a_ns^n+a_{n-1}s^{n-1}+\cdots+a_1s+a_0$ 为传递函数的分母多项式。则

$$G(s)=\frac{C(s)}{R(s)}=\frac{b_ms^n+b_{m-1}s^{n-1}+\cdots+b_1s+b_0}{a_ns^n+a_{n-1}s^{n-1}+\cdots+a_1s+a_0} \tag{1-1}$$

2. 传递函数的性质

1）传递函数是由微分方程变换得来的，它和微分方程之间存在着一一对应的关系。对于一个确定的系统（输出量与输入量也已确定），则它的微分方程是唯一的，所以，其传递函数也是唯一的。

2）传递函数是复变量 $s(s=\sigma+\mathrm{j}\omega)$ 的有理分式，s 是复数，而分式中的各项系由式(1-1)可见，传递函数完全取决于其常数，所以传递函数只与系统本身内部结构、参数有关，而与输入量、扰动量等外部因素无关。因此，它代表了系统的固有特性，是一种用象函数来描述系统的数学模型，称为系统的复数域模型。

3）传递函数是一种运算函数。由 $G(s)=C(s)/R(s)$ 可得 $C(s)=G(s)R(s)$，此式表明，若已知一个系统的传递函数 $G(s)$，则对任何一个输入量 $r(t)$，只要以 $R(s)$ 乘以 $G(s)$，即可得到输出量的象函数 $C(s)$，再经拉氏反变换，就可求得输出量 $c(t)$。由此可见，$G(s)$ 起着从输入到输出的传递作用，故名传递函数。

4）传递函数的分母是它所对应的系统的微分方程的特征方程的多项式，即传递函数的分母是特征方程 $a_ns^n+a_{n-1}s^{n-1}+\cdots+a_1s+a_0=0$ 的等号左边部分。

【例 1-5】 求图 1-20 所示 RL 串联电路的传递函数。

解： 取电路的输入量为 u，输出量为 i，根据电路理论可以写出微分方程

$$L\frac{\mathrm{d}i}{\mathrm{d}t}+Ri=u$$

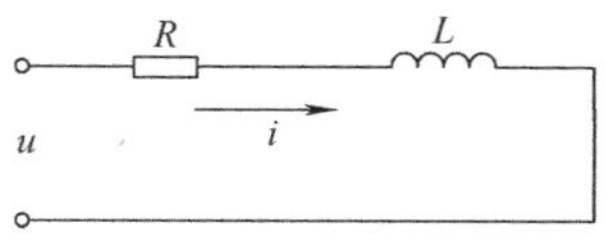

图 1-20 RL 串联电路

当初始条件为零时，拉氏变换为

$$(LS+R)I(s)=U(s)$$

传递函数为

$$G(s)=\frac{I(s)}{U(s)}=\frac{1}{LS+R}=\frac{\frac{1}{R}}{\frac{LS}{R}+1}$$

令 RL 电路的时间常数 $T_L=\frac{L}{R}$，则传递函数的表达式也可表示为

$$G(s)=\frac{1/R}{T_L S+1}$$

【例1-6】 试求图1-21所示运算放大器电路的传递函数 $E_o(s)/E_i(s)$。

解：根据电压关系，可写出

$$E_A(s)=E_i(s)\frac{R_1}{R_1+\frac{1}{Cs}}=E_i(s)\frac{R_1CS}{R_1CS+1}$$

$$E_B(s)=\frac{R_3}{R_2+R_3}E_o(s)$$

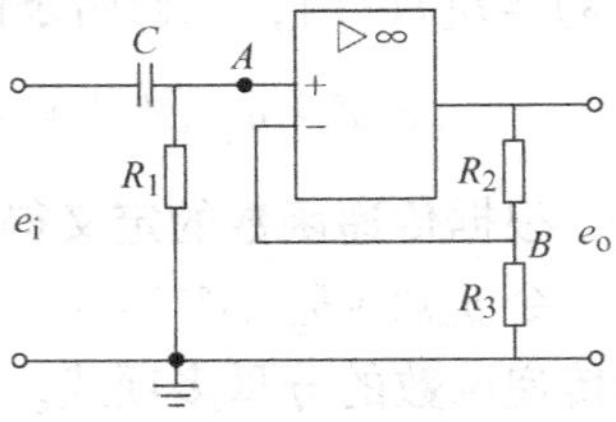

图1-21 运算放大器电路

根据理想放大器的性质，有

$$E_A(s)=E_B(s)$$

最后可以得到该电路的传递函数为

$$\frac{E_o(s)}{E_i(s)}=\frac{R_3}{R_2+R_3}\frac{R_1CS}{R_1CS+1}=\frac{(1+R_2/R_3)S}{S+1/R_1C}$$

3. 典型环节的传递函数

(1) 比例环节

1) 微分方程

$$c(t)=Kr(t)$$

式中 K——放大系数。

2) 传递函数

$$G(s)=\frac{C(s)}{R(s)}=K \tag{1-2}$$

3) 功能框（图1-22）

4) 实例。例如，电子放大器、齿轮减速器、杠杆机构、弹簧、电位器等。比例环节如图1-23所示。

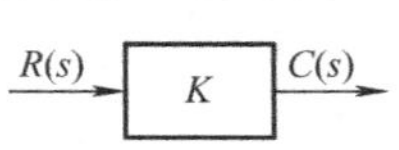

图1-22 比例环节功能框

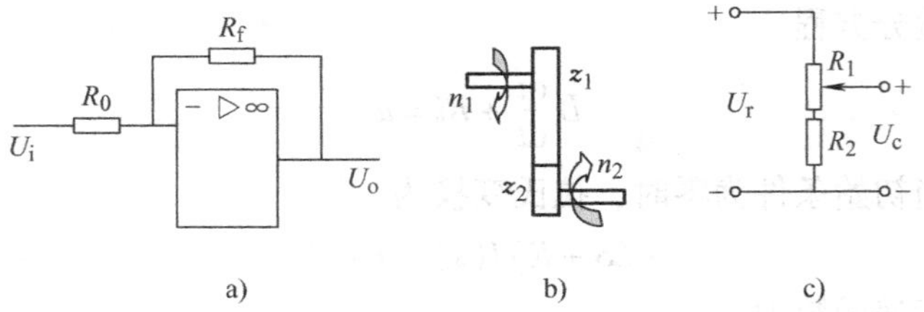

图1-23 比例环节

（2）积分环节

1）微分方程

$$c(s) = \frac{1}{T}\int r(t)\,\mathrm{d}t$$

式中　T——积分时间常数。

2）传递函数

$$G(s) = \frac{C(s)}{R(s)} = \frac{1}{Ts} \tag{1-3}$$

3）功能框（图 1-24）

4）实例。积分环节的特点是它的输出量为输入量对时间的积累。因此，凡是输出量对输入量有存储和积累特点的元件一般都含有积分环节。例如，水箱的水位与水流量，烘箱的温度与热流量（或功率），机械运动中的转速与转矩，位移与速度，速度与加速度，电容的电量与电流等。积分环节如图 1-25 所示。

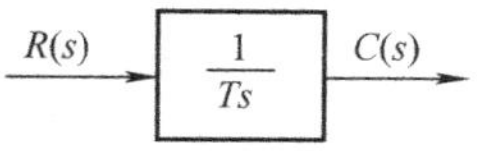

图 1-24　积分环节功能框

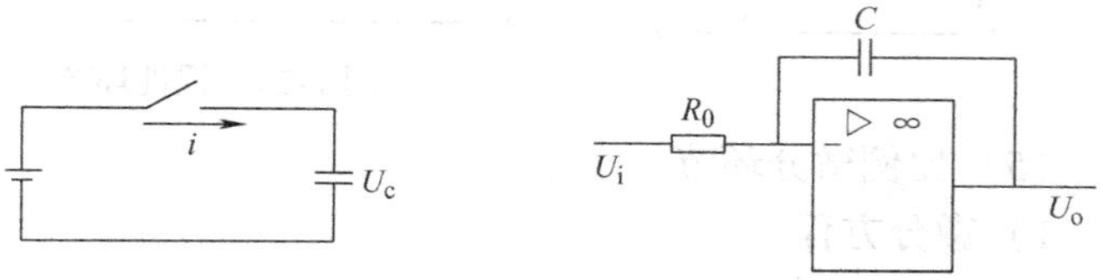

图 1-25　积分环节

（3）理想微分环节

1）微分方程

$$c(t) = \tau\frac{\mathrm{d}r(t)}{\mathrm{d}t}$$

2）传递函数

$$G(s) = \tau s \tag{1-4}$$

3）功能框（图 1-26）

4）实例。理想微分环节的输出量与输入量间的关系恰好与积分环节相反，传递函数互为倒数，因此，积分环节的实例的逆过程就是理想微分。如不经电阻对电容的充电过程，电流与电压的关系即为一理想微分，如图 1-27 所示。

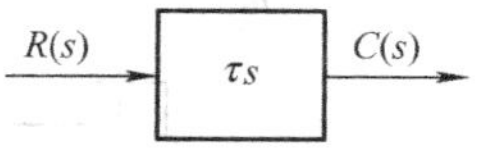

图 1-26　理想的微分环节功能框

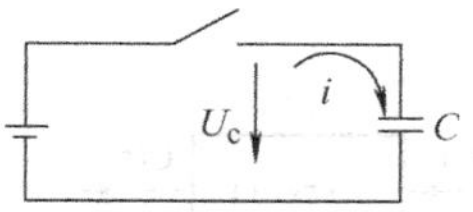

图 1-27　理想微分环节

（4）惯性环节

1）微分方程

$$T\frac{\mathrm{d}u_c(t)}{\mathrm{d}t} + u_c(t) = Ku_r(t)$$

2）传递函数

$$G(s) = \frac{u_c(s)}{u_r(s)} = \frac{K}{Ts+1} \tag{1-5}$$

式中　K——环节的比例系数；

T——环节的时间常数。

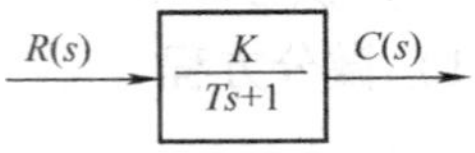

图 1-28　惯性环节功能框

3）功能框（图 1-28）

4）实例。自动控制系统中经常包含有这种环节，这种环节具有一个储能元件。前面叙述的 RC 电路就是惯性环节的例子。这类环节的特点是，当输入量 $u_r(t)$ 阶跃变化时，其输出量 $u_c(t)$ 不是立刻到达相应的平衡状态，而是要经过一定的时间。惯性环节如图 1-29 所示。

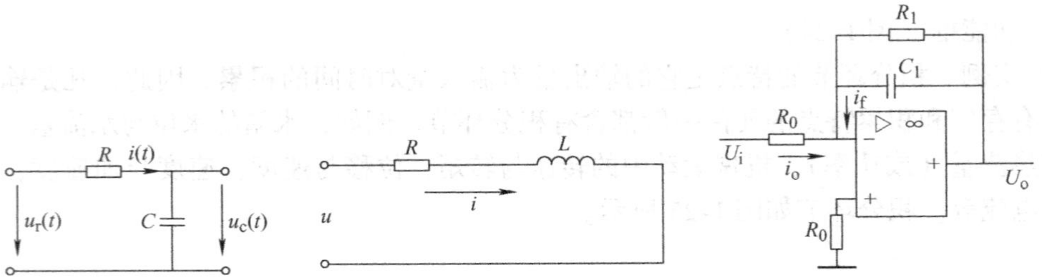

图 1-29　惯性环节

（5）比例微分环节

1）微分方程

$$c(t)=K[\tau\frac{dr(t)}{dt}+r(t)]$$

2）传递函数

$$G(s)=K(\tau s+1) \tag{1-6}$$

3）功能框（图 1-30）

4）实例。比例微分环节的传递函数恰好与惯性环节相反，互为倒数。比例微分环节如图 1-31 所示。

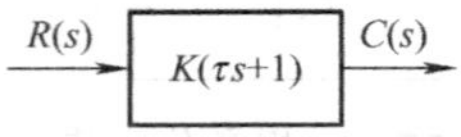

图 1-30　比例微分环节功能框

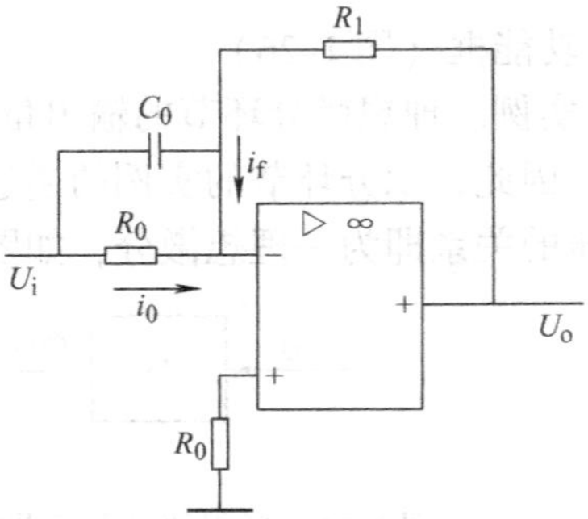

图 1-31　比例微分环节

（6）振荡环节

这种环节有两个储能元件，当输入量发生变化时，储能元件的能量相互交换。在阶跃函数作用下，其暂态响应可能做周期性的变化。

1）微分方程

$$T^2\frac{d^2c(t)}{dt^2}+2T\xi\frac{dc(t)}{dt}+c(t)=r(t)$$

2）传递函数

$$G(s)=\frac{1}{T^2s^2+2\xi Ts+1}=\frac{\omega_n^2}{s^2+2\xi\omega_n s+\omega_n^2} \tag{1-7}$$

式中　$\omega_n=1/T$；ξ 称为阻尼比。

3）功能框（图 1-32a）

4）实例。以 *RLC* 串联电路为例加以说明，如图 1-32b 所示。

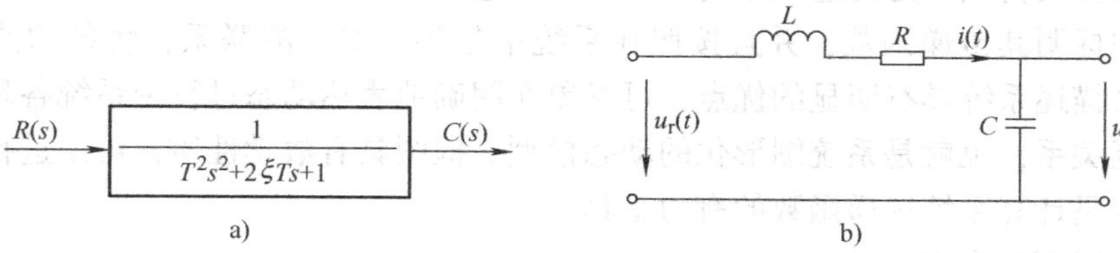

图 1-32　振荡环节

a）功能框　b）*RLC* 串联电路

① 令 $u_r(t)$ 为输入量，$u_c(t)$ 为输出量。

② 根据基尔霍夫定律可列写方程

$$L\frac{\mathrm{d}i}{\mathrm{d}t}+Ri+\frac{1}{C}\int i\mathrm{d}t=u_r(t)$$

③ i 为中间变量，它与输出量 $u_c(t)$ 有如下关系

$$u_c(t)=\frac{1}{C}\int i\mathrm{d}t$$

④ 消去中间变量 i 后，便得输入和输出的微分方程式

$$LC\frac{\mathrm{d}^2u_c(t)}{\mathrm{d}t^2}+RC\frac{\mathrm{d}u_c(t)}{\mathrm{d}t}+u_c(t)=u_r(t)$$

令 $L/R=T_L$，$RC=T_C$，初始条件为零时的拉氏变换为

$$(T_LT_Cs^2+T_Cs+1)U_c(s)=U_r(s)$$

传递函数为

$$G(s)=\frac{U_c(s)}{U_r(s)}=\frac{1}{T_LT_Cs^2+T_Cs+1}=\frac{\omega_n^2}{s^2+2\xi\omega_n s+\omega_n^2}$$

式中　$\omega_n=\frac{1}{\sqrt{LC}}$——无阻尼自然振荡角频率；

$\xi=\frac{1}{2}R\sqrt{\frac{C}{L}}$——阻尼比。

（7）延迟环节

延迟环节的输出是经过一个延迟时间后，完全复现输入信号。

1）微分方程

$$c(t)=r(t-\tau)$$

2）传递函数

$$G(s)=\mathrm{e}^{-\tau s} \tag{1-8}$$

3）功能框（图 1-33）

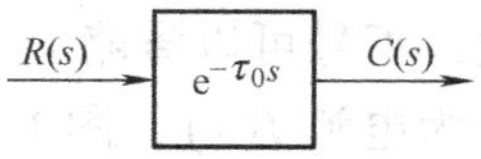

图 1-33　延迟环节功能框

4）实例。延迟环节在工程中是经常遇到的，例如工件经传送带（或传送装置）传送会造成时间上的延迟；在切削加工中，

从切削工况到测量结果之间会产生时间上的延迟；热量传递时因传输速率低会造成时间上很大的延迟；晶闸管触发整流电路中，从控制电压改变到整流输出响应也会产生时间上的延迟等。

1.2.3 自动控制系统的框图

1. 框图的组成

框图又称为结构图，是传递函数的一种图形描述方式。框图将系统中所有的环节用功能框表示，图中标明其传递函数，并且按照在系统中各环节之间的联系，将各功能框连接起来。用框图来描述系统具有明显的优点，可形象而明确地表达动态过程中系统各环节的数学模型及其相互关系，也就是系统图形化的动态模型。框图具有数学性质，可以进行代数运算和等效变换，是计算系统传递函数的有力工具。

框图包含以下四个部分：

1）信号线　带有表示信号传递方向箭头的直线。一般在线上标明信号的拉氏变换表达式。

2）综合点　完成信号的加减运算，以⊗表示。如果输入信号带加号就执行加法，带减号就执行减法。

3）引出点　在信号线上，表示信号引出的位置，用 · 表示。同一位置引出的信号相同。

4）功能框　功能框中为元件或系统的传递函数，功能框的输出量等于功能框的输入量与功能框内的传递函数的乘积。

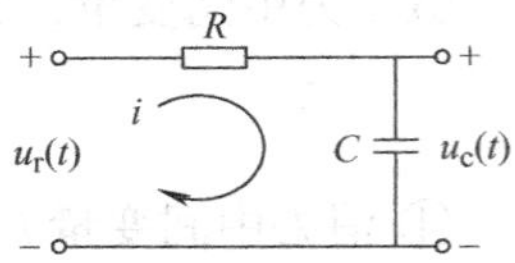

图 1-34　*RC* 电路

下面以图 1-34 所示 *RC* 电路为例说明框图的一般特点。

RC 电路的微分方程式为

$$u_r = Ri + \frac{1}{C}\int i\mathrm{d}t$$

$$u_c = \frac{1}{C}\int i\mathrm{d}t$$

也可写为

$$u_r - u_c = Ri \tag{1-9}$$

$$u_c = \frac{1}{C}\int i\mathrm{d}t \tag{1-10}$$

对上面两式进行拉氏变换，得

$$U_r(s) - U_c(s) = RI(s) \tag{1-11}$$

$$U_c(s) = \frac{1}{Cs}I(s) \tag{1-12}$$

将式(1-11) 表示成$\frac{1}{R}[U_r(s) - U_c(s)] = I(s)$，并用图 1-35a 形象地描绘这一数学关系。图 1-29 中，符号⊗表示信号的代数和，箭头表示信号的传递方向。因为是 $U_r(s) - U_c(s)$，故在代表 $U_c(s)$ 信号的箭头附近标以负号，在代表 $U_r(s)$ 信号的箭头附近标以正号（为了简化，正号可以省略）。而由⊗输出的信号为 $\Delta U(s) = U_r(s) - U_c(s)$，$\Delta U(s)$ 经 $1/R$ 又转换为电流 $I(s)$，图 1-35 中各功能框表明了这种关系。符号⊗常称作“加减点”或“综合点”。

式(1-12) 可用图1-35b表示，流经电容器上的电流$I(s)$ 经$1/(Cs)$ 转换为输出电压$U_c(s)$。将图1-35a、b合并，并将输入量置于左端，输出量置于右端，同一变量的信号连接在一起，如图1-35c所示，即得RC电路的框图。

图1-35c中，由$U_c(s)$ 线段上引出的另一线段仍为$U_c(s)$，该点称为引出点。需要注意，由引出点引出的信号是一样的，而不能理解为只是其中的一部分。

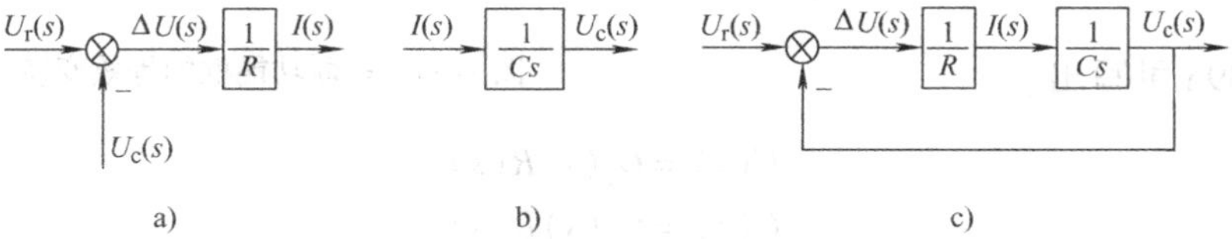

图1-35　RC电路的框图

2. 框图的绘制步骤

1）按照系统的结构和工作原理，分解出各环节并写出它的传递函数。

2）绘出各环节的功能框，功能框中标明它的传递函数，并以箭头和字母符号表明其输入量和输出量，按照信号的传递方向把各功能框依次连接起来，就构成了框图。

1.2.4　框图的变换、化简和系统闭环传递函数的求取

1. 框图的基本组成形式

（1）串联连接

功能框与功能框首尾相连，前一个功能框的输出作为后一个方框的输入，这种框图称为串联连接，如图1-36所示。

（2）并联连接

两个或多个功能框，具有同一个输入，而以各功能框输出的代数和作为总输出，这种框图称为并联连接，如图1-37所示。

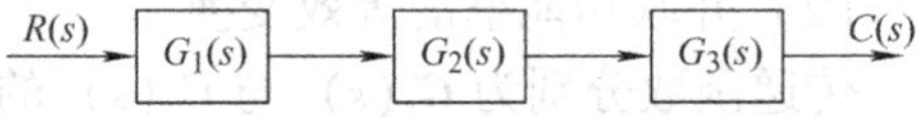

图1-36　串联连接

（3）反馈连接

一个功能框的输出输入到另一个功能框，得到的输出再返回作用于前一个功能框的输入端，这种框图称为反馈连接，如图1-38所示。

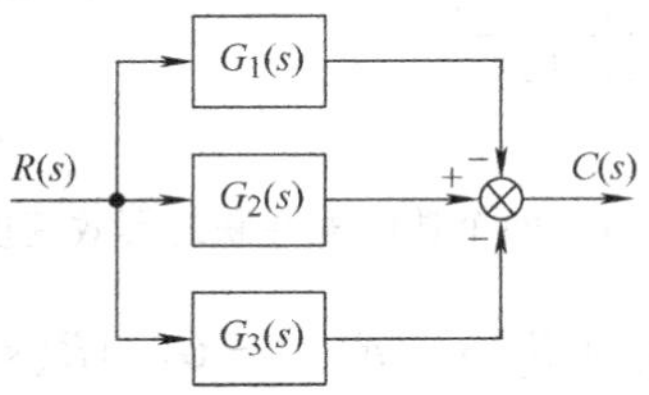

图1-37　并联连接

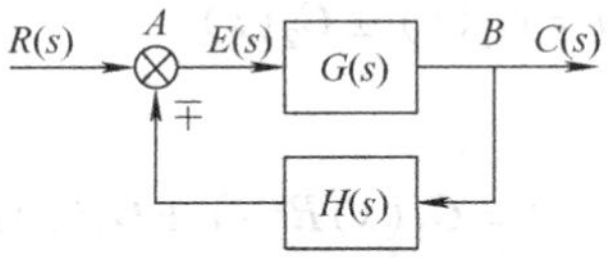

图1-38　反馈连接

图1-38中由B点引出的信号均为$C(s)$，而不能理解为只是$C(s)$ 的一部分，这是应该注意的。结构图中引出信息的点（位置）常称为引出点。任何复杂系统的框图，都不外乎是由串联、并联和反馈三种基本框图交织组成的。

2. 框图的化简规则

(1) 串联功能框的等效变换

两个传递函数分别为 $G_1(s)$ 与 $G_2(s)$ 的环节，以串联方式连接，如图 1-39a 所示。现欲将两者合并，用一个传递函数 $G(s)$ 代替，并保持 $R(s)$ 与 $C(s)$ 的关系不变。

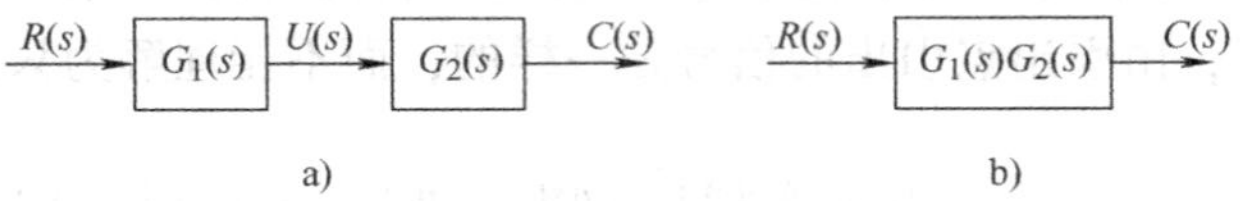

图 1-39 串联功能框的等效变换

由图 1-39a 可写出

$$U(s)=G_1(s)R(s)$$
$$C(s)=G_2(s)U(s)$$

消去 $U(s)$，则有

$$C(s)=G_1(s)G_2(s)R(s)=G(s)R(s)$$

所以

$$G(s)=G_1(s)G_2(s)$$

其等效框图如图 1-39b 所示。

由上式可以得出，两个传递函数串联的等效传递函数，等于这两个传递函数的乘积。

上述结论可以推广到多个传递函数的串联连接。如图 1-40 所示，n 个传递函数依次串联的等效传递函数等于 n 个传递函数的乘积。

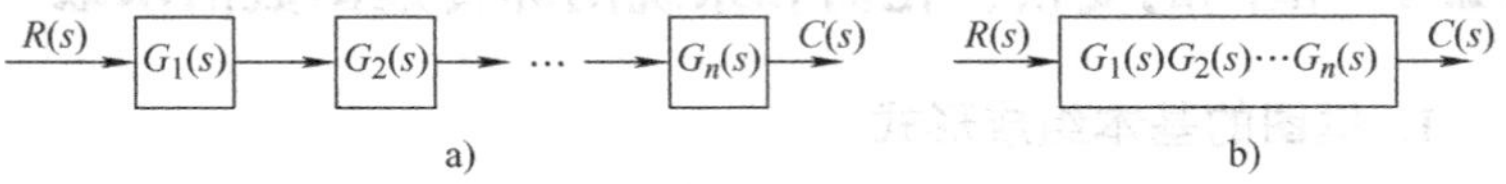

图 1-40 n 个功能框串联的等效变换

(2) 并联功能框的等效变换

传递函数分别为 $G_1(s)$ 与 $G_2(s)$ 的两个环节，以并联方式连接（图 1-41a），其等效传递函数等于这两个传递函数的代数和，即

$$G(s)=G_1(s)\pm G_2(s) \tag{1-13}$$

其等效变换结果如图 1-41b 所示。

由图 1-41a 可写出

$$C_1(s)=G_1(s)R(s)$$
$$C_2(s)=G_2(s)R(s)$$
$$C(s)=C_1(s)\pm C_2(s)$$

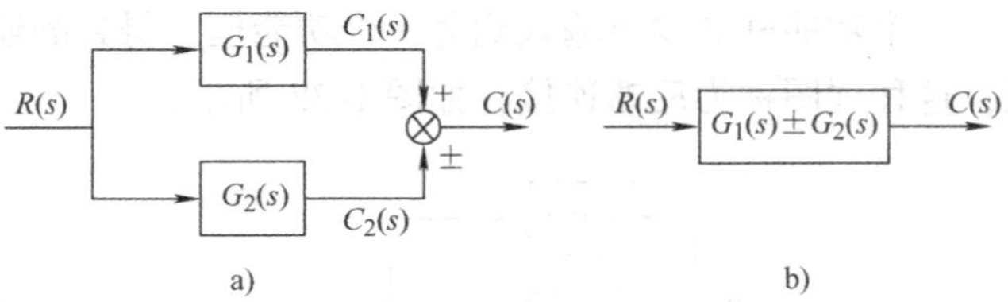

图 1-41 两个功能框并联的等效变换

经代换得

$$C(s)=G_1(s)R(s)\pm G_2(s)R(s)=[G_1(s)\pm G_2(s)]R(s)=G(s)R(s)$$

所以可以得出结论，两个传递函数并联的等效传递函数，等于各传递函数的代数和。

同样，可将上述结论推广到 n 个传递函数的并联。图 1-42a 所示为 n 个功能框并联，其等效传递函数应等于该 n 个传递函数的代数和，如图 1-42b 所示。

(3) 反馈连接的等效变换

图 1-43a 所示为反馈连接的一般形式，其等效变换结果如图 1-43b 所示。

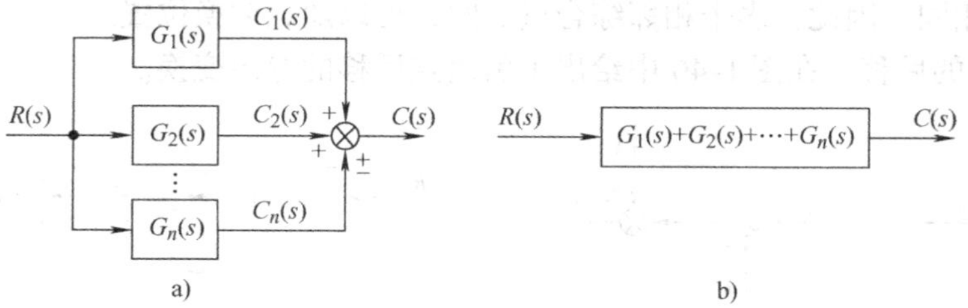

图 1-42　n 个功能框并联的等效变换

由图 1-43a 按照信号传递的关系可写出

$$C(s)=G(s)E(s),\quad B(s)=H(s)C(s),\quad E(s)=R(s)\pm B(s)$$

消去 $E(s)$ 和 $B(s)$，得

$$C(s)=G(s)[R(s)\pm H(s)C(s)]$$

$$[1\mp H(s)G(s)]C(s)=G(s)R(s)$$

因此

$$\frac{C(s)}{R(s)}=G_B(s)=\frac{G(s)}{1\mp G(s)H(s)}$$

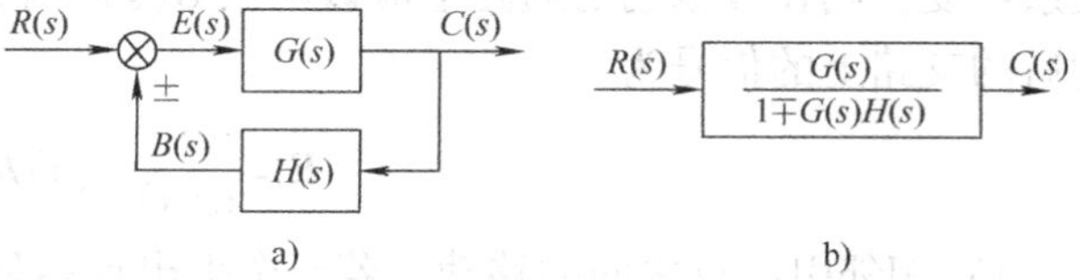

图 1-43　反馈连接的等效变换

若反馈通路的传递函数 $H(s)=1$，常称作单位反馈，此时

$$G_B(s)=\frac{G(s)}{1\pm G(s)}$$

（4）综合点与引出点的移动

在保证总的传递函数不变的条件下，适当地挪动综合点或引出点的位置，可以消除回路间的交叉联系，在此之后再做进一步变换，原有的变量之间的关系不改变。

1）综合点的前移。图 1-44 表示了综合点前移的等效变换。如果欲将图 1-44a 中的综合点前移到 $G(s)$ 功能框的输入端，而且仍要保持信号之间的关系不变，则必须在被挪动的通路上串入 $G(s)$ 倒数的功能框，如图 1-44b 所示。

挪动前的框图中，信号关系为

$$C=G(s)R\pm Q$$

挪动后，信号关系为

$$C=G(s)[R\pm G(s)^{-1}Q]=G(s)R\pm Q$$

两者是完全等效的。

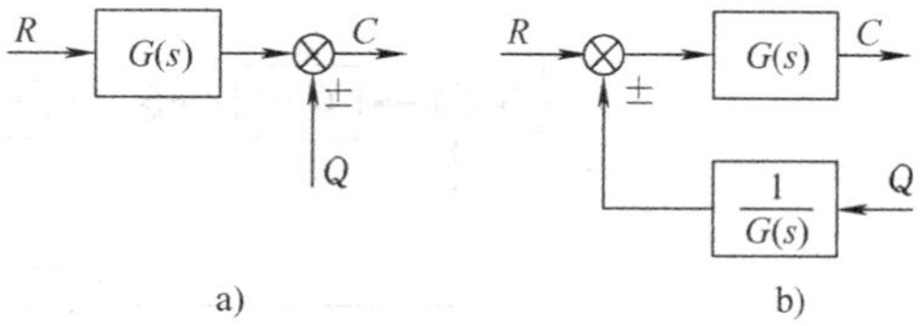

图 1-44　综合点前移的变换

a）原始框图　b）等效框图

2）综合点之间的移动。图 1-45 为相邻两个综合点前后移动的等效变换。因为总输出 C 是 R、X、Y 三个信号的代数和，故更换综合点的位置，不会影响总的输入和输出关系。

移动前，总输出信号为

$$C=R\pm X\pm Y$$

移动后，总输出信号为

$$C=R\pm Y\pm X$$

两者完全相同。因此，多个相邻综合点之间，可以随意调换位置。

3）引出点的后移。在图 1-46 中给出了引出点后移的等效变换。

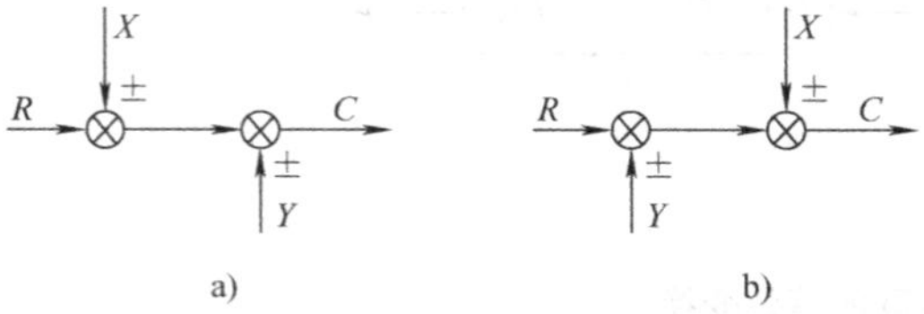

图 1-45　相邻综合点之间的移动

a）原始框图　b）等效框图

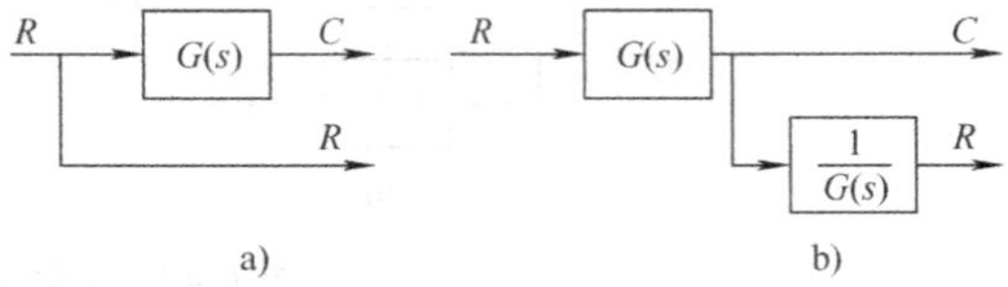

图 1-46　引出点后移的变换

a）原始框图　b）等效框图

将 $G(s)$ 功能框（图 1-46a）输入端的引出点移到 $G(s)$ 的输出端，仍要保持总的信号关系不变，则在被挪动的通路上应该串入 $G(s)$ 倒数的功能框，如图 1-46b 所示。如此，挪动后的支路上的信号为

$$R=\frac{1}{G(s)}G(s)R=R$$

4）相邻引出点之间的移动。若干个引出点相邻，这表明是同一个信号输送到许多地方去。因此，引出点之间相互交换位置，完全不会改变引出信号的性质。亦即这种移动不需做任何传递函数的变换，如图 1-47 所示。

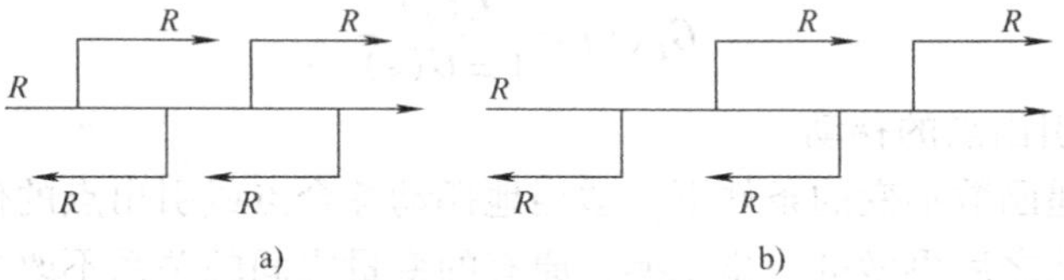

图 1-47　相邻引出点之间的移动

【例 1-7】 简化图 1-48 所示系统的框图，并求系统的传递函数 $C(s)/R(s)$。

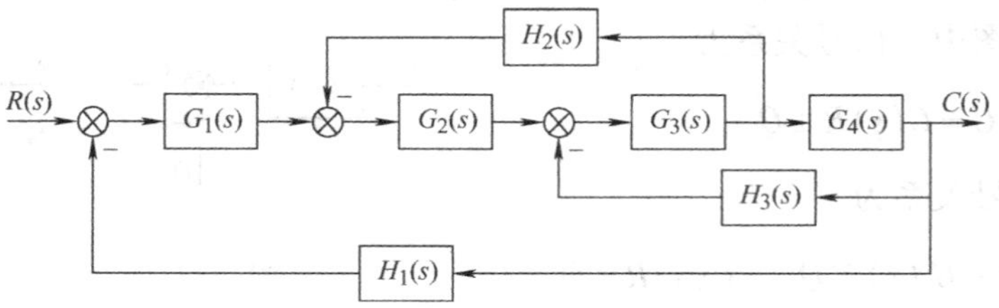

图 1-48　多回路系统框图

解： 这是一个多回路框图，且有引出点、综合点的交叉。为了从内回路到外回路逐步化简，首先要消除交叉连接。方法之一是将综合点后移，然后交换综合点的位置，将图 1-48 化为图 1-49a。然后，对图 1-49a 中由 G_2、G_3、H_2 组成的小回路实行串联及反馈变换，进而简化为图 1-49b。其次，对内回路再实行串联及反馈变换，则只剩一个主反馈回路，如图 1-49c 所示。最后，再变换为一个功能框，如图 1-49d 所示。得系统总传递函数为

$$G_B(s)=\frac{C(s)}{R(s)}=\frac{G_1G_2G_3G_4}{1+G_2G_3H_2+G_3G_4H_3+G_1G_2G_3G_4H_1}$$

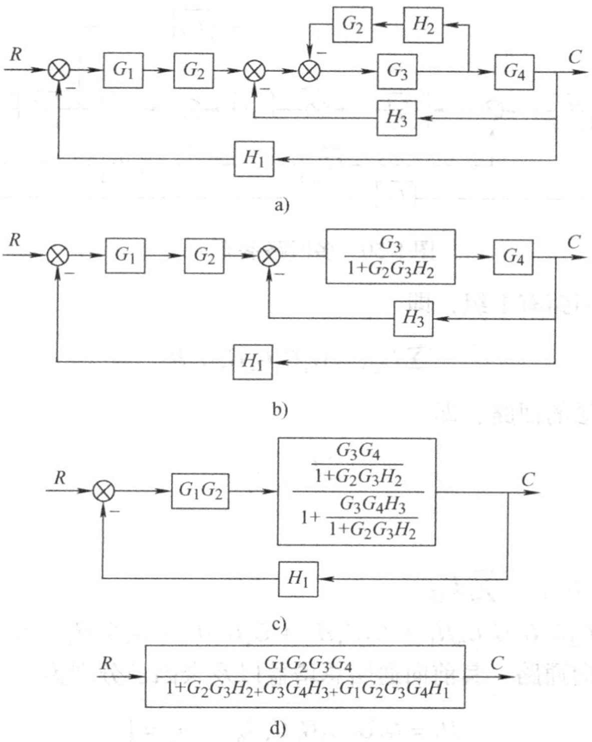

图 1-49　图 1-48 所示系统框图的变换

3. 梅森（Mason）公式

梅森公式为

$$\phi(s)=\frac{1}{\Delta}\sum_{k=1}^{n}P_k\Delta_k \tag{1-14}$$

$$\Delta=1-\sum L_{(1)}+\sum L_{(2)}-\sum L_{(3)}+\cdots+(-1)^m\sum L_{(m)}$$

式中　$\phi(s)$——系统闭环传递函数；

n——前向通路个数；

P_k——从输入端到输出端第 k 条前向通路的总传递函数；

Δ——特征式；

$\sum L_{(1)}$——所有各回路的“回路传递函数”之和；

$\sum L_{(2)}$——所有任意两个互不接触回路，其“回路传递函数”乘积之和；

⋮　　　　⋮

$\sum L_{(m)}$——所有任意 m 个互不接触回路，其“回路传递函数”乘积之和。

Δ_k——在 Δ 中将与第 k 条前向通路相接触的回路的 L 项除去后所剩余的部分，被称为第 k 条前向通路特征式的余因子。

【例 1-8】　求图 1-50 所示多回路系统的闭环传递函数。

解：单独回路有 4 组，即

$$\sum L_{(1)}=-G_1G_2G_3G_4G_5G_6H_1-G_2G_3H_2-G_4G_5H_3-G_3G_4H_4$$

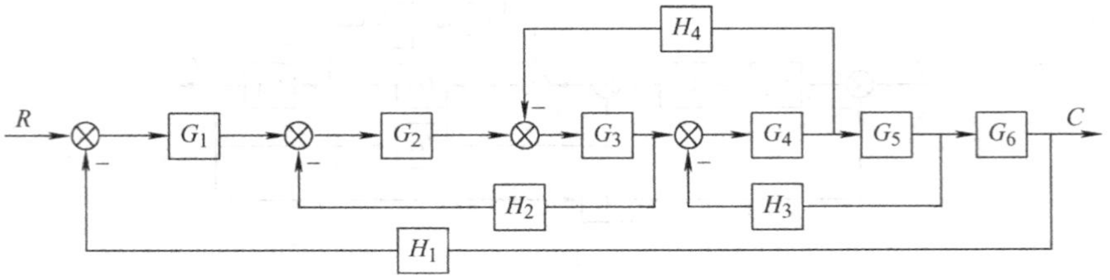

图 1-50　多回路系统（一）

两个互不接触的回路有 1 组，即

$$\sum L_{(2)} = G_2G_3G_4G_5H_2H_3$$

没有 3 个互不接触的回路，即

$$\sum L_{(3)} = 0$$

于是，特征式为

$$\begin{aligned}\Delta &= 1 - \sum L_{(1)} + \sum L_{(2)} \\ &= 1 + G_1G_2G_3G_4G_5G_6H_1 + G_2G_3H_2 + G_4G_5H_3 + G_3G_4H_4 + G_2G_3G_4G_5H_2H_3\end{aligned}$$

系统只有 1 条前向通路，其前向通路总增益以及余因子分别为

$$P_1 = G_1G_2G_3G_4G_5G_6,\quad \Delta_1 = 1$$

因此，该系统的传递函数为

$$\phi(s) = \frac{1}{\Delta}P_1\Delta_1 = \frac{G_1G_2G_3G_4G_5G_6}{1 + G_1G_2G_3G_4G_5G_6H_1 + G_2G_3H_2 + G_4G_5H_2 + G_3G_4H_4 + G_2G_3G_4G_5H_2H_3}$$

【例 1-9】　求图 1-51 所示多回路系统的闭环传递函数。

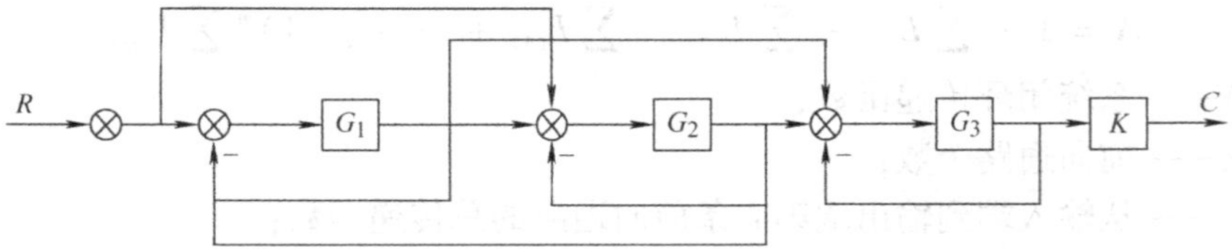

图 1-51　多回路系统（二）

解：单独回路有 4 组，即

$$\sum L_{(1)} = -G_1 - G_2 - G_3 - G_1G_2$$

两个互不接触的回路有 4 组，即

$$\sum L_{(2)} = G_1G_2 + G_1G_3 + G_2G_3 + G_1G_2G_3$$

三个互不接触的回路有 1 组，即

$$\sum L_{(3)} = -G_1G_2G_3$$

于是，特征式为

$$\Delta = 1 - \sum L_{(1)} + \sum L_{(2)} - \sum L_{(3)}$$
$$= 1 + G_1 + G_2 + G_3 + 2G_1G_2 + G_1G_3 + G_2G_3 + 2G_1G_2G_3$$

系统共有 4 条前向通路，其前向通路总增益以及余因子分别为

$$P_1 = G_1G_2G_3K, \quad \Delta_1 = 1$$
$$P_2 = G_2G_3K, \quad \Delta_2 = 1 + G_1$$
$$P_3 = G_1G_3K, \quad \Delta_3 = 1 + G_2$$
$$P_4 = -G_1G_2G_3K, \quad \Delta_4 = 1$$

因此，传递函数为

$$\frac{C(s)}{R(s)} = \frac{P_1\Delta_1 + P_2\Delta_2 + P_3\Delta_3 + P_4\Delta_4}{\Delta}$$
$$= \frac{G_2G_3K(1 + G_1) + G_1G_3K(1 + G_2)}{1 + G_1 + G_2 + G_3 + 2G_1G_2 + G_1G_3 + G_2G_3 + 2G_1G_2G_3}$$

4. 传递函数的几个基本概念

控制系统在实际工作中会受到两类信号的作用。一类是有用信号，一般称为参考输入信号、控制输入信号、指令值等；另一类是扰动信号或称之为干扰信号。参考输入通常加在控制装置的输入端，即系统的输入端。干扰信号一般作用在受控对象上，也可能出现在其他元部件中，甚至夹杂在指令信号中。

图 1-52 所示是模拟实际情况的典型控制系统框图。图中，$R(s)$ 为参考输入信号；$F(s)$ 为扰动输入信号，代表实际系统存在干扰；$\gamma(s)$ 为反馈信号；$\varepsilon(s)$ 为偏差信号。

（1）系统开环传递函数

在反馈控制系统中，定义前向通道的传递函数与反馈通道的传递函数之积为开环传递函数。

图 1-53 所示系统的开环传递函数等于 $G_1(s)G_2(s)H(s)$。在该框图中，将反馈信号 $\gamma(s)$ 在相加点前断开后，反馈信号与偏差信号之比 $\gamma(s)/\varepsilon(s)$ 就是系统的开环传递函数。

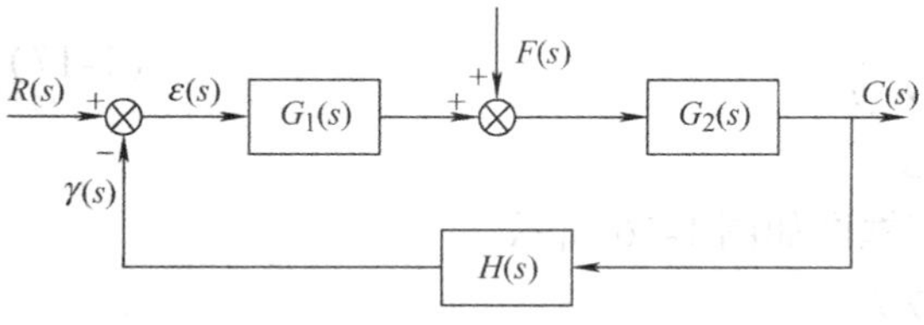

图 1-52　典型控制系统框图

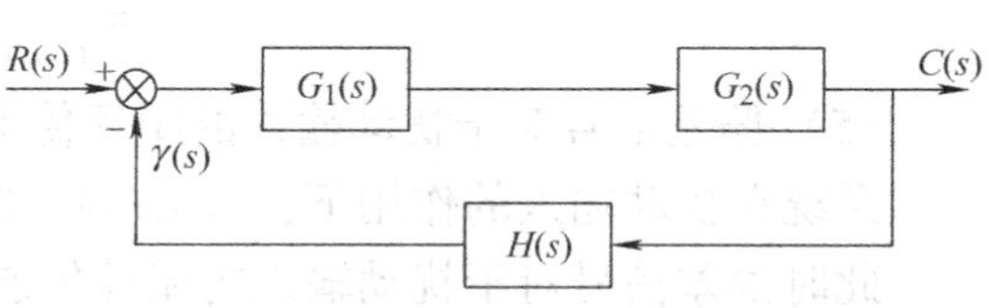

图 1-53　$F(s)=0$ 时闭环传递函数框图

（2）输出对于参考输入的闭环传递函数

扰动为零时，输出对于参考输入的闭环传递函数为输出与参考输入之比，即 $\phi_R(s) = C_R(s)/R(s)$。

根据图 1-53 有

$$\phi_R(s)=\frac{C_R(s)}{R(s)}=\frac{G_1(s)G_2(s)}{1+G_1(s)G_2(s)H(s)}$$

$$C_R(s)=\phi_R(s)R(s)=\frac{G_1(s)G_2(s)}{1+G_1(s)G_2(s)H(s)}R(s)$$

当 $H(s)=1$ 时，称为单位反馈，这时有

$$\phi_R(s)=\frac{C_R(s)}{R(s)}=\frac{G_1(s)G_2(s)}{1+G_1(s)G_2(s)} \tag{1-15}$$

(3) 输出对于扰动输入的闭环传递函数

令 $R(s)=0$，称 $\phi_F(s)=C_F(s)/F(s)$ 为输出对于扰动输入的闭环传递函数。

由图 1-54 有

$$\phi_F(s)=\frac{C_F(s)}{F(s)}=\frac{G_2(s)}{1+G_1(s)G_2(s)H(s)}$$

$$C_F(s)=\phi_F(s)F(s)=\frac{G_2(s)}{1+G_1(s)G_2(s)H(s)}F(s)$$

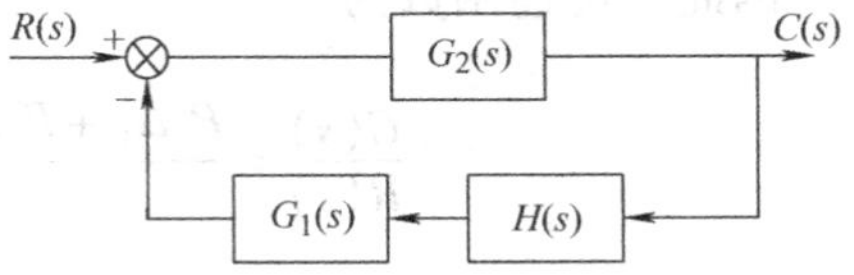

图 1-54　$R(s)=0$ 时的框图

根据叠加定理，系统总的输出等于输入与扰动作用之和，即

$$C(s)=\phi_R(s)R(s)+\phi_F(s)F(s)$$
$$=\frac{G_1(s)G_2(s)}{1+G_1(s)G_2(s)H(s)}R(s)+\frac{G_2(s)}{1+G_1(s)G_2(s)H(s)}F(s) \tag{1-16}$$

(4) 偏差信号对于参考输入的闭环传递函数

偏差信号的大小反映了系统的控制精度，设 $F(s)=0$，可得图 1-55 所示的框图。

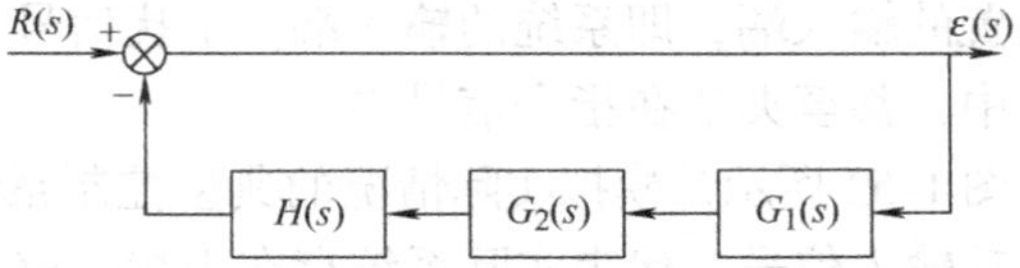

图 1-55　$F(s)=0$ 的偏差信号对于参考输入的框图

偏差信号对于参考输入的传递函数为

$$\phi_\varepsilon(s)=\varepsilon(s)/R(s)$$

$$\phi_\varepsilon(s)=\varepsilon(s)/R(s)$$
$$=\frac{1}{1+G_1(s)G_2(s)H(s)}$$
$$=\frac{1}{1+G(s)H(s)} \tag{1-17}$$

(5) 偏差信号对于扰动输入的闭环传递函数

系统在扰动输入的作用下，设 $R(s)=0$，其框图如图 1-56 所示。

此时误差信号对于扰动输入的闭环传递函数为

$$\phi_{\varepsilon F}(s)=\varepsilon(s)/F(s)$$

$$\phi_{\varepsilon F}(s)=\varepsilon(s)/F(s)$$
$$=\frac{-G_2(s)H(s)}{1+G_1(s)G_2(s)H(s)} \tag{1-18}$$

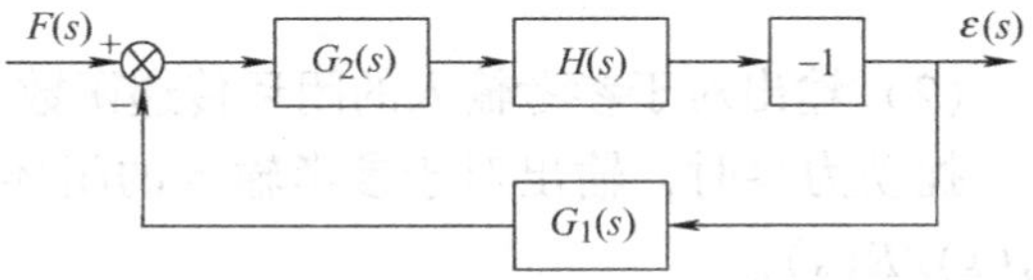

图 1-56　$R(t)=0$ 的偏差信号对于扰动输入的框图

根据叠加定理，可以得到系统的总偏差等于参考输入与扰动输入共同作用下产生的偏差，即

$$\varepsilon(s)=\phi_{\varepsilon}(s)R(s)+\phi_{\varepsilon F}(s)F(s)$$

1.3 频率特性

建立自动控制系统的框图后，可以求得系统的闭环传递函数；若知道输入量，便可求得系统输出量的拉普拉斯公式；再进行拉普拉斯反变换，就可以得到系统的输出响应。但由于实际系统往往都是比较复杂的，这个计算过程将是十分繁琐的，有时甚至是很困难的。特别是当需要分析改变某一参数（或增减某个环节）对系统性能的影响时，需要反复重新计算，而且这种计算方法还无法确切地了解参数改变的量对系统各方面性能影响的程度。于是经过探索和研究，人们提出了一些直观的、便于分析的研究方法，在经典控制理论中，主要是频率特性法和根轨迹法。本节将介绍工程中常用的频率特性法。频率特性法可以用图解的方法进行分析计算，元件（或系统）的频率特性还可用频率特性测试仪测得，因此频率特性法具有很大的实际意义。

1.3.1 频率特性的基本概念

频率特性又称频率响应，它是系统（或元件）对不同频率正弦输入信号的响应特性。对线性系统，若其输入信号为正弦量，则其稳态输出信号也将是同频率的正弦量，但是其幅值和相位一般都不同于输入量。若逐次改变输入信号的角频率 ω，则输出信号的幅值与相位都会发生变化。线性系统频率特性如图 1-57 所示。

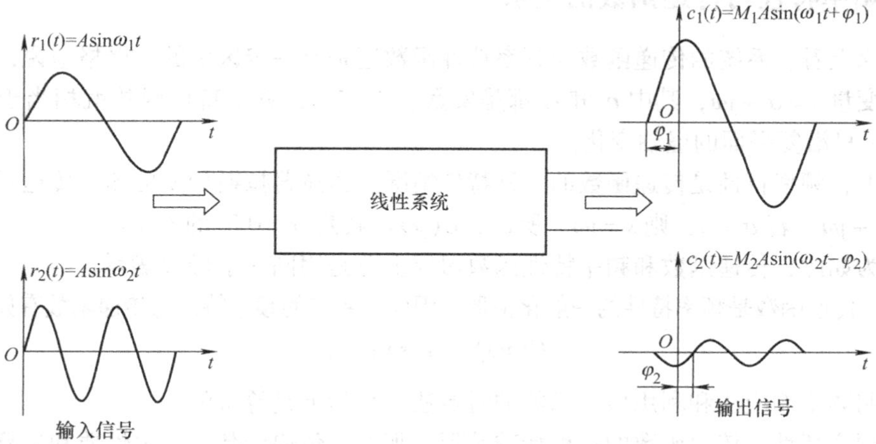

图 1-57 线性系统频率特性

由图 1-57 可见，若 $r_1(t)=A\sin\omega_1 t$，其输出为 $c_1(t)=A_1\sin(\omega_1 t+\varphi_1)=M_1A\sin(\omega_1 t+\varphi_1)$，即振幅增加了 M_1 倍，相位超前了 φ_1 角。若改变频率 ω，使 $r_2(t)=A\sin\omega_2 t$，则系统的输出量变为 $c_2(t)=A_2\sin(\omega_2 t-\varphi_2)=M_2A\sin(\omega_2 t-\varphi_2)$，这时输出量的振幅减少了（增加 M_2，但 $M_2<1$），相位滞后 φ_2 角。因此，若以（角）频率 ω 为自变量，系统输出量振幅增长的倍数 M 和相位的变化量 φ 为两个因变量，这便是系统的频率特性。

若设输入量为

$$r(t)=A_r\sin\omega t$$

则输出量为

$$c(t)=A_c\sin(\omega t+\varphi)=MA_r\sin(\omega t+\varphi)$$

式中，输出量与输入量幅值之比称为“模”，以 M 表示（$M=A_c/A_r$）；输出量与输入量的相位移则用 φ 表示。

一个稳定的线性系统，模 M 和相位移 φ 都是角频率 ω 的函数（随 ω 变化而变化），所以通常写成 $M(\omega)$ 和 $\varphi(\omega)$。这意味着，它们的值对不同的角频率可能是不同的。

$M(\omega)$ 称为幅值频率特性，简称幅频特性；$\varphi(\omega)$ 称为相位频率特性，简称相频特性。两者统称频率特性或幅相频率特性。

频率特性常用 $G(j\omega)$ 的符号表示，幅频特性 $M(\omega)$ 表示为 $|G(j\omega)|$，相频特性表示为 $\angle G(j\omega)$，三者可写成下面的形式：

$$G(j\omega)=|G(j\omega)|\angle G(j\omega) \tag{1-19}$$

频率特性 $G(j\omega)$ 的模 $|G(j\omega)|=M(\omega)$ 描述了系统对不同频率的正弦输入量的衰减（或放大）特性。频率特性 $G(j\omega)$ 的幅角 $\angle G(j\omega)=\varphi(\omega)$ 描述了系统对不同频率的正弦输入信号在相位上的滞后（或超前）。两者综合起来反映了系统对不同频率信号的响应特性。从这种特性着手便可间接地研究和改善系统的性能。频率特性的分析法实质是以系统对不同频率的正弦量的稳态响应特性来描述系统对输入量的瞬态响应特性。

频率特性分析法的另一个优点是：对一个未知的系统（或元件），可以通过它的电子模拟装置，借助频率特性测试仪，由试验测得它的频率特性。

1.3.2 频率特性与传递函数的关系

从概念上看，系统的传递函数和频率特性函数还是有一定区别的。严格地说，系统传递函数的自变量 $s=\sigma+j\omega$，其中 σ 和 ω 都是实数；事实上，频率特性函数就相当于传递函数的自变量 s 只沿复平面的虚轴变化。

事实上，频率特性是传递函数的一种特殊情况。由拉普拉斯变换可知，传递函数中的复变量 $s=\sigma+j\omega$。若 $\sigma=0$，则 $s=j\omega$。所以，$G(j\omega)$ 就是 $\sigma=0$ 时的 $G(s)$。

正因为如此，传递函数和频率特性函数习惯上总是用同一字母 G 表示。

反之，传递函数是频率特性的一般化情形。因此，系统的频率特性与传递函数有如下的关系

$$G(j\omega)=G(s)\big|_{s=j\omega} \tag{1-20}$$

这表明频率响应法和利用传递函数的时域法在数学上是等价的。

既然频率特性是传递函数的一种特殊情形，那么，传递函数的有关性质和运算规律对于频率特性也是适用的。

1.3.3 频率特性的表示方式

1. 频率特性的数学表示法

频率特性是一个复数，所以它和其他复数一样，可以表示为指数形式、直角坐标和极坐标等几种形式。如图 1-58 所示，极坐标的横轴为实轴，标以 Re；纵轴为虚轴，标以 Im。

频率特性的几种表示方式如以下各式所示。

频率特性（指数表示式）

$$G(\mathrm{j}\omega)=A(\omega)\mathrm{e}^{\mathrm{j}\varphi(\omega)} \tag{1-21}$$

直角坐标表示式

$$G(\mathrm{j}\omega)=P(\omega)+\mathrm{j}Q(\omega) \tag{1-22}$$

$$P(\omega)=\mathrm{Re}[G(\mathrm{j}\omega)]=A(\omega)\cos\varphi(\omega),$$

$$A(\omega)=\sqrt{P^2(\omega)+Q^2(\omega)}$$

$$Q(\omega)=\mathrm{Im}[G(\mathrm{j}\omega)]=A(\omega)\sin\varphi(\omega),$$

$$\varphi(\omega)=\arctan\frac{Q(\omega)}{P(\omega)}$$

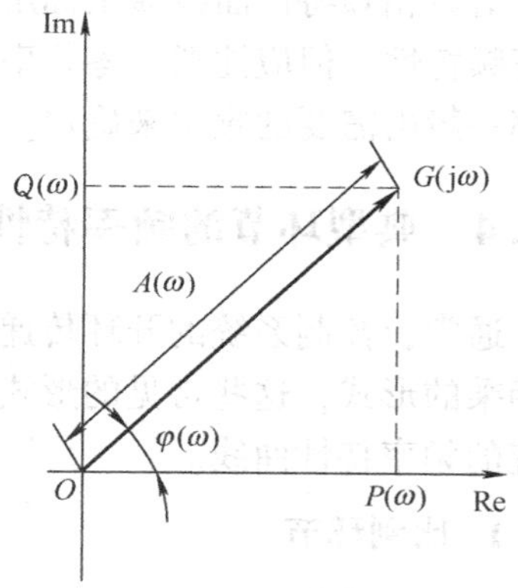

图 1-58　频率特性的几种表示方法

极坐标表示式

$$G(\mathrm{j}\omega)=|G(\mathrm{j}\omega)|\mathrm{e}^{\mathrm{j}\varphi(\omega)} \tag{1-23}$$

2. 频率特性的图形表示法

（1）幅相频率特性曲线

绘制幅相频率特性曲线时，把 ω 看作参变量，令 ω 由 0 变到 ∞ 时，在复平面上绘制 $G(\mathrm{j}\omega)$ 的端轨迹，即得 $G(\mathrm{j}\omega)$ 幅相频率特性曲线。向量的长度表示 $G(\mathrm{j}\omega)$ 的幅值 $|G(\mathrm{j}\omega)|$，由正实轴方向沿逆时针方向绕原点转到向量方向的角度称为相位角，即 $\angle G(\mathrm{j}\omega)$。

（2）对数频率特性曲线

对数频率特性曲线又称对数坐标图或波特（Bode）图，包括对数幅频和对数相频两条曲线。在实际应用中，经常采用这种曲线来表示系统的频率特性。

对数幅频特性曲线的横坐标是频率 ω，按对数分度，单位是 rad/s。纵坐标表示对数幅频特性的函数值，采用线性分度，单位是 dB。对数幅频特性用 $L(\omega)=20\lg|G(\mathrm{j}\omega)|$ 表示。

对数相频特性曲线的横坐标也是频率 ω，按对数分度，单位是 rad/s。纵坐标表示相频特性的函数值，记作 $\varphi(\omega)$，单位是（°）。

采用对数分度的横轴如图 1-59 所示。

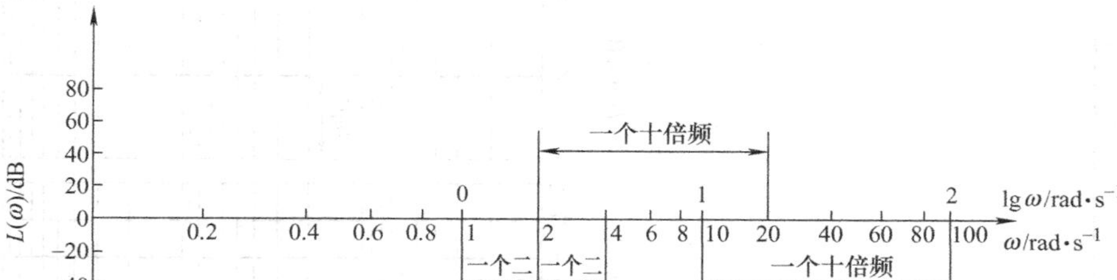

图 1-59　对数分度的横轴

对数相频特性曲线横坐标用对数分度，能在极宽的频率范围内同时表示系统的低频特性与高频特性。但应注意，零频率（即 $\omega=0$）不能在横坐标上表示出来。横坐标表示的最低频率一般由需要的频率来确定。

1.3.4 典型环节的频率特性

通常，控制系统的开环传递函数 $G(s)H(s)$ 的分子和分母多项式都可以分解成若干个因子相乘的形式，这些常见的形式称为典型环节。根据这些典型环节的频率特性曲线可以得到系统的频率特性曲线。

1. 比例环节

传递函数为

$$G(s)=K$$

频率特性为

$$G(j\omega)=K$$

（1）幅相频率特性曲线

1）幅频特性表达式为

$$A(\omega)=K$$

2）相频特性表达式为

$$\varphi(\omega)=0°$$

其极坐标图如图 1-60 所示。

（2）对数频率特性曲线

1）对数幅频特性表达式为

$$L(\omega)=20\lg K \tag{1-24}$$

2）对数相频特性表达式为

$$\varphi(\omega)=0° \tag{1-25}$$

其波特图如图 1-61 所示。

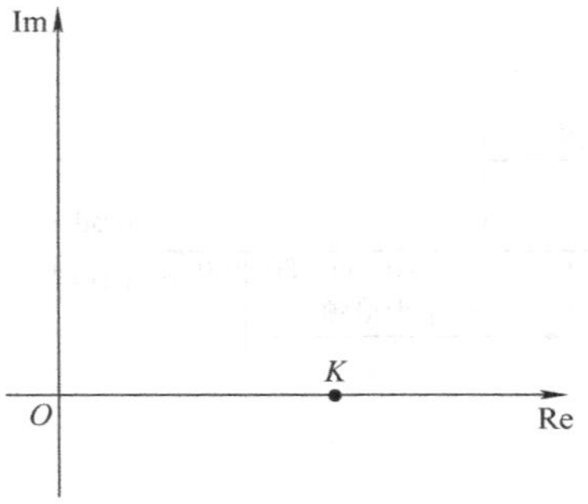

图 1-60　比例环节的极坐标图

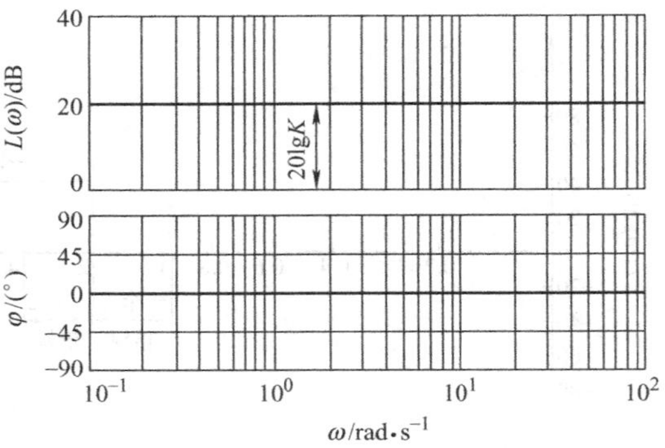

图 1-61　比例环节的波特图

2. 积分环节

传递函数为

$$G(s)=\frac{1}{s}$$

频率特性为

$$G(j\omega)=\frac{1}{j\omega}$$

（1）幅相频率特性曲线

1）幅频特性表达式为

$$A(\omega)=\frac{1}{\omega}$$

2）相频特性表达式为

$$\varphi(\omega)=-90°$$

其极坐标图如图 1-62 所示。

（2）对数频率特性曲线

1）对数幅频特性表达式为

$$L(\omega)=20\lg A(\omega)=-20\lg\omega \tag{1-26}$$

2）对数相频特性表达式为

$$\varphi(\omega)=-90° \tag{1-27}$$

其波特图如图 1-63 所示。

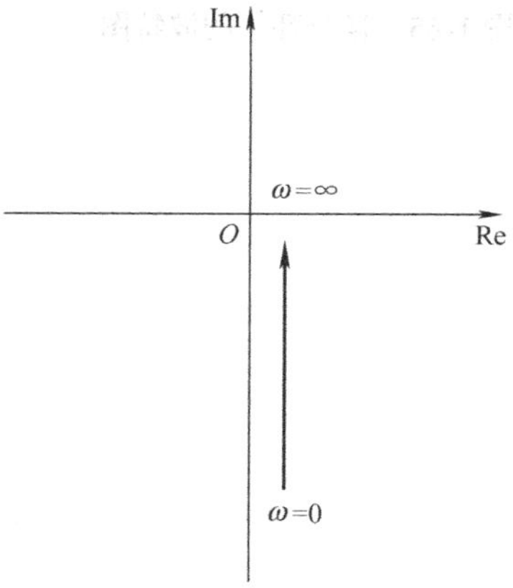

图 1-62　积分环节的极坐标图

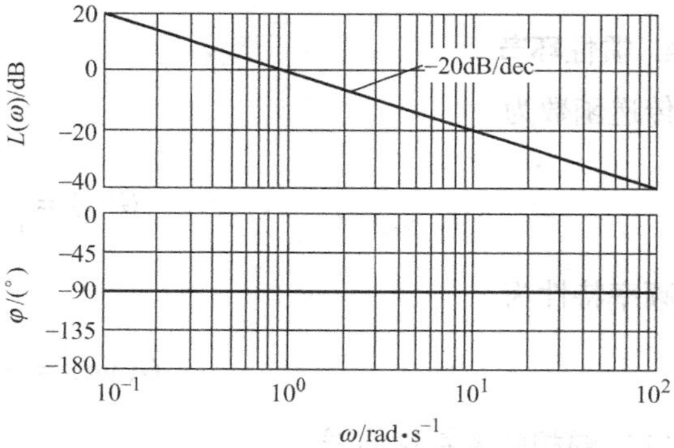

图 1-63　积分环节的波特图

3. 微分环节

传递函数为

$$G(s)=s$$

频率特性为

$$G(j\omega)=j\omega$$

(1) 幅相频率特性曲线

1) 幅频特性表达式为

$$A(\omega)=\omega$$

2) 相频特性表达式为

$$\varphi(\omega)=90°$$

其极坐标图如图 1-64 所示。

(2) 对数频率特性曲线

1) 对数幅频特性表达式为

$$L(\omega)=20\lg A(\omega)=20\lg\omega \tag{1-28}$$

2) 对数相频特性表达式为

$$\varphi(\omega)=90° \tag{1-29}$$

其波特图如图 1-65 所示。

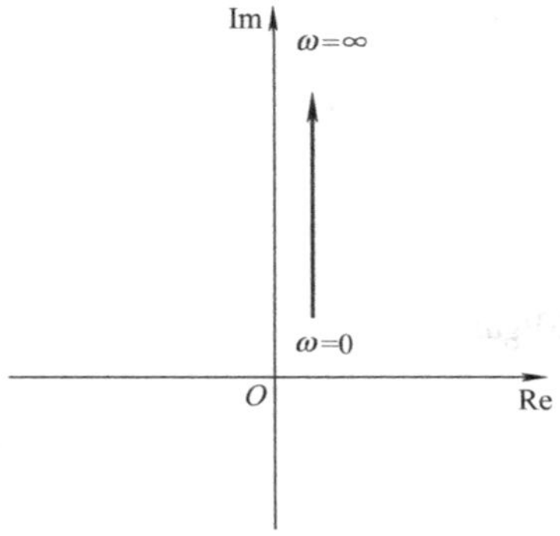

图 1-64 微分环节的极坐标图

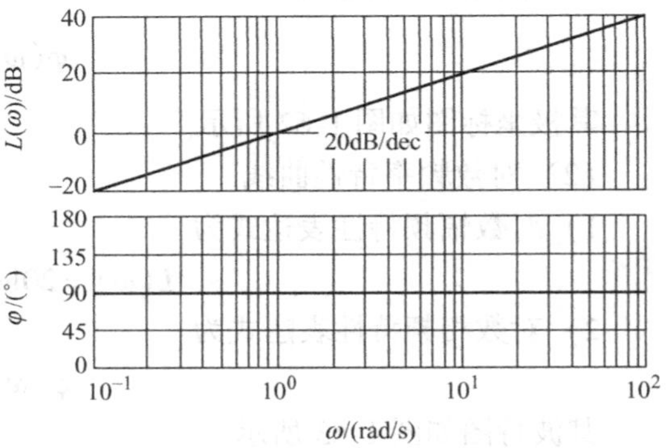

图 1-65 微分环节的波特图

4. 惯性环节

传递函数为

$$G(s)=\frac{1}{1+Ts}$$

频率特性为

$$G(\mathrm{j}\omega)=\frac{1}{1+\mathrm{j}\omega T}$$

(1) 幅相频率特性曲线

将其表达式写成实部与虚部的和的形式，得

$$G(\mathrm{j}\omega)=\frac{1}{1+\mathrm{j}\omega T}=\frac{1}{1+\omega^2T^2}-\mathrm{j}\frac{\omega T}{1+\omega^2T^2}$$

写成幅相表达式为

$$G(\mathrm{j}\omega)=\frac{1}{\sqrt{1+\omega^2T^2}}\angle-\arctan\omega T$$

幅频特性为

$$A(\omega)=\frac{1}{\sqrt{1+\omega^2T^2}}$$

所以

$$A(\omega)\mid_{\omega\to 0}=1,\quad A(\omega)\mid_{\omega\to\infty}=0$$

相频特性为

$$\varphi(\omega)=-\arctan\omega T$$

所以

$$\varphi(\omega)\mid_{\omega\to 0}=0°,\quad \varphi(\omega)\mid_{\omega\to\infty}=-90°$$

其极坐标图如图 1-66 所示。

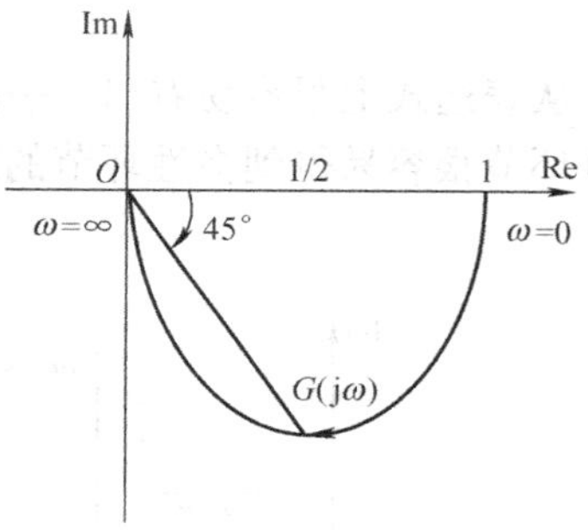

图 1-66　惯性环节的极坐标图

(2) 对数频率特性曲线

对数幅频特性表达式为

$$L(\omega)=20\lg A(\omega)=20\lg\frac{1}{\sqrt{1+\omega^2T^2}}=-20\lg\sqrt{1+\omega^2T^2}$$

当 ω 由零至无穷大时，直接计算出其相应的对数值比较困难，通常采用如下方法进行：

1) 当 $\omega\ll(1/T)$ 时，对数幅频特性可近似为 $L(\omega)\approx-20\lg1=0$，即频率很低时，约为零分贝。

2) 当 $\omega\gg(1/T)$ 时，对数幅频特性可近似为 $L(\omega)\approx-20\lg\omega T$，即频率很高时，近似为一条直线，直线斜率为 -20dB/dec，与零分贝线交于 $\omega T=1$。

此两部分直线交于 $\omega T=1$ 或 $\omega=(1/T)$ 处，并将 $\omega=(1/T)$ 称为惯性环节的转折频率或交接频率。可以证明，采用此法所得的频率特性曲线的最大误差为 -3dB，且为交接频率处，一般可以根据渐近线进行修正得到。

对数相频特性表达式为

$$\varphi(\omega)=-\arctan\omega T$$

所以，$\varphi(\omega)\mid_{\omega=0}=0°$，$\varphi(\omega)\mid_{\omega=(1/T)}=-45°$，$\varphi(\omega)\mid_{\omega=\infty}=-90°$，根据这三点的值可以近似得到对数相频特性曲线。由此得到其波特图如图 1-67 所示。

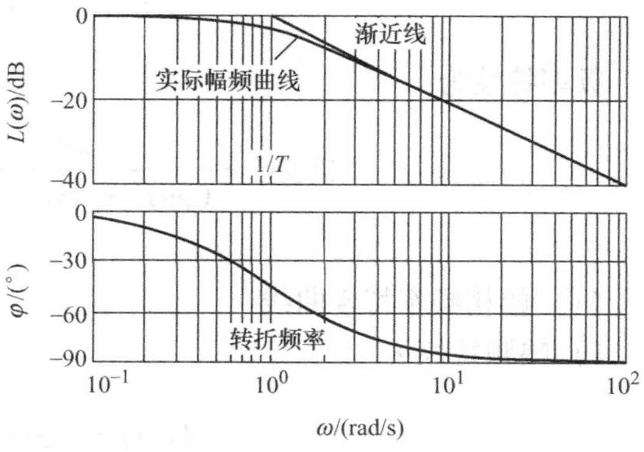

图 1-67　惯性环节的波特图

5. 一阶微分环节

传递函数为

$$G(s)=1+Ts$$

频率特性为

$$G(j\omega)=1+j\omega T$$

（1）幅相频率特性曲线

1）幅频特性表达式为

$$A(\omega)=\sqrt{1+\omega^2T^2}$$

2）相频特性表达式为

$$\varphi(\omega)=\arctan\omega T$$

其极坐标图如图 1-68 所示。

（2）对数频率特性曲线

1）对数幅频特性表达式为

$$L(\omega)=20\lg A(\omega)=20\lg\sqrt{1+\omega^2T^2} \tag{1-30}$$

2）对数相频特性表达式为

$$\varphi(\omega)=\arctan\omega T \tag{1-31}$$

从表达式上很容易看出，一阶微分环节和惯性环节的对数幅相频率特性对称，根据一阶微分环节很容易得到惯性环节的对数幅相频率特性曲线。由此得到其波特图如图 1-69 所示。

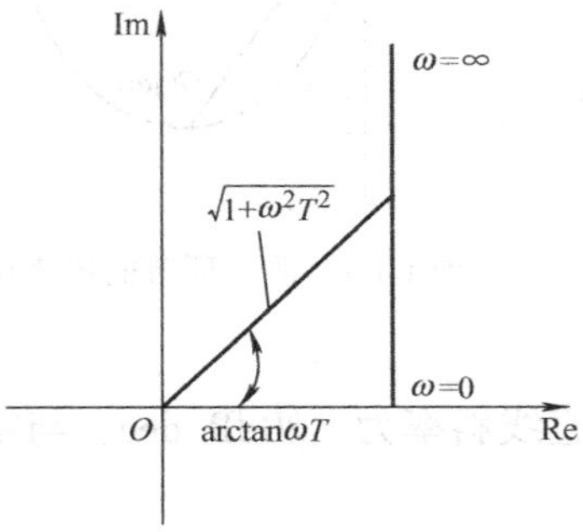

图 1-68　一阶微分环节的极坐标图

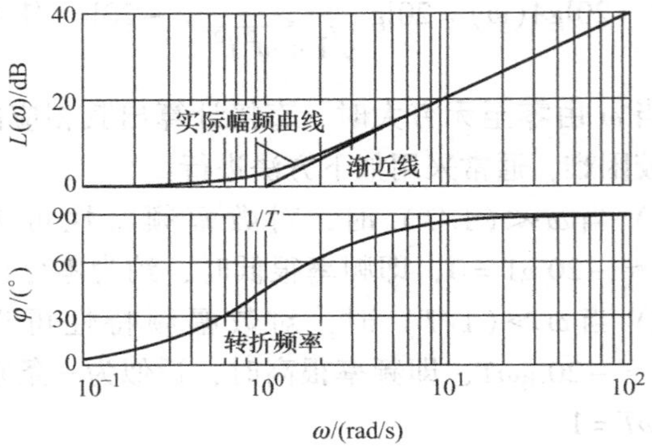

图 1-69　一阶微分环节的波特图

6. 振荡环节

传递函数为

$$G(s)=\frac{\omega_n^2}{s^2+2\xi\omega_n s+\omega_n^2}$$

频率特性为

$$G(\mathrm{j}\omega)=\frac{\omega_n^2}{(\mathrm{j}\omega)^2+\mathrm{j}2\xi\omega_n\omega+\omega_n^2}=\frac{1}{\left(1-\frac{\omega^2}{\omega_n^2}\right)+\mathrm{j}2\xi\frac{\omega}{\omega_n}}$$

（1）幅相频率特性曲线

1）幅频特性为

$$A(\omega)=\frac{1}{\sqrt{\left(1-\frac{\omega^2}{\omega_n^2}\right)^2+4\xi^2\frac{\omega^2}{\omega_n^2}}}$$

得

$$A(\omega)\big|_{\omega=0}=1,\quad A(\omega)\big|_{\omega=\omega_n}=1/2\xi,\quad A(\omega)\big|_{\omega=\infty}=0$$

2）相频特性为

$$\varphi(\omega)=-\arctan\frac{2\xi\dfrac{\omega}{\omega_n}}{1-\dfrac{\omega^2}{\omega_n^2}}$$

得

$$\varphi(\omega)\big|_{\omega=0}=0°,\quad \varphi(\omega)\big|_{\omega=\omega_n}=-90°,\quad \varphi(\omega)\big|_{\omega\to\infty}=-180°$$

其极坐标图如图 1-70 所示。

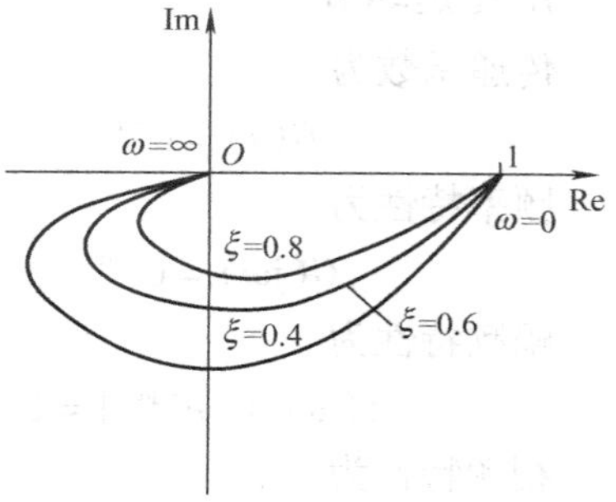

图 1-70　振荡环节的极坐标图

从图 1-70 中可以看出，频率特性的最大值随 ξ 减小而增大，其值可能大于 1。可以求得在系统参数所对应的条件下，在某一频率 $\omega=\omega_r$（谐振频率）处，振荡环节会产生谐振峰值 M_r。

在谐振峰值处，有

$$\frac{\mathrm{d}}{\mathrm{d}\omega}A(\omega)\big|_{\omega=\omega_r}=0$$

由此可得谐振频率为

$$\omega_r=\omega_n\sqrt{1-2\xi^2}$$

代入幅值表达式，得到其谐振峰值为

$$M_r=A(\omega_r)=\frac{1}{2\xi\sqrt{1-\xi^2}}$$

可以看出：

- 当 $\xi>0.707$ 时，没有峰值，$A(\omega)$ 单调衰减；
- 当 $\xi=0.707$ 时，$M_r=1$，$\omega_r=0$，为幅频特性曲线的初始点；
- 当 $\xi<0.707$ 时，$M_r>1$，$\omega_r>0$，$A(\omega)$ 出现峰值，ξ 越小，峰值 M_r 及谐振频率 ω_r 越高；
- 当 $\xi=0$ 时，峰值 M_r 趋于无穷，谐振频率 ω_r 趋于 ω_n，这表明外加正弦信号的频率和自然振荡频率相同，引起系统的共振，系统处于临界稳定的状态。

（2）对数频率特性曲线

1）对数幅频特性表达式为

$$L(\omega)=20\lg A(\omega)=20\lg\frac{1}{\sqrt{\left(1-\dfrac{\omega^2}{\omega_n^2}\right)^2+4\xi^2\dfrac{\omega^2}{\omega_n^2}}}\tag{1-32}$$

当 $\omega\ll\omega_n$ 时，$L(\omega)\approx 0$；当 $\omega\gg\omega_n$ 时，$L(\omega)\approx-20\lg\dfrac{\omega^2}{\omega_n^2}=-40\lg\dfrac{\omega}{\omega_n}$。

斜率为 -40dB/dec 的直线，和零分贝线交于 $\omega=\omega_n$。其对数频率特性如图 1-71 所示。

2）对数相频特性表达式为

$$\varphi(\omega) = -\arctan\frac{2\xi\dfrac{\omega}{\omega_n}}{1-\dfrac{\omega^2}{\omega_n^2}} \tag{1-33}$$

得

$$\varphi(\omega)\big|_{\omega=0}=0°,\quad \varphi(\omega)\big|_{\omega=\omega_n}=-90°,\quad \varphi(\omega)\big|_{\omega\to\infty}=-180°$$

由此可得振荡环节的波特图如图 1-71 所示。

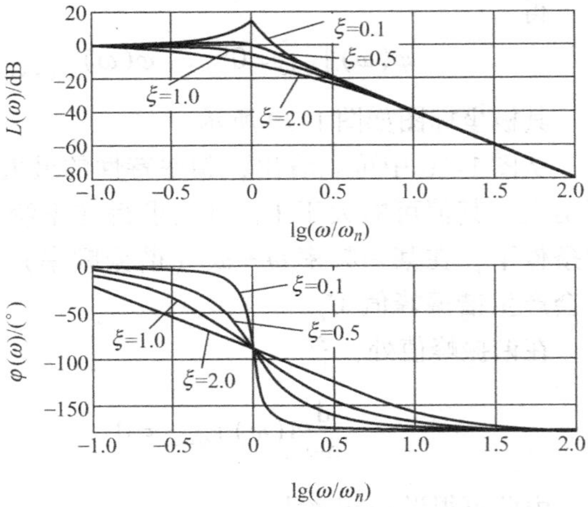

图 1-71 振荡环节的波特图

7. 延迟环节

传递函数为

$$G(s)=e^{-\tau s}$$

频率特性为

$$G(j\omega)=e^{-j\omega\tau}$$

幅频特性为

$$A(\omega)=|e^{-j\omega\tau}|=1$$

相频特性为

$$\varphi(\omega)=-\omega\tau(\text{rad})=-57.3\omega\tau° \tag{1-34}$$

由此得到其极坐标图如图 1-72 所示，其波特图如图 1-73 所示。

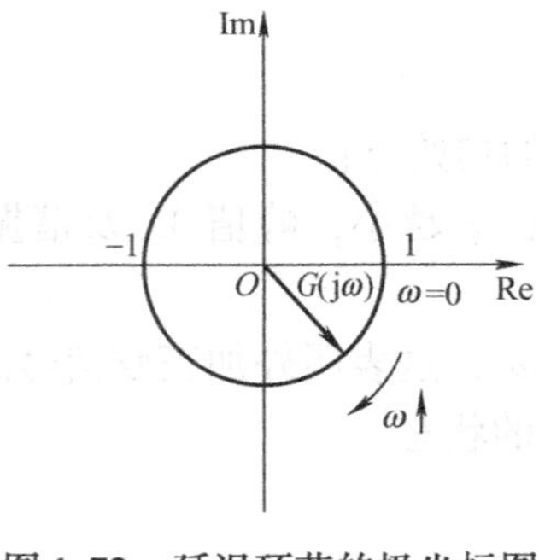

图 1-72 延迟环节的极坐标图

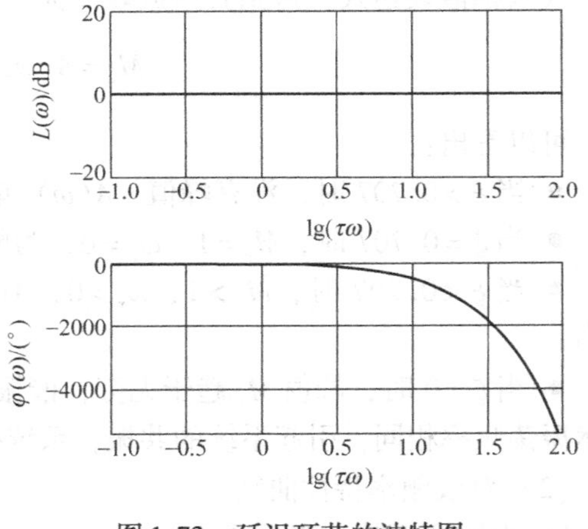

图 1-73 延迟环节的波特图

1.3.5 系统的开环频率特性

1. 定义

同开环幅相频率特性一样，通过将开环传递函数分解为各个典型环节，由此可很方便地得到系统开环对数频率特性曲线。

对于单位负反馈系统，其开环传递函数 $G(s)$ 为回路中各串联环节传递函数之积，即

$$G(s) = G_1(s)G_2(s)\cdots G_n(s) = \prod_{i=1}^{n} G_i(s)$$

其频率特性为

$$G(j\omega) = G_1(j\omega)G_2(j\omega)\cdots G_n(j\omega) = \prod_{i=1}^{n} G_i(j\omega) = \prod_{i=1}^{n} M_i(\omega)\mathrm{e}^{j\sum_{i=1}^{n}\varphi_i(\omega)}$$

其开环对数频率特性为

$$L(\omega) = 20\lg|G(j\omega)| = 20\lg\left|\prod_{i=1}^{n} G_i(j\omega)\right| = 20\sum_{i=1}^{n}\lg|G_i(j\omega)|$$

$$\varphi(\omega) = \sum_{i=1}^{n}\varphi_i(\omega)$$

从中可以看出：系统的开环幅频频率特性等于各串联环节的幅频特性之代数和，相频特性等于组成系统的各典型环节的相频特性之代数和。

根据此性质，利用典型环节的对数频率特性曲线的画法，可以很容易地得到系统对数频率特性曲线。

【例 1-10】 图 1-74 所示为某系统的框图，试画出该系统的波特图。

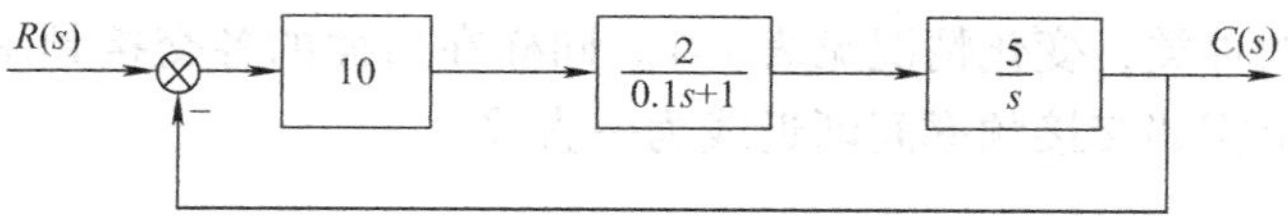

图 1-74　某系统的框图

由图 1-74 可见，系统的开环传递函数为

$$G_k(s) = 10\times\frac{2}{0.1s+1}\times\frac{5}{s} = 100\times\frac{1}{0.1s+1}\times\frac{1}{s}$$

由上式可见，系统可以看成由比例、惯性和积分三个典型环节所组成。因此，该系统的开环对数频率特性则为上述三个典型环节的对数频率特性的叠加。

由比例环节 20lg100 = 40dB，可以画出比例环节的频率特性曲线，如图 1-75 中的曲线①所示。

由惯性环节的转折频率为 $\omega_1 = \frac{1}{0.1} = 10\text{rad/s}$，可以画出惯性环节的频率特性曲线，如图 1-75 中的曲线②所示。

积分环节的频率特性曲线如图 1-75 中的曲线③所示。

上述三个曲线的叠加（①+②+③）

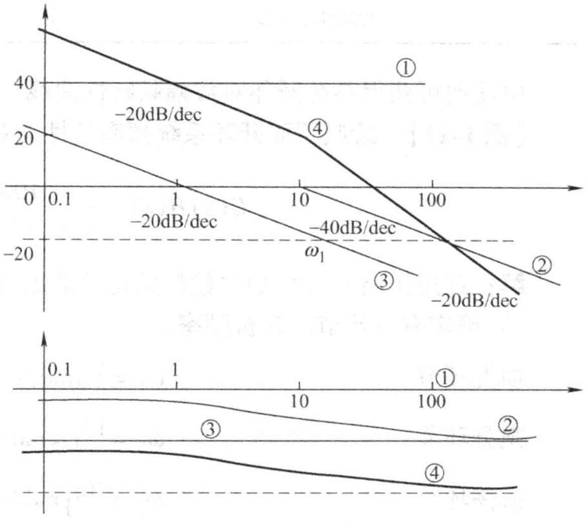

图 1-75　系统的波特图

即为该系统的波特图，如图 1-75 中的曲线④所示。

曲线①：$G_1(s)=100$，曲线②：$G_2(s)=\frac{1}{0.1s+1}$，曲线③：$G(s)=\frac{1}{s}$，曲线④：$G_k(s)=100\times\frac{1}{0.1s+1}\times\frac{1}{s}$，曲线④=①+②+③。

2. 对数频率特性曲线的画法步骤

1）求出比例环节、微分环节、惯性环节和振荡环节的转折频率，并将它们标在波特图的 ω 轴上。

2）确定 $L(\omega)$ 渐近线起始段的斜率和位置。在 $L(\omega)$ 的起始段，$\omega\ll1$，则

$$L(\omega)=20\lg|G(j\omega)|=20\lg K-20\lg|j\omega|^V \tag{1-35}$$

根据式(1-34) 右端的第二项，可以确定渐近线起始段的斜率为 $-V\times20$dB/dec，第一项确定了在 $\omega=1$ 时，渐近线起始段的高度为 $20\lg K$。因此，过 $\omega=1$，$L(\omega)=20\lg K$ 这一点画一条斜率为 $-V\times20$dB/dec 的直线，该直线从低频段开始向高频段延伸，直至第一个转折频率处，该条直线就是 $L(\omega)$ 渐近线的起始段。

3）将 $L(\omega)$ 向高频段延伸，且每过一个转折频率，将渐近线的斜率相应地改变一次，就可得到 $L(\omega)$ 的渐近线。

根据典型环节的种类，变化情况见表 1-1。同样在后面的各交接频率处，渐近线斜率都相应地改变，每两个相邻交接频率间渐近线为一直线。

表 1-1　渐近线斜率在交接频率处的变化

交接频率对应的典型环节	斜率的变化
惯性环节	减小 20dB/dec
振荡环节	减小 40dB/dec
一阶微分环节	增大 20dB/dec
二阶微分环节	增大 40dB/dec

由此便可获得系统开环对数幅频特性曲线。

【例 1-11】 绘制下面开环系统频率特性的对数频率特性曲线 。

$$G(s)H(s)=\frac{1000(0.5s+1)}{s(2s+1)(s^2+10s+100)}$$

解： 首先作出 $L(\omega)$ 的对数幅频特性渐近线，再画出精确曲线。

1）确定有关环节的转折频率。

惯性环节　　$\omega_1=1/2\,\text{rad/s}=0.5\text{rad/s}$

微分环节　　$\omega_2=1/0.5\,\text{rad/s}=2\text{rad/s}$

振荡环节　　$\omega_3=10/1\,\text{rad/s}=10\text{rad/s}$

2）确定 $L(\omega)$ 起始段的高度及斜率。因为 $V=1$，渐近线起始段的斜率为 -20dB/dec，

在 $\omega=1$ 时，起始线段的高度为 $20\lg10=20\text{dB}$。过 $\omega=0.5$ 点向低频段画斜率为 -40dB/dec 的直线。

3）当 $\omega=2$ 时，斜率变为 -20dB/dec。

4）当 $\omega=10$ 时，斜率变为 -60dB/dec。根据以上讨论，可作出对数幅频特性曲线，如图 1-76 所示。

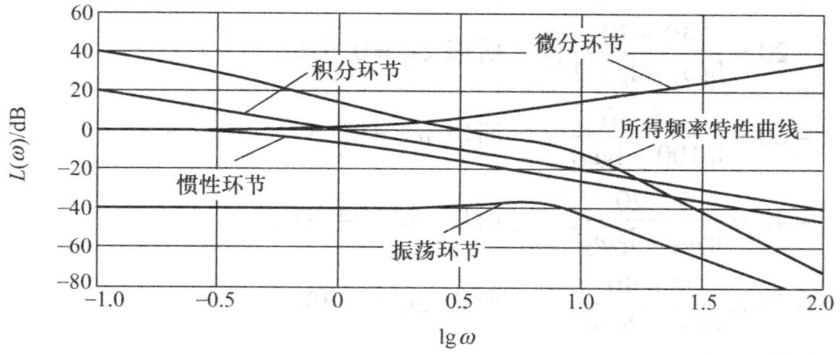

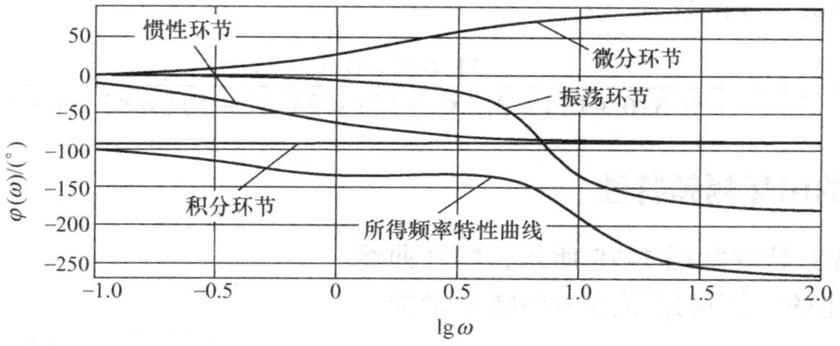

图 1-76 对数频率特性曲线

【例 1-12】 最小相位系统对数幅频渐近特性如图 1-77 所示，请确定系统的传递函数。

解： 由图可知在低频段渐近线斜率为 0，故系统为 0 型系统。渐近特性为分段线性函数，在各交接频率处，渐近特性斜率发生变化。

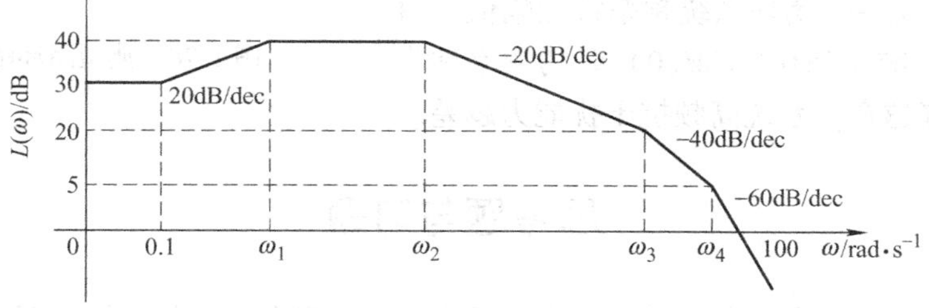

图 1-77 最小相位系统对数幅频渐近特性

在 $\omega=0.1$ 处，斜率从 0dB/dec 变为 20dB/dec，属于一阶微分环节。

在 $\omega=\omega_1$ 处，斜率从 20dB/dec 变为 0dB/dec，属于惯性环节。

在 $\omega=\omega_2$ 处，斜率从 0dB/dec 变为 -20dB/dec，属于惯性环节。

在 $\omega=\omega_3$ 处，斜率从 -20dB/dec 变为 -40dB/dec，属于惯性环节。

在 $\omega=\omega_4$处，斜率从 -40dB/dec 变为 -60dB/dec，属于惯性环节。

因此系统的传递函数具有下述形式

$$G(s)=\frac{K(s/0.1+1)}{(s/\omega_1+1)(s/\omega_2+1)(s/\omega_3+1)(s/\omega_4+1)}$$

式中，K、ω_1、ω_2、ω_3、ω_4待定。

由 $20\lg K=30$，得 $K=31.62$。

确定 ω_1： $20=\dfrac{40-30}{\lg\omega_1-\lg 0.1}$， 所以 $\omega_1=0.316$。

确定 ω_2： $-60=\dfrac{-5+0}{\lg 100-\lg\omega_4}$， 所以 $\omega_2=82.54$。

确定 ω_3： $-40=\dfrac{5-20}{\lg\omega_4-\lg\omega_3}$， 所以 $\omega_3=34.81$。

确定 ω_4： $-20=\dfrac{20-40}{\lg\omega_3-\lg\omega_2}$， 所以 $\omega_4=3.481$。

于是，所求的传递函数为

$$G(s)=\frac{31.62(s/0.1+1)}{(s/0.316+1)(s/3.481+1)(s/34.81+1)(s/82.54+1)}$$

1.3.6 系统的闭环幅频特性

典型闭环幅频特性如图 1-78 所示，特性曲线随着频率 ω 变化的特征可用下述一些特征量加以概括：

1）谐振峰值 M_p——谐振峰值 M_p 是闭环系统幅频特性的最大值，即谐振频率 ω_p 处取得的最大值。通常，M_p 越大，系统振荡剧烈，稳定性差。

2）谐振频率 ω_p——谐振频率 ω_p 是闭环系统幅频特性出现谐振峰值时的频率。

3）频带宽 ω_b——闭环系统频率特性幅值，由其初始值 $M(0)$ 减小到 $0.707M(0)$ 时的频率称为频带宽。频带宽越宽，系统高频抗干扰能力越差。

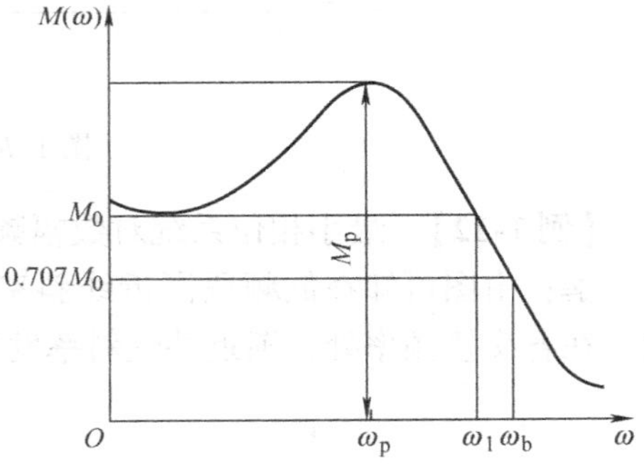

图 1-78 典型闭环幅频特性

思考题与习题

1-1 图 1-79 所示为仓库大门自动控制系统。试说明自动控制大门的开启和关闭的工作原理。如果大门不能全开或全关，则应怎样进行调整？

1-2 设热水电加热器系统如图 1-80 所示。为了保持希望的温度，由温控开关接通或断开电加热器的电源。在使用热水时，水箱中流出热水并补充冷水。试说明该系统的工作原理并画出其原理框图。

1-3 求取图 1-81a、b、c、d 所示四个常用环节电路的传递函数。

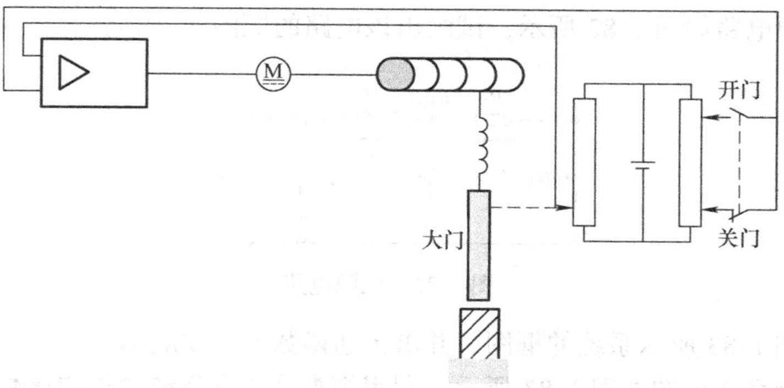

图 1-79　仓库大门控制系统

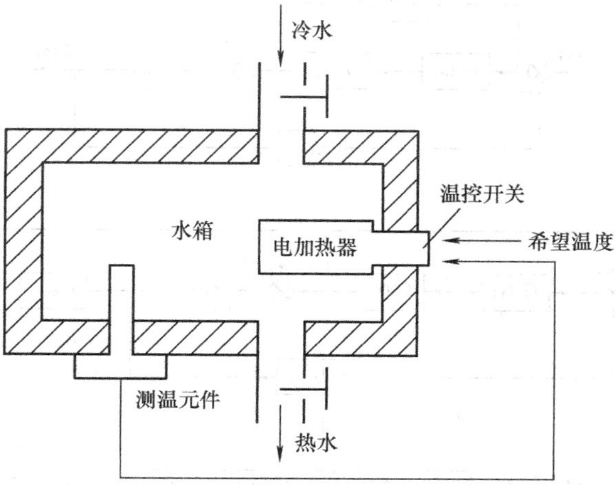

图 1-80　热水电加热器系统

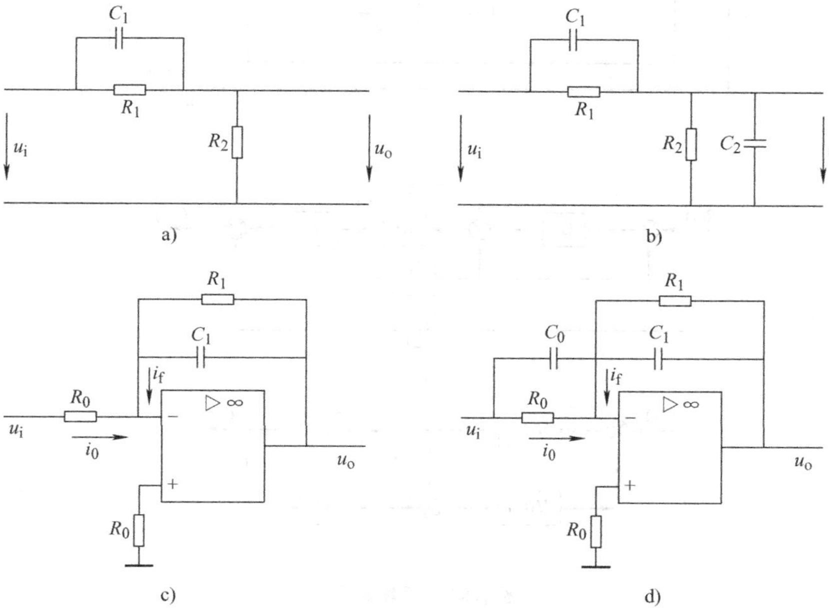

图 1-81　常用环节电路

1-4　设无源电路如图 1-82 所示，试画出该电路的框图。

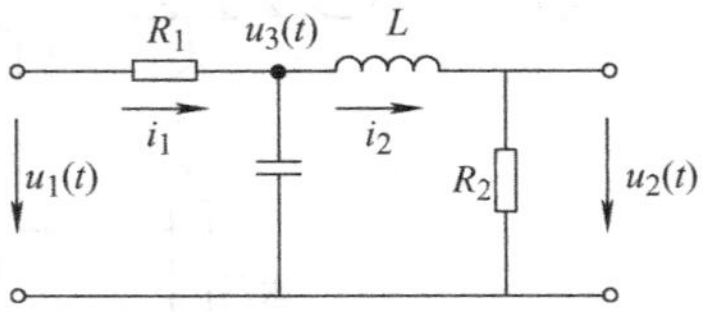

图 1-82　无源电路

1-5　化简图 1-83 所示系统的框图，并求传递函数 $C(s)/R(s)$。

1-6　设控制系统框图如图 1-83 所示，利用梅森公式求系统的传递函数。

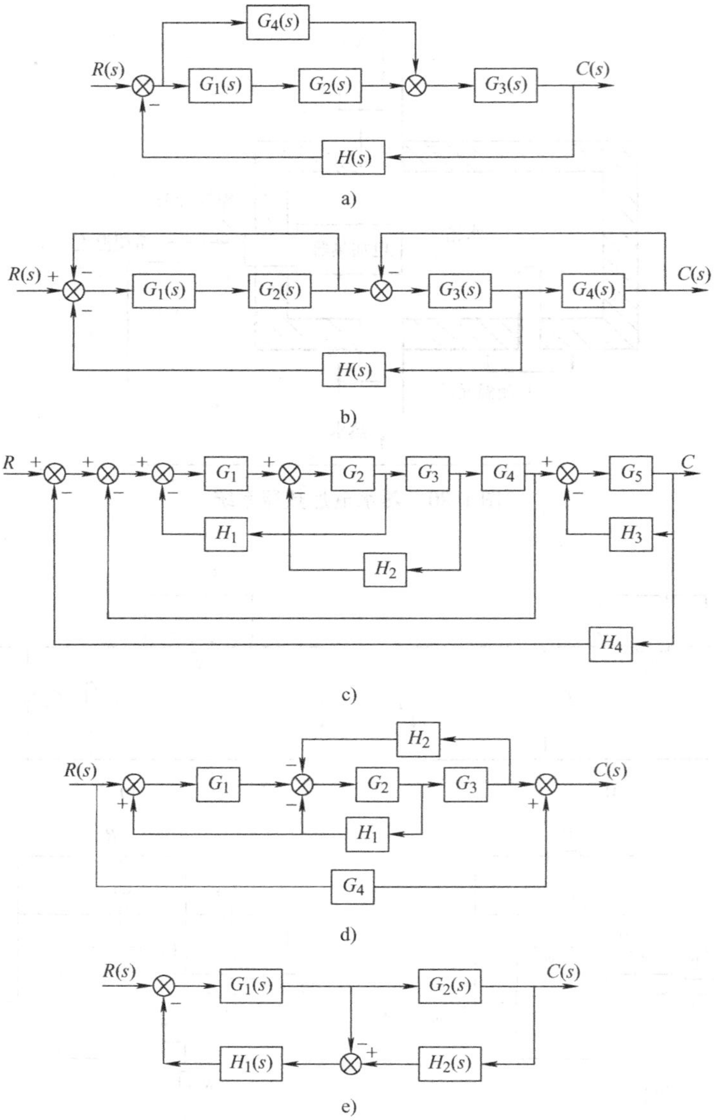

图 1-83　系统框图

1-7　某 PID 调解器的对数幅频特性如图 1-84 所示，求其传递函数。

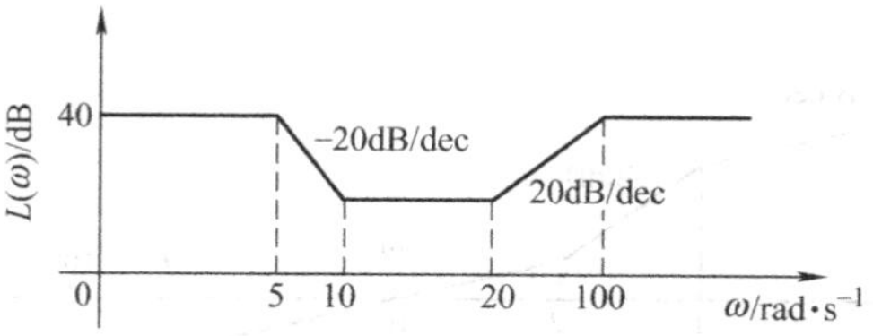

图 1-84　某 PID 调解器的对数幅频特性

1-8　某控制系统的对数幅频特性如图 1-85 所示，求其传递函数。

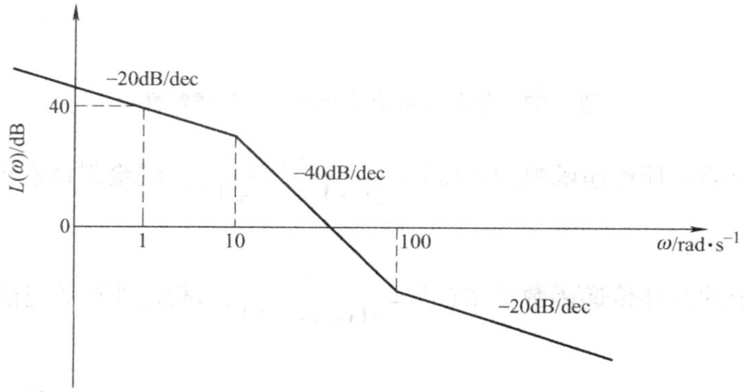

图 1-85　某控制系统的对数幅频特性

1-9　某一部件的对数幅频特性由频率特性仪测得如图 1-86 所示。试写出该部件的传递函数，并计算出有关参数。

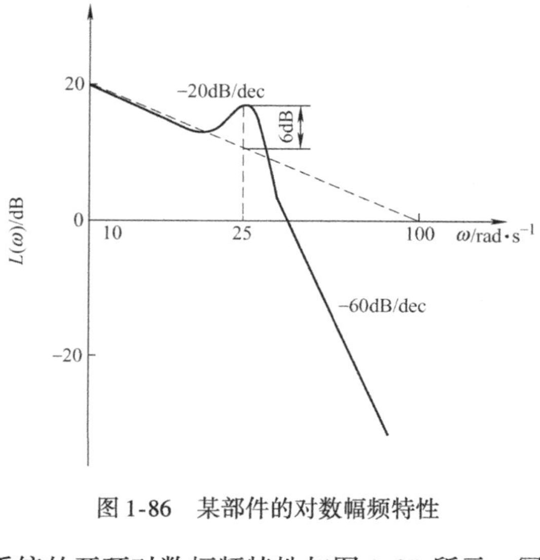

图 1-86　某部件的对数幅频特性

1-10　已知某随动系统的开环对数幅频特性如图 1-87 所示，写出该系统的开环传递函数，并计算当 $\omega_c = 10\text{rad/s}$（过分贝线处的频率）时的相角 $\varphi(\omega_c)$。

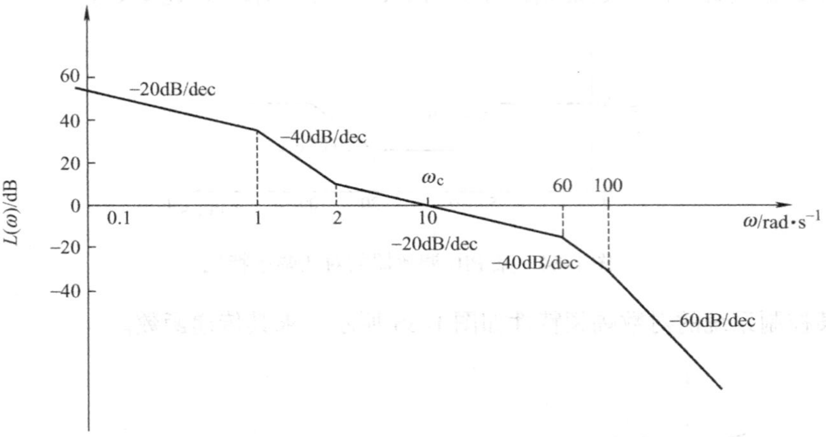

图 1-87　某随动系统的开环对数幅频特性

1-11　某系统的开环传递函数为 $G(s)=\dfrac{10}{(s+1)(2s+1)}$，试绘制该系统的开环对数频率特性曲线。

1-12　设系统的开环传递函数为 $G(s)=\dfrac{5}{s(0.1s+1)}$，试绘制该系统的开环对数频率特性曲线。

1-13　绘制系统的幅相频率特性曲线，其开环传递函数为 $G(s)=\dfrac{100(0.1s+1)}{s^2(0.01s+1)}$。

第 2 章　自动控制系统的性能分析

2.1　自动控制系统的稳定性分析

2.1.1　稳定性的基本概念

控制系统能够正常工作的首要条件是系统必须稳定，在此基础上，对系统的性能进行分析才有意义。任何一个系统在实际运行中，总会受到外部环境或内部参数变化的影响，这些变化对正常工作的系统是一种扰动作用，它会使系统的工作状态偏离原来的平衡工作点。

稳定性是指系统在受到扰动作用后自动返回原来的平衡状态的能力。如果系统受到扰动作用（系统内或系统外）后，能自动返回到原来的平衡状态，则该系统是稳定的；反之，系统是不稳定系统。图 2-1 给出了稳定系统和不稳定系统。

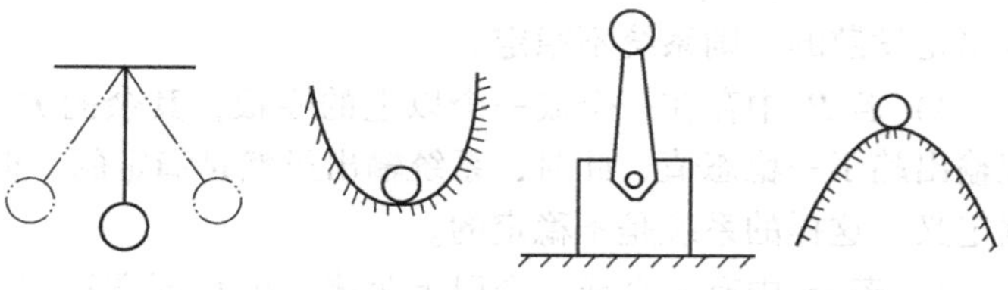

图 2-1　稳定系统和不稳定系统

a）稳定系统　b）不稳定系统

系统的稳定性概念又分绝对稳定性和相对稳定性。

系统的绝对稳定性是指系统稳定（或不稳定）的条件。系统的相对稳定性是指稳定系统的稳定程度。

2.1.2　系统稳定的充要条件

根据稳定性的概念，可以将 $\delta(t)$ 函数作为扰动输入来分析系统的稳定性。设线性定常系统在初始条件为零时，输入一个理想的单位脉冲函数，这相当于系统在零输入时，受到扰动信号的作用，若当时间 $t\to\infty$ 时，系统的输出响应 $c(t)$ 能收敛到原平衡状态，即

$$\lim_{t\to\infty} c(t)=0$$

则称该系统是稳定的。于是，可根据单位脉冲响应来分析系统稳定的充分必要条件。

设 n 阶系统的闭环传递函数为

$$\phi(s)=\frac{b_m s^m+b_{m-1}s^{m-1}+\cdots+b_1 s+b_0}{a_n s^n+a_{n-1}s^{n-1}+\cdots+a_1 s+a_0} \tag{2-1}$$

闭环特征方程为

$$a_n s^n+a_{n-1}s^{n-1}+\cdots+a_1 s+a_0=0 \tag{2-2}$$

如果系统特征方程的根互不相同，且有 q 个实数根 $P_i(i=1,2,\cdots,q)$ 和 r 对共轭复数根

$\sigma_j + j\omega_j (j = 1,2,\cdots,r)$，$q + 2r = n$，则在 $\delta(t)$ 函数作用下，系统输出响应的拉氏变换为

$$C(s) = \frac{k\prod_{j=1}^{m}(s - z_j)}{\prod_{i=1}^{q}(s - P_i)\prod_{j=1}^{r}(s - \sigma_j \pm j\omega_j)} \times 1 \tag{2-3}$$

对式(2-3) 进行拉氏反变换得

$$c(t) = \sum_{i=1}^{q} A_i e^{P_i t} + \sum_{j=1}^{r} e^{\sigma_j t}(B_j \cos\omega_j t + C_j \sin\omega_j t) \tag{2-4}$$

式中，系数 A_i、B_j、C_j 由初始条件确定。

分析式(2-4) 可知：

1) 若 $P_i < 0$，$\sigma_j < 0$，则当 $t \to \infty$ 时，指数项 e^{P_i}和 e^{σ_j}都趋于零，系统是稳定的，但由于共轭复数根的存在（$\omega_j \neq 0$），响应是衰减振荡的。当 $\omega_j = 0$ 时，特征方程的根皆为负实数，则系统输出是按指数衰减的，系统也是稳定的。

2) 若 P_i 或 σ_j 中有一个或一个以上是正实数，则当 $t \to \infty$，e^{P_i}和 e^{σ_j}都越来越大，系统输出是发散的，则系统不稳定。

3) 若 P_i 中存在一个或一个以上的零根，其余的 P_i 及 σ_j 都小于零，则当 $t \to \infty$ 时，系统输出趋于一稳态值，此时，系统输出虽然是稳定的，但是不能恢复到原来的平衡状态，根据定义，这样的系统是不稳定的。

4) 若 σ_j 中有一个或一个以上为零，即特征方程有纯虚根，其余的 σ_j 及 P_i 都小于零，则系统输出存在等幅振荡，这时系统处于临界稳定状态，在经典控制论中，认为系统是不稳定的。

由以上分析可知，式(2-4) 描述的系统稳定的充分必要条件是，**系统特征方程的根（闭环传递函数的极点）都具有负实部。**

由于特征方程的解或为实数根，或为复数根，故可用复平面上的点来表示特征根的位置。因此，线性系统稳定的充要条件又可叙述为，**若系统特征方程的根均在 s 平面的左半部，则该系统是稳定的。**

2.1.3 代数稳定判据（劳斯稳定判据）

根据线性系统稳定的充要条件，为了判别系统稳定与否，就要求出系统特征方程的根，并检验它们是否都具有负实部。但是，这种求解系统特征方程的方法，对低阶系统尚可以进行，而对于高阶系统，其特征方程是高阶代数方程，其求解往往是非常困难的，一般需借助计算机求解。另外，在判断系统稳定性的时候，只需知道有无特征方程根分布在 s 平面的左半部就可以了，无须得到特征根的精确数值。因此，人们希望寻求一种不需要求解特征方程就能判别系统稳定性的间接方法，劳斯稳定判据就是其中的一种。劳斯稳定判据是利用特征方程的各项系数进行代数运算，得出全部特征根具有负实部的条件，以此作为判别系统是否稳定的依据，因此，这种判据又称为代数稳定判据。

应用劳斯稳定判据时，必须借助特征方程式的系数写出一个劳斯阵列。现以六阶系统的特征方程为例，说明劳斯阵列的编制方法。

给定六阶系统的特征方程为 $a_0 s^6 + a_1 s^5 + a_2 s^4 + a_3 s^3 + a_4 s^2 + a_5 s + a_6 = 0$，其劳斯阵列如下

s^6	a_0	a_2	a_4	a_6
s^5	a_1	a_3	a_5	0
s^4	$(a_1a_2-a_0a_3)/a_1=b_1$	$(a_1a_4-a_0a_5)/a_1=b_2$	$(a_1a_6-a_0\times 0)/a_1=b_3$	0
s^3	$(b_1a_3-a_1b_2)/b_1=c_1$	$(b_1a_5-a_1b_3)/b_1=c_2$	0	0
s^2	$(c_1b_2-b_1c_2)/c_1=d_1$	$(c_1b_3-b_1\times 0)/c_1=d_2$	0	0
s^1	$(d_1c_2-c_1d_2)/d_1=e_1$	0	0	0
s^0	$(e_1d_2-d_1\times 0)/e_1=f_1$	0	0	0

劳斯阵列中的第一行和第二行各元素，直接用特征方程式直接按照奇偶次幂由高到低写入。第三行各元素，是根据第一行和第二行的元素按照一定的方程式计算得到的，以下各行同此理，是根据其上面两行的元素的方程式得到的。

列元素（a_0，a_1，b_1，c_1，d_1，e_1，f_1）是劳斯阵列的第一列，劳斯阵列就是根据这一列元素符号的性质来判定特征方程根是否全分布在 s 平面左半部，从而判定系统是否是稳定的。

将系统的特征方程写成如下标准形式

$$a_0s^n+a_1s^{n-1}+\cdots+a_{n-1}s^{n-1}+a_n=0,\quad a_0>0$$

并将该方程各项系数组成如下排列的劳斯阵列

$$\begin{array}{lllll}
s^n & a_0 & a_2 & a_4 & a_6 & \cdots \\
s^{n-1} & a_1 & a_3 & a_5 & a_7 & \cdots \\
s^{n-2} & b_1 & b_2 & b_3 & b_4 & \cdots \\
s^{n-3} & c_1 & c_2 & c_3 & \cdots & \\
\vdots & \vdots & \vdots & \vdots & & \\
s^2 & d_1 & d_2 & d_3 & & \\
s^1 & e_1 & e_2 & & & \\
s^0 & f_1 & & & &
\end{array}$$

其中

$$b_1=\frac{a_1a_2-a_0a_3}{a_1},\quad b_2=\frac{a_1a_4-a_0a_5}{a_1},\quad b_3=\frac{a_1a_6-a_0a_7}{a_1},\cdots$$

系数 b_i 的计算一直进行到 $b_i=0$ 为止。用同样的前两行系数交叉相乘的方法，可以计算各行系数 c_i，d_i，e_i，f_i 等。

$$c_1=\frac{b_1a_3-a_1b_2}{b_1},\quad c_2=\frac{b_1a_5-a_1b_3}{b_1},\quad c_3=\frac{b_1a_7-a_1b_4}{b_1},\cdots$$

$$\vdots$$

$$f_1=\frac{e_1d_2-d_1e_2}{e_1}$$

劳斯稳定判据的内容为：**如果劳斯阵列中的第一列系数都具有相同的符号，则系统是稳定的，否则系统是不稳定的，且不稳定根的个数等于劳斯阵列中第一列系数符号改变的次数。**

【例 2-1】 系统的特征方程为 $a_0s^3+a_1s^2+a_2s+a_3=0$，求该系统的稳定条件。

解：根据劳斯稳定判据可得，系统稳定的条件为：

1）$a_0>0$，$a_1>0$，$a_2>0$，$a_3>0$。

2）$D=\begin{vmatrix} a_1 & a_3 \\ a_0 & a_2 \end{vmatrix}=a_1a_2-a_0a_3>0$。

【例 2-2】 已知系统的特征方程为 $s^5+6s^4+12s^3+15s^2+10s+2=0$，判断该系统的稳定性。

解：根据劳斯稳定判据可得

s^5	1	12	10
s^4	6	15	2
s^3	$\frac{6\times12-1\times15}{6}=\frac{19}{2}$	$\frac{6\times10-1\times2}{6}=\frac{29}{3}$	0
s^2	$\frac{\frac{19}{2}\times15-6\times\frac{29}{3}}{19/2}=\frac{507}{57}$	$\frac{\frac{29}{3}\times2-15\times0}{29/3}=2$	0
s^1	$\frac{\frac{507}{57}\times\frac{29}{3}-19}{507/57}=\frac{3818}{507}$	0	0
s^0	2	0	0

劳斯阵列第一列系数符号相同，故系统是稳定的。

【例 2-3】 已知某系统框图如图 2-2 所示，试确定使该系统稳定的 K 的取值范围。

解：闭环系统的传递函数为

$$\phi(s)=\frac{K}{s^3+3s^2+2s^2+K}$$

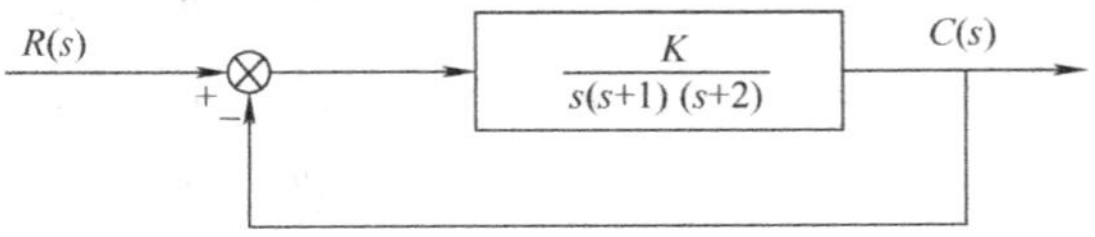

图 2-2 某系统框图

特征方程为

$$s^3+3s^2+2s^2+K=0$$

劳斯阵列为

s^3	1	2
s^2	3	K
s^1	$(6-K)/3$	0
s^0	K	

根据劳斯稳定判据可得，为使系统稳定必须满足：① $K>0$；② $6-K>0$。因此可得 K 的取值范围为 $0<K<6$。

【例 2-4】 已知系统特征方程为

$$s^5+s^4+2s^3+2s^2+3s+5=0$$

试判断该系统的稳定性。

解：本例是应用劳斯稳定判据判断系统稳定性的一种特殊情况。如果在劳斯阵列中某一行的第一列项等于零，但其余各项不等于零或没有，这时可用一个很小的正数 ε 来代替为零的一项，从而可使劳斯阵列继续算下去。

劳斯阵列为

s^5	1	2	3
s^4	1	2	5
s^3	$\varepsilon\approx 0$	-2	
s^2	$\dfrac{2\varepsilon+2}{\varepsilon}$	5	
s^1	$\dfrac{-4\varepsilon-4-5\varepsilon^2}{2\varepsilon+2}$		
s^0	5		

由劳斯阵列可见，第三行第一列系数为零，可用一个很小的正数 ε 来代替；第四行第一列系数为 $(2\varepsilon+2)/\varepsilon$，当 ε 趋于零时为正数；第五行第一列系数为 $(-4\varepsilon-4-5\varepsilon^2)/(2\varepsilon+2)$，当 ε 趋于零时为 -2。由于第一列变号两次，故有两个根在 s 平面的右半部，所以系统是不稳定的。

【例 2-5】 已知是系统特征方程为

$$s^6+2s^5+8s^4+12s^3+20s^2+16s+16=0$$

试求：①在 s 右半平面的根的个数；②虚根。

解：如果劳斯阵列中某一行所有系数都等于零，则表明在根平面内存在与原点对称的实根、共轭虚根或（和）共轭复数根。此时，可利用上一行的系数构成辅助多项式，并对辅助多项式求导，将导数的系数构成新行，以代替全部为零的一行，继续计算劳斯阵列。对原点对称的根可由辅助方程（令辅助多项式等于零）求得。

劳斯阵列为

s^6	1	8	20	16
s^5	2	12	16	
s^2	2	12	16	
s^3	0	0		

由于 s^3 行中各项系数全为零，于是可利用 s^4 行中的系数构成辅助多项式，即

$$P(s)=2s^4+12s^2+16$$

求辅助多项式对 s 的导数，得

$$\frac{\mathrm{d}P(s)}{s}=8s^3+24s$$

原劳斯阵列中 s^3行各项，用上述方程式的系数，即 8 和 24 代替。此时，劳斯阵列变为

s^6	1	8	20
s^5	2	12	16
s^4	2	12	16

$$
\begin{array}{lll}
s^3 & 8 & 24 \\
s^2 & 6 & 16 \\
s^1 & 2.67 & \\
s^0 & 16 &
\end{array}
$$

新劳斯阵列中第一列没有变号，所以没有根在右半平面。

与原点对称的根可通过解辅助方程求得。令

$$2s^4 + 12s^2 + 16 = 0$$

得到

$$s = \pm \mathrm{j}\sqrt{2} \text{和} s = \pm \mathrm{j}2$$

即为所求虚根。

2.1.4 奈奎斯特稳定判据

奈奎斯特稳定判据（简称奈氏判据）是根据系统的开环频率特性对闭环系统的稳定性进行判断的一种方法。它把开环频率特性与复变函数 $1 + G(s)H(s)$ 位于 s 平面右半部的零点和极点联系起来，用图解的方法分析系统的稳定性。应用奈氏判据不仅可判断线性系统是否稳定，还可指出系统不稳定根的个数。

1. 最小相位系统与非最小相位系统

在前面的分析中表明，闭环系统稳定的充分必要条件是所有的闭环特征根（闭环极点）都在根平面（s 平面）的左半部。在 s 平面右半部内既无极点也无零点的传递函数，称为最小相位传递函数；反之，在 s 平面右半部内有极点和（或）零点的传递函数，称为非最小相位传递函数。具有最小相位传递函数的系统称为最小相位系统；反之，具有非最小相位传递函数的系统，称为非最小相位系统。

在具有相同幅值特性的系统中，最小相位传递函数（系统）的相角范围在所有这类系统中是最小的。任何非最小相位传递函数的相角范围都大于最小相位传递函数的相角范围。

对于最小相位系统，其传递函数由单一的幅值曲线唯一确定。对于非最小相位系统则不是这种情况。

2. 闭环系统的稳定性

设单位负反馈系统如图 2-3 所示，其开环传递函数为 $G(s)$，则闭环传递函数为

$$\phi(s) = \frac{G(s)}{1 + G(s)}$$

设辅助函数

$$F(s) = 1 + G(s)$$

设

$$G(s) = \frac{M(s)}{N(s)}$$

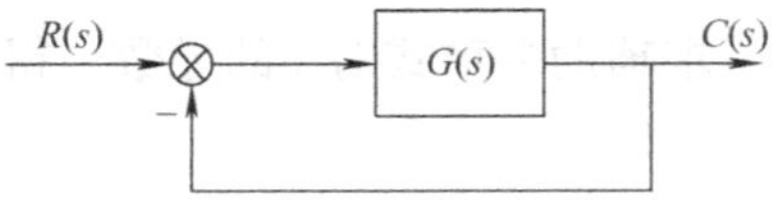

图 2-3 单位反馈系统

则闭环传递函数为

$$\phi(s) = \frac{M(s)}{M(s) + N(s)}$$

所以

$$F(s)=1+\frac{M(s)}{N(s)}=\frac{M(s)+N(s)}{N(s)}=\frac{D(s)}{N(s)}$$

式中，$N(s)$ 为系统的开环特征式；$D(s)$ 为系统的闭环特征式。

$$D(s)=M(s)+N(s)$$

闭环系统的稳定性取决于辅助函数 $F(s)$ 零点在根平面上的位置。

因为

$$F(\mathrm{j}\omega)=1+G(\mathrm{j}\omega)=\frac{M(\mathrm{j}\omega)+N(\mathrm{j}\omega)}{N(\mathrm{j}\omega)}=\frac{D(\mathrm{j}\omega)}{N(\mathrm{j}\omega)}$$

$$=\frac{K(\mathrm{j}\omega-s_1)(\mathrm{j}\omega-s_2)\cdots(\mathrm{j}\omega-s_n)}{(\mathrm{j}\omega-p_1)(\mathrm{j}\omega-p_2)\cdots(\mathrm{j}\omega-p_n)}=\frac{\prod_{i=1}^{n}(\mathrm{j}\omega-s_i)}{\prod_{i=1}^{n}(\mathrm{j}\omega-p_i)} \tag{2-5}$$

式中，s_i 为 $F(s)$ 的零点，即系统的闭环极点；p_i 为 $F(s)$ 的极点，即系统的开环极点；K 为闭环特征式与开环特征式最高阶数项的系数之比。

由于复数相乘，其幅角为相加；复数相除，其幅角为相减。对于式(2-5)，当 ω 从零到无穷大时，矢量 $F(s)$ 的幅角变化为

$$\underset{\omega:\omega\to\infty}{\Delta}\angle[1+G(\mathrm{j}\omega)]=\sum_{i=1}^{n}\underset{\omega:\omega\to\infty}{\Delta}\angle(\mathrm{j}\omega-s_i)-\sum_{i=1}^{n}\underset{\omega:\omega\to\infty}{\Delta}\angle(\mathrm{j}\omega-p_i) \tag{2-6}$$

式中，幅角增量的大小取决于特征根 s_i、p_i 在复平面上的位置。由此可得到以下结论：

1）如果特征根 α_i 为负实根，则当 ω 从零到无穷大时，矢量 $\mathrm{j}\omega-\alpha_i$ 将逆时针旋转 90°。设逆时针方向的转角为正，则

$$\underset{\omega:\omega\to\infty}{\Delta}\angle(\mathrm{j}\omega-\alpha_i)=+90° \tag{2-7}$$

2）如果特征根 $\alpha_i\pm\mathrm{j}\omega_i$ 为具有负实部的共轭复根，则当 ω 从零到无穷大时，有

$$\underset{\omega:\omega\to\infty}{\Delta}\angle[\mathrm{j}\omega-(\alpha_i+\mathrm{j}\omega_i)]+\underset{\omega:\omega\to\infty}{\Delta}\angle[\mathrm{j}\omega-(\alpha_i-\mathrm{j}\omega_i)]=+2\times 90° \tag{2-8}$$

从式(2-7) 和式(2-8) 中可以看出，当特征根具有负实部，无论是实根还是共轭复根的情况下，各子因式的幅角增量平均为 +90°；同理，当特征根具有正实部（即不稳定根），无论是实根还是共轭复根的情况下，各子因式的幅角增量平均为 −90°。

由此得出结论：如果系统具有 p 个开环右极点，q 个闭环右极点，由式(2-6) 得

$$\begin{aligned}\underset{\omega:\omega\to\infty}{\Delta}\angle[1+G(\mathrm{j}\omega)]&=\sum_{i=1}^{n}\underset{\omega:\omega\to\infty}{\Delta}\angle(\mathrm{j}\omega-s_i)-\sum_{i=1}^{n}\underset{\omega:\omega\to\infty}{\Delta}\angle(\mathrm{j}\omega-p_i)\\&=[(n-q)\times 90°-q\times 90°]-[(n-p)\times 90°-p\times 90°]\\&=(p-q)\times 180°\\&=(p-q)\pi\end{aligned} \tag{2-9}$$

由式(2-9) 可知，如系统开环传递函数 $G(\mathrm{j}\omega)$ 有 p 个右极点，当 ω 从零到无穷大时，辅助函数 $1+G(\mathrm{j}\omega)$ 在复平面上的幅角增量为 $p\pi$ 时，系统稳定；否则，系统不稳定。

3. 奈奎斯特稳定判据

奈奎斯特稳定判据是建立在复变函数的幅角原理基础上的，它揭示了系统的开环幅相特

性与闭环系统稳定性的本质关系，由式(2-9) 得

$$\underset{\omega:\,\omega\to\infty}{\Delta}\angle[1+G(\mathrm{j}\omega)]=(p-q)\pi=\frac{p-q}{2}\times 2\pi=N\times 2\pi \tag{2-10}$$

式中，$N=\frac{p-q}{2}$为矢量 $1+G(\mathrm{j}\omega)$ 的幅角变化圈数。

式(2-10) 表明，当 ω 从零到无穷大时，矢量 $1+G(\mathrm{j}\omega)$ 端点轨迹逆时针方向围绕坐标原点转$\frac{p-q}{2}$圈。

如果系统有 p 个开环右极点，若使闭环系统稳定，则闭环右极点数 $q=0$（即所有根都在 s 面的左半部），则由式(2-10) 得

$$N=\frac{p-q}{2}=\frac{p-0}{2}=\frac{p}{2}$$

即当 ω 从零到无穷大时，矢量 $1+G(\mathrm{j}\omega)$ 在复平面上逆时针绕坐标原点转$\frac{p}{2}$圈，则闭环系统稳定。

同样，根据式(2-10) 知，如果系统是开环稳定的，即开环右极点个数为零，$p=0$，则闭环系统稳定的条件是 $N=0$。表明，当 ω 从零到无穷大时，矢量 $1+G(\mathrm{j}\omega)$ 在复平面上不包围原点。

辅助函数 $F(\mathrm{j}\omega)=1+G(\mathrm{j}\omega)$在复平面上的坐标原点，相当于 $G(\mathrm{j}\omega)$ 在复平面上的 $(-1,\ \mathrm{j}0)$ 点。所以，矢量 $1+G(\mathrm{j}\omega)$ 在复平面上逆时针绕坐标原点的圈数，就等于开环传递函数矢量 $G(\mathrm{j}\omega)$ 围绕点 $(-1,\ \mathrm{j}0)$ 的圈数。由此可得奈奎斯特稳定判据。

奈奎斯特稳定判据可表述为：

1）若开环传递函数 $G(\mathrm{j}\omega)$ 的右极点个数为 p，则系统稳定的充要条件是，当 ω 从零到无穷大时，系统开环幅相频率特性曲线 $G(\mathrm{j}\omega)$ 逆时针绕 $(-1,\ \mathrm{j}0)$ 点的圈数为$\frac{p}{2}$。

2）若开环系统稳定（$p=0$），则闭环系统稳定的充要条件为系统开环幅相频率特性曲线 $G(\mathrm{j}\omega)$ 不绕 $(-1,\ \mathrm{j}0)$ 点。

3）若 $N\neq\frac{p}{2}$，则闭环系统不稳定，闭环系统的右极点（具有不稳定的正实部特征根）的个数为 $q=p-2N$。

4）当 ω 从负无穷大到正无穷大时，系统开环幅相频率特性曲线 $G(\mathrm{j}\omega)$ 逆时针绕 $(-1,\ \mathrm{j}0)$ 点的圈数为 $N=p$。

图 2-4 表示了系统开环幅相频率特性在开环系统稳定条件下的三种情况：①开环幅相频率特性曲线 $G(\mathrm{j}\omega)$ 不绕 $(-1,\ \mathrm{j}0)$ 点，则闭环系统稳定，如图 2-4a 所示；②开环幅相频率特性曲线 $G(\mathrm{j}\omega)$ 恰好经过 $(-1,\ \mathrm{j}0)$ 点，则闭环系统临界稳定，如图 2-4b 所示；③开环幅相频率特性曲线 $G(\mathrm{j}\omega)$ 绕 $(-1,\ \mathrm{j}0)$ 点的圈数

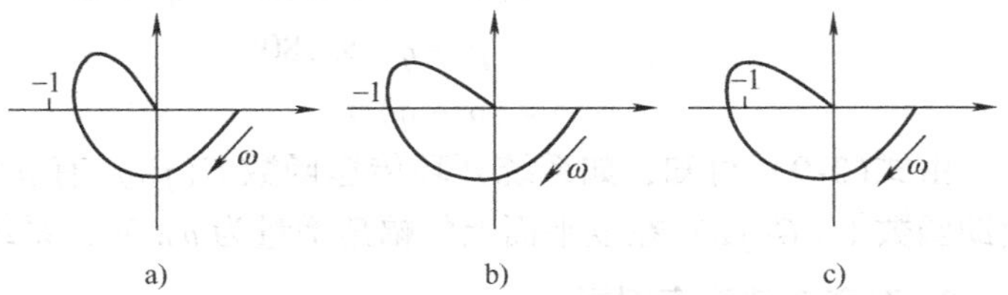

图 2-4　系统开环幅相频率特性曲线

$N=-1$（顺时针方向绕一次），则 $q=p-2N=2$，即闭环系统有 2 个右极点，则该系统不稳定，如图 2-4c 所示。

由此可知，奈奎斯特稳定判据是利用系统的开环幅相频率特性曲线来判断系统的闭环稳定性的非常简单实用的方法。

【例 2-6】 某系统开环传递函数为

$$G(s)=\frac{10}{s(-0.2s^2-0.8s+1)}$$

试用奈奎斯特（简称奈氏）判据判断该系统的稳定性。

解： 将传递函数按典型环节分解为

$$G(s)=\frac{-10}{s(0.2s+1)(-s+1)}$$

$$G(j\omega)=\frac{-10[0.8\omega-j(1+0.2\omega^2)]}{\omega(1+\omega^2)(1+0.04\omega^2)}$$

幅相频率特性曲线的起点和终点分别为

$$\lim_{\omega\to 0}G(j\omega)=\infty\angle-270^\circ$$

$$\lim_{\omega\to\infty}G(j\omega)=0\angle-270^\circ$$

$$\lim_{\omega\to 0}\mathrm{Re}[G(j\omega)]=-8$$

当 ω 为有限值时，$\mathrm{Im}[G(j\omega)]\neq 0$，幅相频率特性曲线与负实轴无交点。由于惯性环节的时间常数 $T_1=0.2$，小于不稳定性环节的时间常数 $T_2=1$，故 $\varphi(\omega)$ 呈现先增大后减小的变化。作系统开环幅相频率特性曲线，如图 2-5 所示。

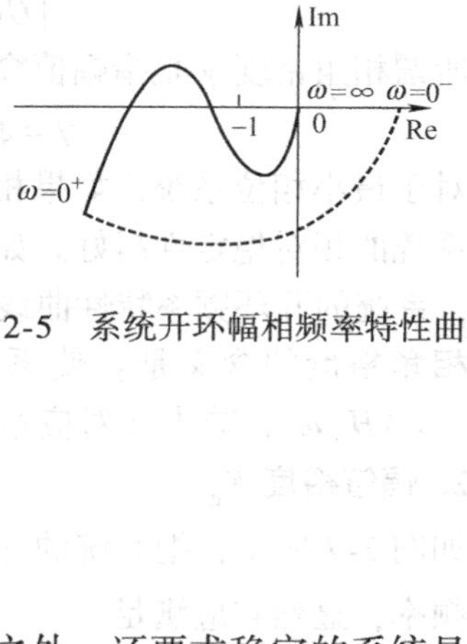

图 2-5　系统开环幅相频率特性曲线

由于 $V=1$，故需从幅相频率特性曲线上 $\omega=0$ 的对应点起，逆时针补画半径为无穷大的 $\pi/2$ 圆弧。由系统开环传递函数知，s 平面右半部系统的开环极点数 $p=1$，而幅相频率特性曲线起于负实轴，且当 ω 增大时逐渐离开负实轴，故为半次负穿越，$N=-1/2$。于是 s 平面右半部的闭环极点数

$$z=p-2N=2$$

表明系统闭环不稳定。

2.1.5　稳定裕度与系统相对稳定性

控制系统能正常工作的前提条件是系统必须稳定，除此之外，还要求稳定的系统具有适当的稳定裕度，即有一定的相对稳定性。用奈氏判据分析系统的稳定性时，是通过系统的开环频率特性 $G(j\omega)H(j\omega)$ 曲线绕（−1，j0）点的情况来进行稳定性判断的。当系统的开环传递函数在 s 平面右半部无极点时，若 $G(j\omega)H(j\omega)$ 曲线通过（−1，j0）点，则控制系统处于临界稳定。这时，如果系统的参数发生变化，则 $G(j\omega)H(j\omega)$ 曲线可能包围（−1，j0）点，系统变为不稳定。因此，在 GH 平面上，可以用 $G(j\omega)H(j\omega)$ 曲线与（−1，j0）的靠近程度来表征系统的相对稳定性，即 $G(j\omega)H(j\omega)$ 曲线离（−1，j0）点越远，系统的稳定程度越高，其相对稳定性越好；反之，$G(j\omega)H(j\omega)$ 曲线离（−1，j0）点越近，稳定程度越低。反映系统稳定程度高低的概念就是系统相对稳定性的概念。

下面对系统的相对稳定性进行定量分析。

以图 2-6 为例说明相对稳定性的概念。图 2-6a、b 所示为两个最小相位系统，但图 2-6a 所示系统的频率特性曲线与负实轴的交点 A 距离（-1，j0）点较远，图中的两个开环频率特性曲线（实线）由于没有包围（-1，j0）点，由奈氏判据知它们都是稳定的。图 2-6b 所示系统的频率特性曲线与负实轴的交点 B 距离（-1，j0）点较近。假定系统的开环放大系统由于系统参数的改变比原来增加了 50%，则图 2-6a 中的 A 点移到 A'点，仍在（-1，j0）点右侧，开环频率特性曲线如图 2-6a 中虚线所示。而图 2-6b 中的 B 点则移到（-1，j0）点的左侧 B'点，如图 2-6b 中虚线所示，系统便不稳定了。可见，前者较能适应系统参数的变化，即它的相对稳定性比后者好。

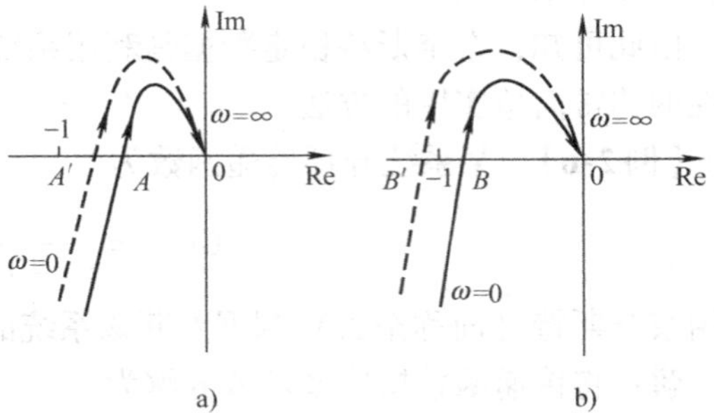

图 2-6　系统的相对稳定性

通常用稳定裕度来衡量系统的相对稳定性或系统的稳定程度，其中包括系统的相角裕度 γ 和幅值裕度 K_g。

1. 相角裕度 γ

如图 2-7 所示，把 GH 平面上的单位圆与系统开环频率特性曲线的交点频率 ω_c 称为幅值穿越频率或剪切频率，它满足

$$|G(j\omega)H(j\omega)|=1,\quad 0\leqslant\omega_c\leqslant+\infty \tag{2-11}$$

所谓相角裕度 γ 是指幅值穿越频率 ω_c 所对应的相移 $\phi(\omega_c)$ 与 -180°角的差值，即

$$\gamma=\phi(\omega_c)-(-180°)=\phi(\omega_c)+180° \tag{2-12}$$

对于最小相位系统，如果相角裕度 $\gamma>0°$，则系统是稳定的，如图 2-7a 所示，且 γ 值越大，系统的相对稳定性越好。如果相角裕度 $\gamma<0°$，则系统不稳定，如图 2-7b 所示。当 $\gamma=0°$时，系统的开环频率特性曲线穿过（-1，j0）点，是临界稳定状态。

相角裕度的含义是：使系统达到临界稳定状态时开环频率特性的相角 $\varphi(\omega_c)=\angle G(j\omega_c)H(\omega_c)$ 减小（对应稳定系统）或增加（对应不稳定系统）的数值。

2. 幅值裕度 K_g

如图 2-7 所示，把系统的开环频率特性曲线与 GH 平面负实轴的交点频率 ω_g 称为相位穿越频率，显然它应满足

$$\angle G(j\omega_g)H(j\omega_g)=-180°,\quad 0\leqslant\omega_g\leqslant+\infty \tag{2-13}$$

幅值裕度 K_g 是指相位穿越频率 ω_g 所对应的开环幅频特性的倒数值，即

$$K_g=\frac{1}{G(j\omega_g)H(j\omega_g)} \tag{2-14}$$

对于最小相位系统，如果幅值裕度 $K_g>1$ [即 $|G(j\omega_g)H(j\omega_g)|<1$]，系统是稳定的，且 K_g 值越大，系统的相对稳定性越好。如果幅值裕度 $K_g<1$ 即 $|G(j\omega_g)H(j\omega_g)|>1$，系统则不稳定。当 $K_g=1$ 时，系统的开环频率特性曲线穿过（-1，j0）点，是临界稳定状态。可见，求出系统的幅值裕度 K_g 后，便可根据 K_g 值的大小来分析最小相位系统的稳定性和稳定程度。

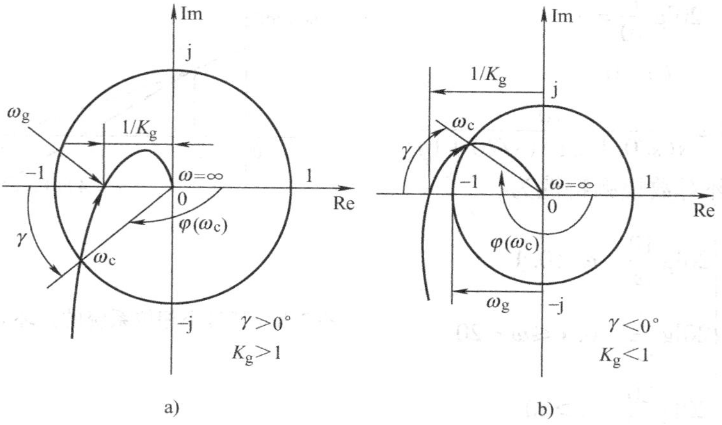

图 2-7　相角裕度和幅值裕度

a）幅值裕度与相角裕度的定义　b）不稳定系统的幅值裕度与相角裕度

幅值裕度的含义是：使系统到达临界稳定状态时开环频率特性的幅值$|G(j\omega_g)H(j\omega_g)|$增大（对应稳定系统）或缩小（对应不稳定系统）的倍数，即

$$|G(j\omega_g)H(j\omega_g)|K_g=1 \tag{2-15}$$

幅值裕度也可以用分贝数来表示，即

$$20\lg K_g=-20\lg|G(j\omega_g)H(j\omega_g)| \tag{2-16}$$

因此，可根据幅值裕度来判断最小相位系统是稳定、临界稳定或不稳定的。这里要指出的是，系统相对稳定性的好坏不能仅从相角裕度或幅值裕度的大小来判断，必须同时考虑相角裕度和幅值裕度。

【例 2-7】　某单位反馈控制系统开环传递函数为

$$G(s)=\frac{as+1}{s^2}$$

试确定使相角裕度 $\gamma=45°$时的 a 值。

解：

$$L(\omega)=20\lg\frac{\sqrt{(a\omega_c)^2+1}}{\omega_c^2}=0$$

$$\omega_c^4=a^2\omega_c^2+1$$

$$\gamma=180°+\arctan(a\omega_c)-180°=45°$$

$$a\omega_c=1$$

联立求解得

$$\omega_c=\sqrt[4]{2},\quad a=1/\sqrt[4]{2}=0.84$$

【例 2-8】　某最小相位系统的开环对数幅频特性曲线如图 2-8 所示。试：

1）写出该系统的开环传递函数。

2）利用相角裕度判断该系统的稳定性。

解：1）由系统开环对数幅频特性曲线可知，系统存在两个交接频率 0.1 和 20，故

$$G(s)=\frac{k}{s(s/0.1+1)(s/20+1)}$$

且 $$20\lg\frac{k}{10}=0$$

得 $$k=10$$

所以 $$G(s)=\frac{10}{s(s/0.1+1)(s/20+1)}$$

2）系统开环对数幅频特性为

$$L(\omega)=\begin{cases}20\lg\dfrac{10}{\omega} & \omega<0.1\\ 20\lg\dfrac{1}{\omega^2} & 0.1\leqslant\omega<20\\ 20\lg\dfrac{20}{\omega^3} & \omega\geqslant 20\end{cases}$$

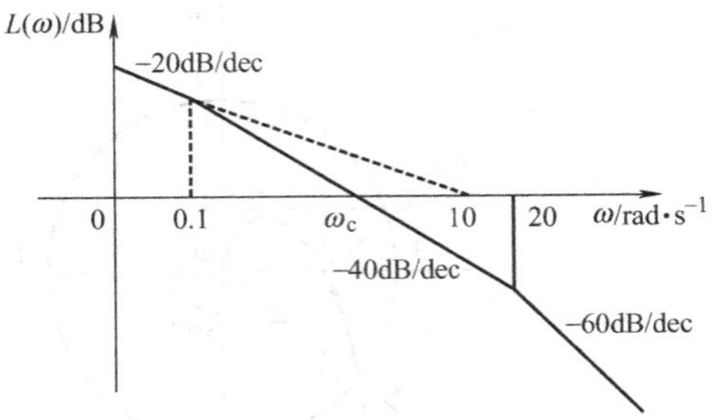

图 2-8 某最小相位系统的开环对数幅频特性曲线

从而解得 $$\omega_c=1$$

系统开环对数相频特性为

$$\varphi(\omega)=-90^\circ-\arctan\frac{\omega}{0.1}-\arctan\frac{\omega}{20}$$

$$\varphi(\omega_c)=-177.15^\circ$$

$$\gamma=180^\circ+\varphi(\omega_c)=2.85^\circ$$

故系统稳定。

【例 2-9】 已知某最小相位系统的开环传递函数为

$$G(s)H(s)=\frac{40}{s(s^2+2s+25)}$$

试求出该系统的幅值裕度和相角裕度。

解： 系统的开环频率特性为

$$G(j\omega)H(j\omega)=\frac{40}{j\omega(25-\omega^2+j2\omega)}$$

其幅频特性和相频特性分别是

$$|G(j\omega)H(j\omega)|=\frac{1}{\omega}\frac{40}{\sqrt{(25-\omega^2)^2+4\omega^2}}$$

$$\angle G(j\omega_c)H(j\omega_c)=-90^\circ-\arctan\frac{2\omega}{25-\omega^2}$$

令 $|G(j\omega_c)H(j\omega_c)|=1$，可得 $\omega_c=1.82$，则相角裕度

$$\gamma=180^\circ+\angle G(j\omega_c)H(j\omega_c)=90^\circ-\arctan\frac{2\times1.82}{25-1.82^2}=80.5^\circ$$

令 $\angle G(j\omega_c)H(j\omega_c)=-180^\circ$，可得 $\omega_g=5$，所以幅值裕度

$$K_g=\frac{1}{|G(j\omega)H(j\omega_g)|}=1.25$$

或

$$K_g(\text{dB})=20\lg K_g=1.94\text{dB}$$

2.1.6 对数稳定判据

在工程计算中，经常采用开环对数频率特性曲线来表征系统的开环频率特性。下面将前面讨论的奈奎斯特曲线与开环对数频率特性曲线的对应关系给出，从而可以得出利用开环对数频率特性曲线来判断闭环系统的稳定性的方法。

开环频率特性的极坐标图与波特图的对应关系为：

1）极坐标图中的单位圆相当于波特图上的0dB线，即对数幅频特性图上的ω轴。

$$L(\omega)=20\lg|G(j\omega)|=20\lg1=0\text{dB}$$

则单位圆外的区域对应于波特图中$L(\omega)>0$dB的区域，单位圆内的区域对应于波特图中$L(\omega)<0$dB的区域。

2）极坐标图上的负实轴相当于波特图中的$-180°$线，因为此时$\angle G(j\omega)=-180°$，则极坐标图上负实轴下方的区域对应于波特图中$-180°$线上方的区域。

图2-9显示了极坐标图与波特图的对应关系。

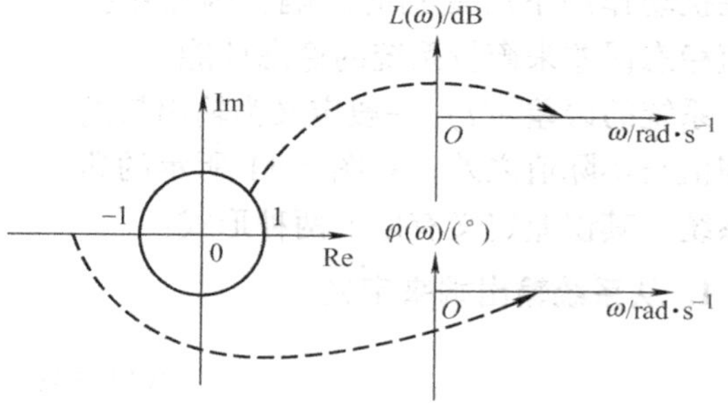

图2-9 极坐标图与波特图的对应关系

由于极坐标图上的单位圆相当于波特图幅频特性图中的0dB线（即ω轴），负实轴相当于波特图相频特性图上的$-180°$线。在奈奎斯特图上，幅相特性$G(j\omega)$曲线逆时针绕（-1，j0）点一圈，则$G(j\omega)$曲线必然在实轴的（-1，j0）点左边的区域，自下而上地穿越一次，称这种穿越为负穿越，如图2-10a所示。反之，自上而下地穿越称为正穿越。在奈奎斯特图上，负穿越用"$-$"表示，负穿越的次数用"N_-"表示；正穿越用"$+$"表示，正穿越的次数用"N_+"表示。在波特图上，在$L(\omega)>0$dB的频段区域内，随着ω的增加，相频特性曲线$\varphi(\omega)$自上而下穿越$-180°$线，称为负穿越；反之，称为正穿越，如图2-10b所示。

因此，可得对数频率特性判据的表述为：设开环系统有p个右极点，则闭环系统稳定的充要条件是，当ω从零到无穷大时，在开环对数频率特性$L(\omega)>0$dB的频段内，对数频率特性$\varphi(\omega)$曲线穿越$-180°$线的正、负穿越次数之差应等于$\frac{p}{2}$，即$N=N_+-N_-=\frac{p}{2}$。若系统不稳定，则闭环右极点个数为$q=p-2N$。

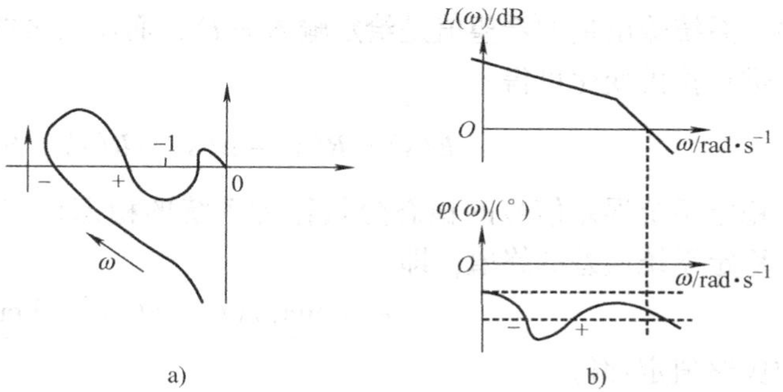

图2-10 极坐标与波特图的正、负穿越的对应关系

2.2 自动控制系统的稳态性能分析

2.2.1 系统稳态误差的概念

在系统的分析、设计中，稳态误差是一项重要的性能指标，它与系统本身的结构、参数及外作用的形式有关，也与元件的不灵敏、零点漂移、老化及各种传动机械的间隙、摩擦等因素有关。这里只讨论由于系统结构、参数及外作用等因素所引起的稳态误差。

为了分析方便，通常把系统的稳态误差分为给定值稳态误差（即由给定输入引起的稳态误差）和扰动值稳态误差（即由扰动输入引起的稳态误差）。对于随动系统，由于给定输入是变化的，要求系统输出量以一定的精度跟随输入量的变化，因而用给定值稳态误差来衡量系统的稳态性能。而对恒值系统，其给定输入通常是不变的，这时需要分析输出量在扰动作用下所受到的影响，因而用扰动值稳态误差来衡量系统的稳态性能。

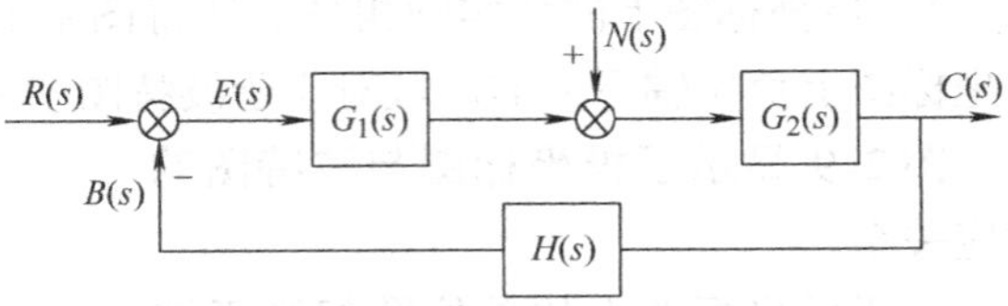

图 2-11　反馈控制系统框图

系统的误差 $e(t)$ 一般定义为输出量的期望值与实际值之差。对图 2-11 所示的典型系统，其误差定义有以下两种形式：

1. 从系统输出端来定义

$$e(t)=c_0(t)-c(t) \tag{2-17}$$

式中，$c_0(t)$ 为系统输出量的期望值；$c(t)$ 为输出量的实际值。

进行拉氏变换可得

$$E(s)=C_0(s)-C(s) \tag{2-18}$$

2. 从系统的输入端来定义

$$e(t)=r(t)-b(t) \tag{2-19}$$

式中，系统输出量的希望值是给定输入 $r(t)$，而输出量的实际值为系统主反馈信号 $b(t)$。

进行拉氏变化可得

$$E(s)=R(s)-B(s)=R(s)-H(s)C_0(s) \tag{2-20}$$

稳定系统误差信号的稳态分量称为系统的稳态误差，以 e_{ss} 表示，其定义为：当 $t\to\infty$ 时，稳定系统误差的终值，即

$$e_{ss}=\lim_{t\to\infty}[r(t)-b(t)]=\lim_{t\to\infty}e(t)$$

由拉氏终值定理得

$$e_{ss}=\lim_{s\to 0}sE(s) \tag{2-21}$$

2.2.2 系统稳态误差与系统类型、系统开环增益间的关系

在给定输入作用下，系统的稳态误差与系统的结构、参数和输入信号形式有关，对于一

个给定的系统，当给定输入的形式确定后，系统的稳态误差将取决于以开环传递函数描述的系统结构。为了分析稳态误差与系统结构的关系，可以根据开环传递函数 $G(s)H(s)$ 中串联的积分环节来规定控制系统的类型。

设系统的开环传递函数为

$$G(s)H(s)=\frac{K\prod_{j=1}^{m}(\tau_j s+1)}{s^V\prod_{i=1}^{n-V}(T_i s+1)} \tag{2-22}$$

式中，$K=\lim_{s\to 0}s^V G(s)H(s)$ 称为系统的开环放大系数或开环增益。

式(2-22) 等号右边分母中的 s^V 表示开环传递函数在原点处有 V 重极点，或者说有 V 个积分环节串联。当 $V=0$，$V=1$，$V=2$，…时，分别称系统为 0 型、Ⅰ型、Ⅱ型、…系统。显然，分类是以开环传递函数中串联的积分环节数目为依据的，而 $G(s)$、$H(s)$ 中其他零、极点对分类没有影响。

在这些典型环节中，当 $s\to 0$ 时。除 K 和 s^V 外，其他各项均趋近于 1。这样，系统的稳态误差将主要取决于系统中的比例环节和积分环节。

2.2.3 典型输入信号

1. 单位阶跃信号 1(t)

其数学定义为

$$1(t)=\begin{cases}1 & t\geqslant 0\\0 & t<0\end{cases} \tag{2-23}$$

如图 2-12 所示，其拉氏变换为

$$R(s)=L[r(t)]=L[1(t)]=\frac{1}{s} \tag{2-24}$$

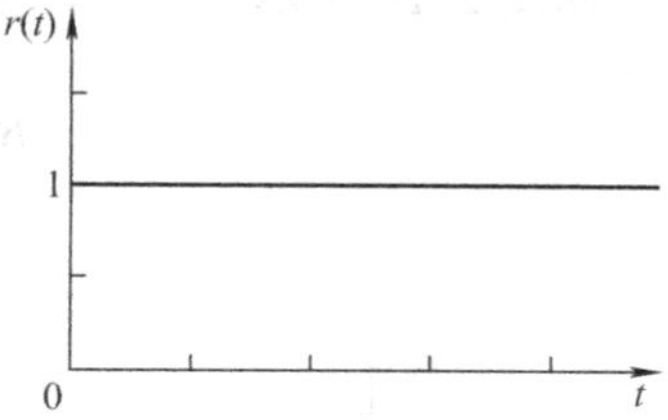

图 2-12 单位阶跃信号

2. 单位斜坡函数 t · 1(t)（等速度函数）

其数学定义为

$$t\cdot 1(t)=\begin{cases}t & t\geqslant 0\\0 & t<0\end{cases} \tag{2-25}$$

在数学关系上，斜坡函数的导数为阶跃函数，阶跃函数的积分为斜坡函数。

如图 2-13 所示，其拉氏变换为

$$R(s)=L[r(t)]=L(t)=\frac{1}{s^2} \tag{2-26}$$

3. 单位抛物线函数（加速度函数）

其数学定义为

$$r(t)=\begin{cases}\frac{1}{2}t^2 & t\geqslant 0\\0 & t<0\end{cases} \tag{2-27}$$

在数学关系上，抛物线函数的导数为斜坡函数，斜坡函数的积分为抛物线函数。

如图 2-14 所示，其拉氏变换为

$$R(s)=L[r(t)]=L\left(\frac{1}{2}t^2\right)=\frac{1}{s^3} \tag{2-28}$$

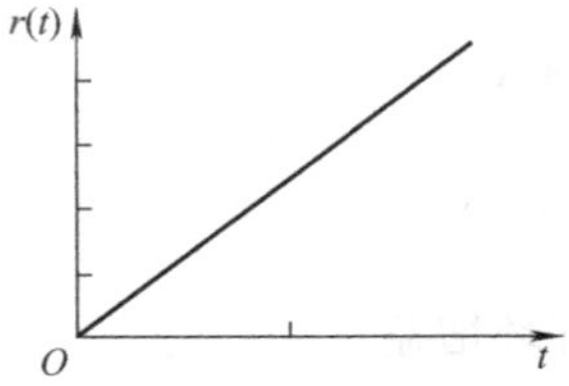

图 2-13　单位斜坡函数

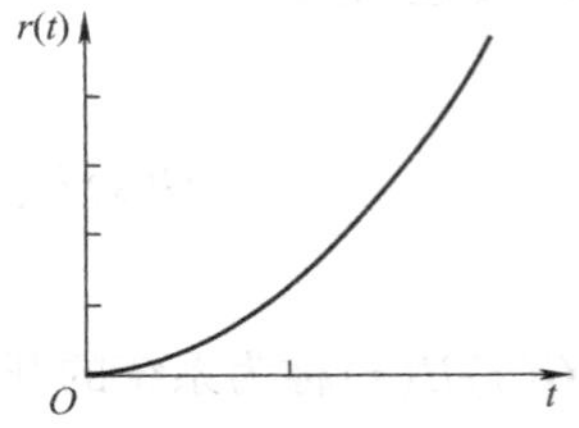

图 2-14　单位抛物线函数

4. 单位脉冲函数 $\delta(t)$

其数学定义为

$$\begin{cases} r(t)=\delta(t)=\begin{cases}\infty & t=0\\ 0 & t\neq 0\end{cases} \\ \displaystyle\int_{-\infty}^{+\infty}\delta(t)=1 \end{cases} \tag{2-29}$$

在数学关系上，$\delta(t)$ 的脉冲值很大，脉冲的时间无限小，且理想单位脉冲的积分面积为 1。如图 2-15 所示，其拉氏变换为

$$R(s)=L[r(t)]=L[\delta(t)]=1 \tag{2-30}$$

5. 正弦函数 $\sin\omega t$

如图 2-16 所示，正弦函数的拉氏变换为

$$R(s)=L[r(t)]=L(\sin\omega t)=\frac{A\omega}{s^2+\omega^2} \tag{2-31}$$

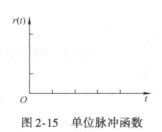

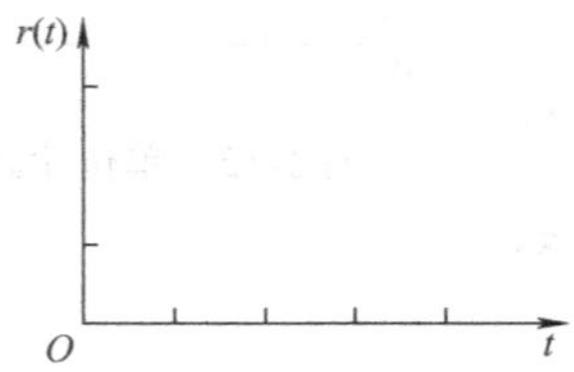

图 2-15　单位脉冲函数

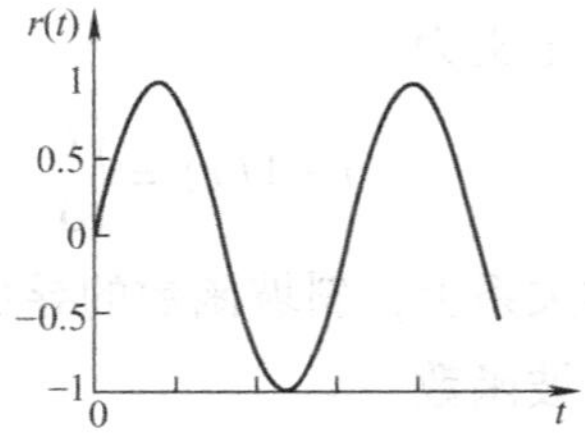

图 2-16　正弦函数

实际控制中，电源及振动的噪声等均可看作正弦信号。

由于上述典型输入信号的数学表达式比较简单，对系统的实际输入都具有一定的代表性，在进行系统分析时经常被用到。同时，在对系统分析时，应该根据实际输入信号的性质选择相应的典型输入信号。例如，当系统的输入信号为突变信号且其幅值基本保持恒定时，应该选择阶跃函数信号为典型输入信号；当系统的输入信号随时间的增长而线性变化时，可选择斜坡函数信号为典型输入信号；当系统的输入信号具有周期性值的变化时，可选择正弦函数为输入信号。

对于同一系统，给定不同的输入信号，其相应的输出响应也不同。通常以单位阶跃函数为典型输入信号，以此来通过对各系统的特性进行分析来表征系统的性能。

2.2.4 参考输入信号作用下的稳态误差

如图2-17所示的控制系统，参考输入作用下的稳态误差（又称为跟随稳态误差）为

$$e_{ss} = \lim_{s\to 0} sE(s)$$

$$E(s) = R(s) - B(s) = R(s) - C(s)H(s) = R(s) - \frac{G(s)}{1+G(s)H(s)}H(s)R(s) = \frac{R(s)}{1+G(s)H(s)}$$

$$e_{ss} = \lim_{t\to\infty} e(t) = \lim_{s\to 0} sE(s) = \lim_{s\to 0}\left[\frac{sR(s)}{1+G(s)H(s)}\right]$$

1. 阶跃输入时的稳态误差与静态位置误差系数

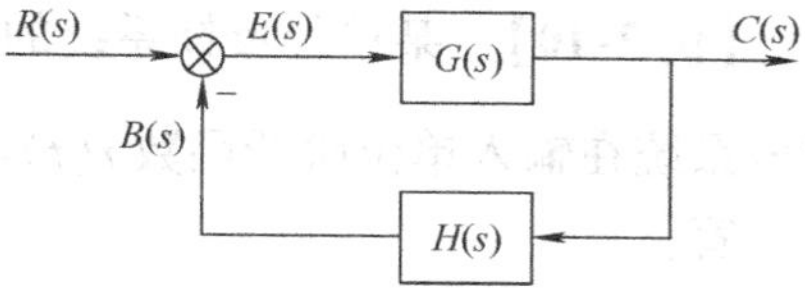

图2-17 反馈控制系统

在单位阶跃输入下，$R(s) = (1/s)$，由输入信号引起的稳态误差为

$$e_{ss} = \lim_{s\to 0}\left[\frac{s}{1+G(s)H(s)}\frac{1}{s}\right] = \frac{1}{1+G(0)H(0)} \tag{2-32}$$

令 $K_p = \lim_{s\to\infty} G(s)H(s) = G(0)H(0)$，$K_p$ 称为静态位置误差系数，则稳态误差可写成

$$e_{ss} = \frac{1}{1+K_p} \tag{2-33}$$

对于不同类型的系统，相应的位置误差系数 K_p 和稳态误差 e_{ss} 为：

- 0型系统：$K_p = K$，$e_{ss} = \dfrac{1}{1+K}$ （K 为系统的开环增益）；
- Ⅰ型系统：$K_p = \infty$，$e_{ss} = 0$；
- Ⅱ型系统：$K_p = \infty$，$e_{ss} = 0$。

2. 斜坡（等速）输入时的稳态误差与静态速度误差系数

在单位斜坡输入下，$R(s) = 1/s^2$，由输入信号引起的稳态误差为

$$e_{ss} = \lim_{s\to 0}\left[\frac{s}{1+G(s)H(s)}\frac{1}{s^2}\right] = \frac{1}{\lim\limits_{s\to 0} sG(s)H(s)} \tag{2-34}$$

令 $K_v = \lim_{s\to\infty} sG(s)H(s)$，$K_v$ 称为静态速度误差系数，则稳态误差可写成

$$e_{ss} = \frac{1}{K_v} \tag{2-35}$$

对于不同类型的系统，相应的速度误差系数 K_v 和稳态误差 e_{ss} 为：

- 0型系统：$K_v = 0$，$e_{ss} = \infty$；
- Ⅰ型系统：$K_v = K$，$e_{ss} = \dfrac{1}{K}$；
- Ⅱ型系统：$K_v = \infty$，$e_{ss} = 0$。

3. 抛物线（加速度）输入时的稳态误差与静态加速度误差系数

在单位抛物线输入下，$R(s) = (1/s^3)$，由输入信号引起的稳态误差为

$$e_{ss}=\lim_{s\to0}\left[\frac{s}{1+G(s)H(s)}\frac{1}{s^3}\right]=\frac{1}{\lim\limits_{s\to0}s^2G(s)H(s)} \tag{2-36}$$

令 $K_a=\lim\limits_{s\to\infty}s^2G(s)H(s)$，$K_a$ 称为静态加速度误差系数，则稳态误差可写成

$$e_{ss}=\frac{1}{K_a} \tag{2-37}$$

对于不同类型的系统，相应的加速度误差系数 K_a 和稳态误差 e_{ss} 为：

0 型系统：$K_a=0$，$e_{ss}=\infty$；

Ⅰ型系统：$K_a=0$，$e_{ss}=\infty$；

Ⅱ型系统：$K_v=K$，$e_{ss}=\dfrac{1}{K}$。

【例 2-10】 某单位反馈系统的开环传递函数 $G(s)H(s)=\dfrac{20}{(0.5s+1)(0.04s+1)}$，试给出该系统在输入单位阶跃函数 $r(t)=1(t)$ 和单位斜坡函数 $r(t)=t$ 时，系统的稳态误差 e_{ss}。

解：

$$e_{ss}=\lim_{s\to0}s\frac{1}{1+G(s)H(s)}R(s)=\lim_{s\to0}s\frac{(0.5s+1)(0.04s+1)}{(0.5s+1)(0.04s+1)+20}R(s)$$

输入单位阶跃信号时，

$$R(s)=\frac{1}{s}$$

$$e_{ss}=\lim_{s\to0}\frac{(0.5s+1)(0.04s+1)}{(0.5s+1)(0.04s+1)+20}=\frac{1}{21}$$

输入单位斜坡信号时，

$$R(s)=\frac{1}{s^2}$$

$$e_{ss}=\lim_{s\to0}\frac{(0.5s+1)(0.04s+1)}{(0.5s+1)(0.04s+1)+20}\frac{1}{s}=\infty$$

【例 2-11】 某Ⅰ型单位反馈系统的开环增益 $K=600\text{s}^{-1}$，系统最大跟踪速度 $\omega_{max}=24°/\text{s}$，求该系统在最大跟踪速度下的稳态误差。

解：单位速度输入下的稳态误差为

$$e_{ss}=\frac{1}{K_v}$$

Ⅰ型系统中

$$K_v=K$$

系统的稳态误差为

$$e_{ss}=\frac{1}{K_v}\times\omega_{max}=\frac{1}{600}\text{s}\times\frac{24°}{\text{s}}=0.04°$$

【例 2-12】 阀控液压缸伺服工作台要求定位精度为 0.05cm，该工作台最大移动速度 $v_{max}=10\text{cm/s}$，若系统为Ⅰ型，试求系统开环增益。

解：单位速度输入下的稳态误差为

$$e_{ss}=\frac{0.05}{10}\text{s}=0.005\text{s}$$

系统的开环增益为

$$K=K_v=\frac{1}{e_{ss}}=\frac{1}{0.005}\text{s}=200\text{s}^{-1}$$

【例 2-13】 某单位反馈控制系统的开环传递函数为 $G(s)=\dfrac{K}{s(as+1)(bs^2+cs+1)}$，试求：

1）位置误差系数、速度误差系数和加速度误差系数。

2）当参考输入为 $r\times1(t)$、$rt\times1(t)$ 和 $rt^2\times1(t)$ 时该系统的稳态误差。

解： 根据误差系数公式，得：

- 位置误差系数为

$$K_p=\lim_{s\to0}G(s)=\lim_{s\to0}\frac{K}{s(as+1)(bs^2+cs+1)}=\infty$$

- 速度误差系数为

$$K_v=\lim_{s\to0}sG(s)=\lim_{s\to0}s\frac{K}{s(as+1)(bs^2+cs+1)}=K$$

- 加速度误差系数为

$$K_a=\lim_{s\to0}s^2G(s)=\lim_{s\to0}s^2\frac{K}{s(as+1)(bs^2+cs+1)}=0$$

对应于不同的参考输入信号，系统的稳态误差有所不同。

- 参考输入为 $r\times1(t)$，即阶跃函数输入时系统的稳态误差为

$$e_{ss}=\frac{r}{1+K_p}=\frac{r}{1+\infty}=0$$

- 参考输入为 $rt\times1(t)$，即斜坡函数输入时系统的稳态误差为

$$e_{ss}=\frac{r}{K_v}=\frac{r}{K}$$

- 参考输入为 $rt^2\times1(t)$，即抛物线函数输入时系统的稳态误差为

$$e_{ss}=\frac{2r}{K_a}=\frac{2r}{0}=\infty$$

【例 2-14】 某单位反馈控制系统的开环传递函数为 $G(s)=\dfrac{10}{s(1+T_1s)(1+T_2s)}$，输入信号为 $r(t)=A+Bt$，A 为常量，$B=0.5$。试求该系统的稳态误差。

解： 实际系统的输入信号，往往是阶跃函数、斜坡函数和抛物线函数等典型信号的组合。此时，输入信号的一般形式可表示为

$$r(t)=r_0+r_1t+\frac{1}{2}r_2t^2$$

系统的稳态误差，可应用叠加原理求出，即系统的稳态误差是各部分输入所引起的误差的总和。所以，系统的稳态误差可按下式计算

$$e_{ss}=\frac{r_0}{1+K_p}+\frac{r_1}{K_v}+\frac{r_2}{K_a}$$

对于本例，系统的稳态误差为

$$e_{ss}=\frac{A}{1+K_p}+\frac{B}{K_v}$$

本题给定的开环传递函数中只含一个积分环节，即系统为 I 型系统，所以

$$K_p = \infty$$

$$K_v = \lim_{s\to 0} sG(s) = \lim_{s\to 0} s\frac{10}{s(1+T_1 s)(1+T_2 s)} = 10$$

系统的稳态误差为

$$e_{ss} = \frac{A}{1+K_p} + \frac{B}{K_v} = \frac{A}{1+\infty} + \frac{B}{10} = \frac{B}{10} = \frac{0.5}{10} = 0.05$$

2.2.5 扰动输入信号作用下的稳态误差

扰动输入作用下的稳态误差又称为扰动误差。图 2-18 所示为有扰动输入信号的系统框图，$D(s)$ 为扰动量。

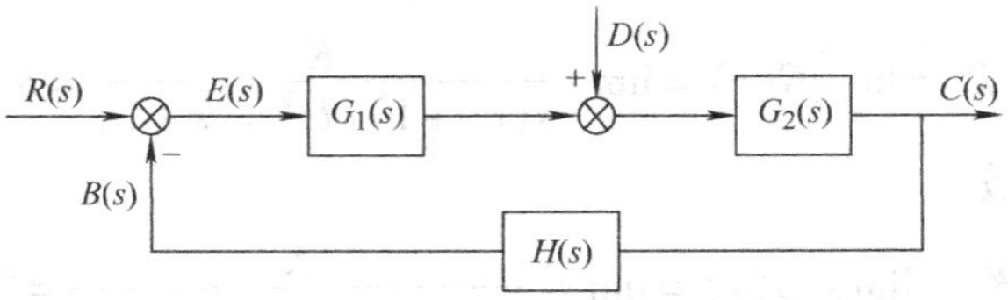

图 2-18　有扰动输入信号的系统框图

扰动误差信号为

$$E_d(s) = -C(s)H(s) = -\frac{G_2(s)H(s)}{1+G_1(s)G_2(s)H(s)}D(s) \tag{2-38}$$

引起的扰动误差为

$$e_{ss} = \lim_{s\to 0} sE_d(s) = \lim_{s\to 0}\left[-\frac{sG_2(s)H(s)}{1+G_1(s)G_2(s)H(s)}D(s)\right] \tag{2-39}$$

对于图 2-18 所示的系统，如果给定的输入信号和扰动信号同时作用时，则系统总的稳态误差为

$$e_{ss} = \lim_{s\to 0}\left[\frac{sR(s)}{1+G_1(s)G_2(s)H(s)}\right] + \lim_{s\to 0}\left[-\frac{sG_2(s)H(s)}{1+G_1(s)G_2(s)H(s)}D(s)\right] \tag{2-40}$$

【例 2-15】　在图 2-19 所示的系统框图中，求该系统在单位斜坡输入 $r(t)=t$ 和单位阶跃扰动 $n(t) = -1(t)$ 作用下的稳态误差。

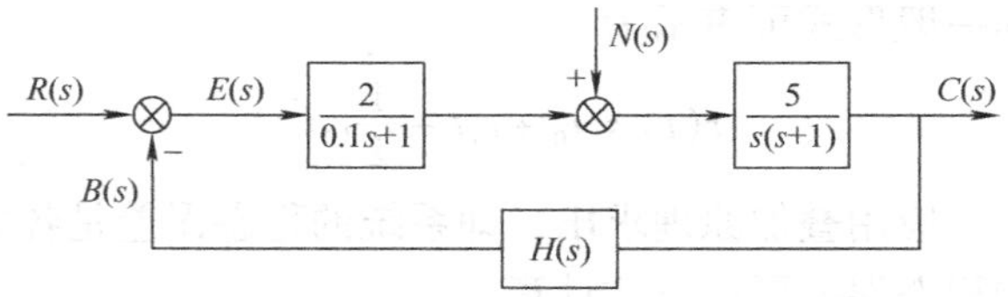

图 2-19　例 2-15 系统方框

解：在控制信号作用下$[N(s)=0]$，

$$\frac{E(s)}{R(s)} = \frac{1}{1+G(s)} = \frac{s(0.1s+1)(s+1)}{s(0.1s+1)(s+1)+10}$$

$$e_{ssR}=\lim_{s\to 0} s\frac{1}{1+G(s)}R(s)=\lim_{s\to 0} s\frac{s(0.1s+1)(s+1)}{s(0.1s+1)(s+1)+10}\frac{1}{s^2}=0.1$$

在扰动信号作用下[$R(s)=0$]，

$$\frac{E(s)}{N(s)}=\frac{-5(0.1s+1)}{s(0.1s+1)(s+1)+10}$$

$$e_{ssN}=\lim_{s\to 0} s\frac{-5(0.1s+1)}{s(0.1s+1)(s+1)+10}\frac{-1}{s}=0.5$$

所以

$$e_{ss}=e_{ssR}+e_{ssN}=0.6$$

【例 2-16】 设某控制系统框图如图 2-20 所示，其中 $G_1(s)=\frac{K_1}{1+T_1s}$，$G_2(s)=\frac{K_2}{s(1+T_2s)}$，给定输入 $r(t)=R_r1(t)$，扰动输入 $n(t)=R_n1(t)$，R_r 和 R_n 均为常数，试求该系统的稳态误差。

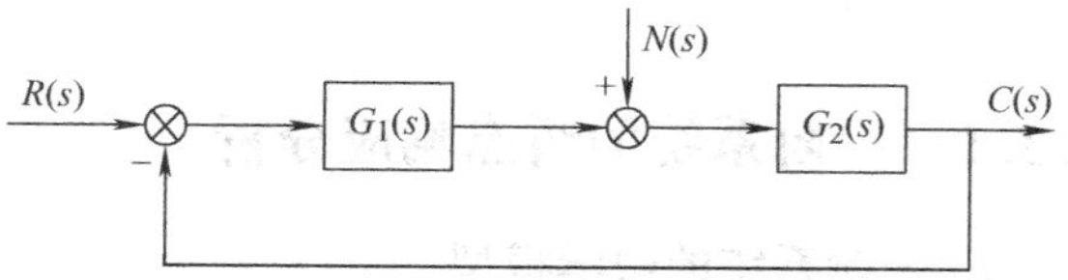

图 2-20　例 2-16 控制系统框图

解： 当系统同时受到给定输入和扰动输入的作用时，其稳态误差为给定稳态误差和扰动稳态误差的叠加。

令 $n(t)=0$ 时，求得给定输入作用下的误差传递函数为

$$\phi_{eR}(s)=\frac{1}{1+G_1(s)G_2(s)}$$

所以给定稳态误差为

$$e_{ssR}=\lim_{s\to 0}\frac{sR(s)}{1+G_1(s)G_2(s)}=\lim_{s\to 0}\frac{s^2(1+T_1s)(1+T_2s)}{s(1+T_1s)(1+T_2s)+K_1K_2}\frac{R_r}{s}=0$$

令 $r(t)=0$ 时，求得扰动输入作用下的误差传递函数为

$$\phi_{eN}(s)=-\frac{G_2(s)}{1+G_1(s)G_2(s)}$$

所以扰动稳态误差为

$$e_{ssN}=\lim_{s\to 0}-\frac{sG_2(s)N(s)}{1+G_1(s)G_2(s)}=\lim_{s\to 0}-\frac{sK_2(1+T_1s)}{s(1+T_1s)(1+T_2s)+K_1K_2}\frac{R_n}{s}=-\frac{R_n}{K_1}$$

由以上计算可以看出，$r(t)$ 和 $n(t)$ 同是阶跃信号，但由于在系统中的作用点不同，故它们产生的稳态误差也不相同。此外，由扰动稳态误差的表达式可见，提高系统前向通路中扰动信号作用点之前环节的放大系数（即 K_1），可以减小系统的扰动稳态误差。

该系统总的稳态误差为

$$e_{ss}=e_{ssR}+e_{ssN}=-\frac{R_n}{K_1}$$

为了分析系统中串联的积分环节对稳态误差的影响，假设在图 2-20 中，$G_1(s)=\frac{K_2}{s(1+T_2s)}$，$G_2(s)=\frac{K_1}{1+T_1s}$，给定输入和扰动输入保持不变。这时，系统的稳态误差可按上述相同的方法求出，即

$$e_{ssR}=\lim_{s\to 0}\frac{sR(s)}{1+G_1(s)G_2(s)}=0$$

$$e_{ssN}=\lim_{s\to 0}-\frac{sG_2(s)N(s)}{1+G_1(s)G_2(s)}=\lim_{s\to 0}-\frac{s^2K_1(1+T_2s)}{s(1+T_1s)(1+T_2s)+K_1K_2}\frac{R_n}{s}=0$$

所以，该系统总的稳态误差为

$$e_{ss}=e_{ssR}+e_{ssN}=0$$

比较以上两次计算的结果可以看出，若要消除系统在输入信号作用时的稳态误差，可增加系统前向通道中串联积分环节的个数。若要消除系统的扰动稳态误差，只能在系统前向通道中扰动输入作用点之前增加积分环节的个数。因此，若要消除由给定输入和扰动输入同时作用于系统所产生的稳态误差，则积分环节应串联在前向通道中扰动输入作用点之前。对于非单位反馈系统，当 $H(s)$ 为常数时，以上分析的有关结论同样适用。

2.3 自动控制系统的动态性能分析

2.3.1 一阶系统的暂态响应分析

1. 一阶系统的数学模型

由一阶微分方程描述的系统称为一阶系统。典型闭环控制一阶系统的框图如图 2-21 所示。其中 $1/Ts$ 是积分环节，T 为它的时间常数。

系统的传递函数为

$$\phi(s)=\frac{C(s)}{R(s)}=\frac{1}{Ts+1}$$

可见，典型的一阶系统是一个惯性环节，而 T 也是闭环系统的惯性时间常数。

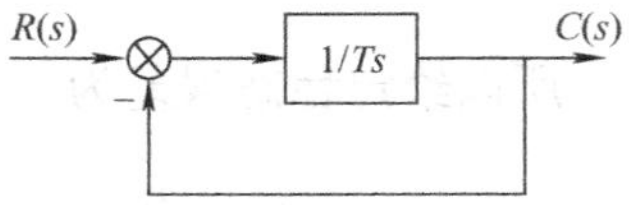

图 2-21 一阶系统的框图

系统输入、输出之间的关系为

$$C(s)=\phi(s)R(s)=\frac{1}{Ts+1}R(s)$$

对应的微分方程为

$$T\frac{\mathrm{d}c(t)}{\mathrm{d}t}+c(t)=r(t)$$

在零初始条件下，利用拉氏反变换或直接求解微分方程，可以求得一阶系统在典型输入信号作用下的输出响应。

2. 单位阶跃响应

设系统的输入为单位阶跃函数 $r(t)=1(t)$，其拉氏变换为 $1/s$，则输出的拉氏变换为

$$C(s)=\frac{1}{Ts+1}\frac{1}{s}=\frac{1}{s}-\frac{1}{s+1/T} \tag{2-41}$$

对式(2-41) 进行拉氏反变换，求得单位阶跃响应为

$$c(t)=1-\mathrm{e}^{-t/T}\quad (t\geqslant 0) \tag{2-42}$$

式(2-42) 表明，当初始条件为零时，一阶系统单位阶跃响应的变化曲线是一条单调上升的指数曲线。式中，1 为稳态分量，$-\mathrm{e}^{-t/T}$为瞬态分量，当 $t\to\infty$ 时，瞬态分量衰减为零。由于该响应曲线具有非振荡特征，故也称为非周期响应。一阶系统的单位阶跃响应曲线如图 2-22 所示。

图2-22中指数响应曲线的初始（$t=0$ 时）斜率为 $1/T$。因此，如果系统保持初始响应的变化速度不变，则当 $t=T$ 时，输出量就能达到稳态值。实际上，响应曲线的斜率是不断下降的，经过 T 时间后，输出量 $c(t)$ 从零上升到稳态值的63.2%。经过 $3T\sim4T$ 时间后，$c(t)$ 将分别达到稳态值的95%～98%。可见，时间常数 T 反映了系统的响应速度，T 越小，输出响应上升越快，响应过程的快速性也越好。

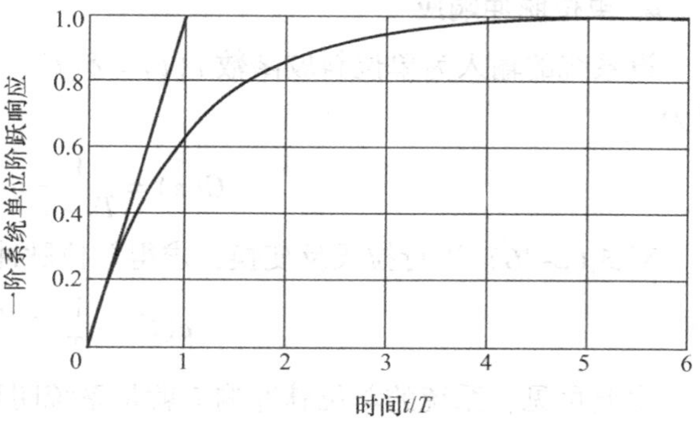

图2-22　一阶系统的单位阶跃响应曲线

由式(2-42)可知，只有当 t 趋于无穷大时，响应的瞬态过程才能结束，在实际应用中，常以输出量达到稳态值的95%或98%的时间作为系统的响应时间（即调节时间），这时输出量与稳态值之间的偏差为5%或2%。

系统单位阶跃响应曲线可用试验的方法确定，将测得的曲线与图2-22中的曲线作比较，就可以确定该系统是否为一阶系统或等效为一阶系统。此外，用试验的方法测定一阶系统的输出响应由零值开始到达稳态值的63.2%所需的时间，就可以确定系统的时间常数 T。

3. 单位斜坡响应

设系统的输入为单位斜坡函数 $r(t)=t$，其拉氏变换为 $R(s)=(1/s^2)$，则输出的拉氏变换为

$$C(s)=\frac{1}{Ts+1}\frac{1}{s^2}=\frac{1}{s^2}-\frac{T}{s}+\frac{T}{s+(1/T)} \tag{2-43}$$

对式(2-43)进行拉氏反变换，求得单位斜坡响应为

$$c(t)=t-T+T\mathrm{e}^{-t/T}=t-T(1-\mathrm{e}^{-t/T})\quad(t\geqslant0) \tag{2-44}$$

式中，$t-T$ 为稳态分量；$T\mathrm{e}^{-t/T}$ 为瞬态分量，当 $t\to\infty$ 时，瞬态分量衰减到零。

一阶系统的单位斜坡响应曲线如图2-23所示。

显然，系统的响应从 $t=0$ 时开始跟踪输入信号而单调上升，在达到稳态后，它与输入信号同速增长，但它们之间存在跟随误差。即

$$e(t)=r(t)-c(t)=T(1-\mathrm{e}^{-t/T}) \tag{2-45}$$

且

$$\lim_{t\to\infty}e(t)=T$$

可见，当 t 趋于无穷大时，误差趋近于 T，因此系统在进入稳态以后，在任一时刻，输出量 $c(t)$ 将小于输入量 $r(t)$ 一个 T 的值，时间常数 T 越小，系统跟踪斜坡输入信号的稳态误差也越小。

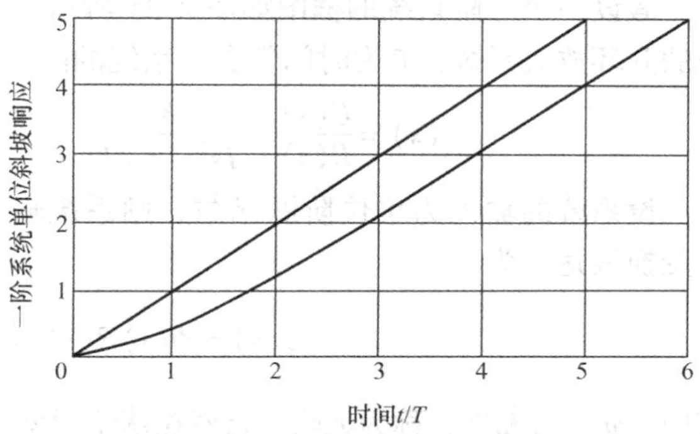

图2-23　一阶系统的单位斜坡响应曲线

4. 单位脉冲响应

设系统的输入为单位斜坡函数 $r(t)=\delta(t)$，其拉氏变换为 $R(s)=1$，则输出的拉氏变换为

$$C(s)=\frac{1}{Ts+1}=\frac{1/T}{s+(1/T)} \tag{2-46}$$

对式(2-46) 进行拉氏反变换，求得单位脉冲响应为

$$c(t)=\frac{1}{T}\mathrm{e}^{-t/T}(t\geqslant 0) \tag{2-47}$$

由此可见，系统的单位脉冲响应就是系统闭环传递函数的拉氏变换。一阶系统的单位脉冲响应曲线如图 2-24 所示。

一阶系统的单位脉冲响应是单调下降的指数曲线，曲线的初始斜率为 $1/T^2$，输出量的初始值为 $1/T$。当 t 趋于 ∞ 时，输出量 $c(\infty)$ 趋于零，所以它不存在稳态分量。在实际中一般认为在 $t=3T\sim4T$ 时过渡过程结束，故系统过渡过程的快速性取决于 T 的值，T 越小系统响应的快速性也越好。

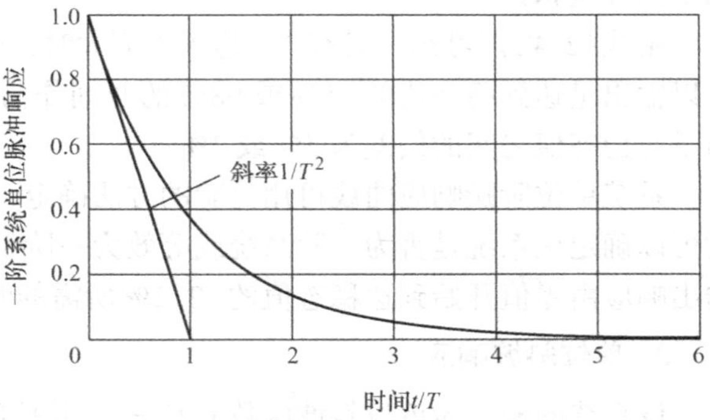

图 2-24　一阶系统的单位脉冲响应曲线

由上面的分析可见，一阶系统的特性由参数 T 来决定，响应时间为 $(3\sim4)T$；在 $t=0$ 时，单位阶跃响应的斜率和单位脉冲响应的幅值均为 $1/T$；单位斜坡响应的稳态误差为 T。T 值越小，系统响应的快速性越好，精度越高。

2.3.2　二阶系统的暂态响应分析

1. 二阶系统的数学模型

由二阶微分方程描述的系统称为二阶系统。在控制工程实践中，二阶系统应用极为广泛，此外，许多高阶系统在一定的条件下可以近似为二阶系统来研究，因此，详细讨论和分析二阶系统的特征具有极为重要的实际意义。

假设一个二阶系统的框图如图 2-25 所示。其中 K 为系统的开环放大系数，T 为时间常数。系统的闭环传递函数为

$$\phi(s)=\frac{C(s)}{R(s)}=\frac{K}{Ts^2+s+K}$$

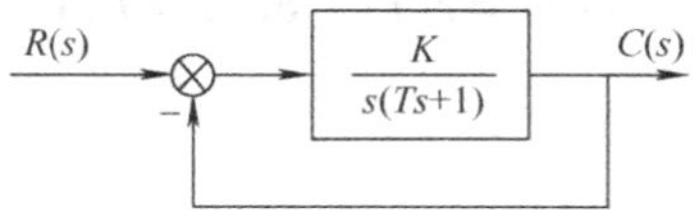

图 2-25　二阶系统的框图

设系统的输入为单位阶跃函数，则系统输出响应的拉氏变换表达式为

$$C(s)=\phi(s)R(s)=\frac{\omega_n^2}{s^2+2\xi\omega_n s+\omega_n^2}\frac{1}{s} \tag{2-48}$$

式中，$\omega_n=\sqrt{K/T}$，称为无阻尼自然振荡角频率（简称为无阻尼自振频率）；$\xi=1/(2\sqrt{TK})$，称为阻尼系数（或阻尼比）。

对式(2-48) 取拉氏反变换，可得二阶系统的单位阶跃响应。

(1) 过阻尼$\left(\xi=\dfrac{1}{2\sqrt{TK}}>1\right)$的情况

当$\xi=\dfrac{1}{2\sqrt{TK}}>1$时，系统具有两个不相等的负实数极点

$$P_{1,2}=-\xi\omega_n\pm\omega_n\sqrt{\xi^2-1}$$

它们在s平面上的位置如图2-26所示。此时，式(2-48) 可写成

$$C(s)=\frac{\omega_n}{s(s-P_1)(s-P_2)}=\frac{A_0}{s}+\frac{A_1}{s-P_1}+\frac{A_2}{s-P_2} \tag{2-49}$$

式中

$$A_0=[C(s)s]_{s=0}=1$$

$$A_1=[C(s)(s-P_1)]_{s=P_1}=\frac{\omega_n}{2\sqrt{\xi^2-1}P_1}$$

$$A_2=[C(s)(s-P_2)]_{s=P_2}=\frac{\omega_n}{2\sqrt{\xi^2-1}P_2}$$

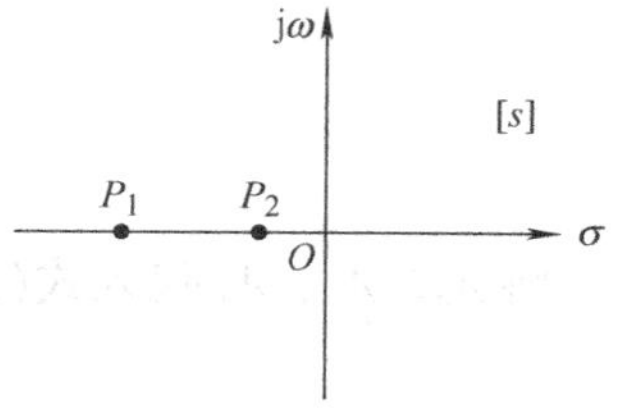

图2-26 过阻尼极点分布

将A_0、A_1、A_2代入式(2-49)，并进行拉氏反变换，得

$$C(t)=1+\frac{\omega_n}{2\sqrt{\xi^2-1}}\left(\frac{e^{P_1t}}{P_1}+\frac{e^{P_2t}}{P_2}\right) \tag{2-50}$$

式(2-50) 表明，系统的单位阶跃响应由稳态分量和瞬态分量组成，其稳态分量为1，瞬态分量包含两个衰减指数项，随着t增加，指数项衰减，响应曲线单调上升，其响应曲线如图2-27所示。

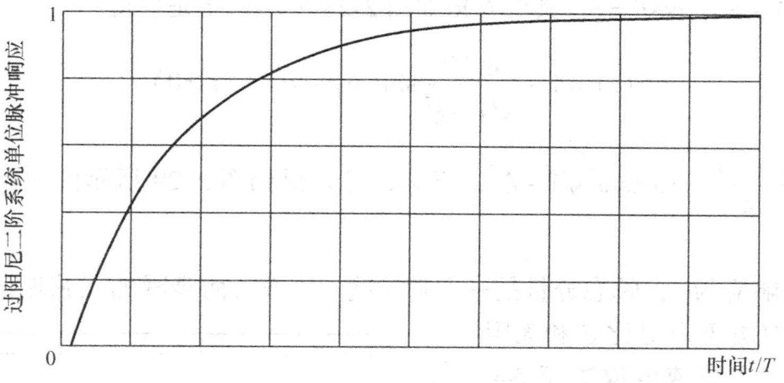

图2-27 过阻尼二阶系统单位脉冲响应曲线

当$\xi\gg1$时，闭环极点P_1比P_2距虚轴远得多，故e^{P_2t}比e^{P_1t}衰减快得多。因此，可以忽略P_2对系统输出的影响，从而把二阶系统近似看作一阶系统来处理。在工程上，当$\xi\geqslant1.5$时，这种近似处理方法具有足够的准确度。

通常，称阻尼比$\xi>1$时二阶系统的运动状态为过阻尼状态。

(2) 欠阻尼$\left(0<\xi=\dfrac{1}{2\sqrt{TK}}<1\right)$的情况

当$0<\xi<1$时，系统具有一对共轭复数极点，且在s平面的左半部分，如图2-28所示。

$$P_{1,2}=-\xi\omega_n\pm j\omega_n\sqrt{1-\xi^2}$$

此时，式(2-48) 可写成

$$C(s)=\frac{\omega_n}{s(s+\xi\omega_n+j\omega_d)(s+\xi\omega_n-j\omega_d)}$$
$$=\frac{A_0}{s}+\frac{A_1 s+A_2}{(s+\xi\omega_n)^2+\omega_d^2} \tag{2-51}$$

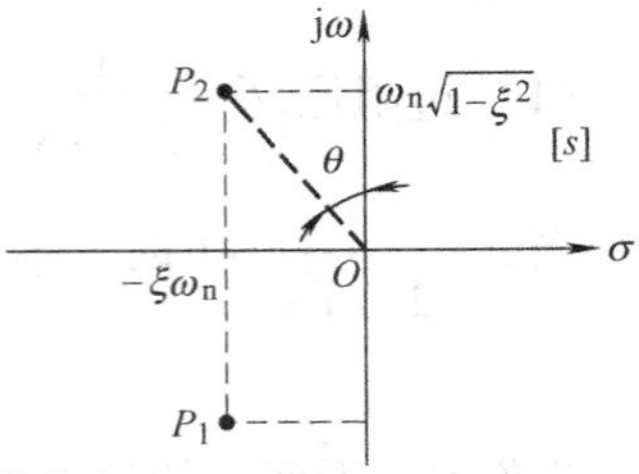

图 2-28　欠阻尼极点分布

式中，$\omega_d=\omega_n\sqrt{1-\xi^2}$称为阻尼自振频率。

求得

$$A_0=[C(s)s]_{s=0}=1$$
$$A_1=[C(s)(s-P_1)]_{s=P_1}=-1$$
$$A_2=[C(s)(s-P_2)]_{s=P_2}=-2\xi\omega_n$$

将A_0、A_1、A_2代入式(2-51)，得

$$C(s)=\frac{1}{s}-\frac{s+\xi\omega_n}{(s+\xi\omega_n)^2+\omega_d^2}-\frac{\xi\omega_n}{(s+\xi\omega_n)^2+\omega_d^2} \tag{2-52}$$

由 $L^{-1}\left(\frac{s+\xi\omega_n}{(s+\xi\omega_n)^2+\omega_d^2}\right)=e^{-\xi\omega_n t}\cos\omega_d t$，$L^{-1}\left(\frac{\omega_d}{(s+\xi\omega_n)^2+\omega_d^2}\right)=e^{-\xi\omega_n t}\sin\omega_d t$，得

$$c(t)=1-e^{-\xi\omega_n t}\left(\cos\omega_d t+\frac{\xi}{\sqrt{1-\xi^2}}\sin\omega_d t\right)=1-\frac{e^{-\xi\omega_n t}}{\sqrt{1-\xi^2}}(\sqrt{1-\xi^2}\cos\omega_d t+\xi\sin\omega_d t) \tag{2-53}$$

令 $\sin\theta=\sqrt{1-\xi^2}$，$\cos\theta=\xi$，其中$\theta$角如图 2-28 所示，于是可得

$$c(t)=1-\frac{e^{-\xi\omega_n t}}{\sqrt{1-\xi^2}}\sin(\omega_d t+\theta)\quad(t\geqslant 0) \tag{2-54}$$

其中 $\theta=\arctan\frac{\sqrt{1-\xi^2}}{\xi}=\arcsin\sqrt{1-\xi^2}$，于是，可以得到图 2-29 所示的欠阻尼二阶系统单位脉冲响应曲线。

系统的稳态响应为 1，瞬态分量是一个随时间t的增大而衰减的正弦振荡过程。振荡的角频率为ω_d它取决于阻尼比ξ和无阻尼自然频率ω_n。衰减速度取决于$\xi\omega_n$的大小。

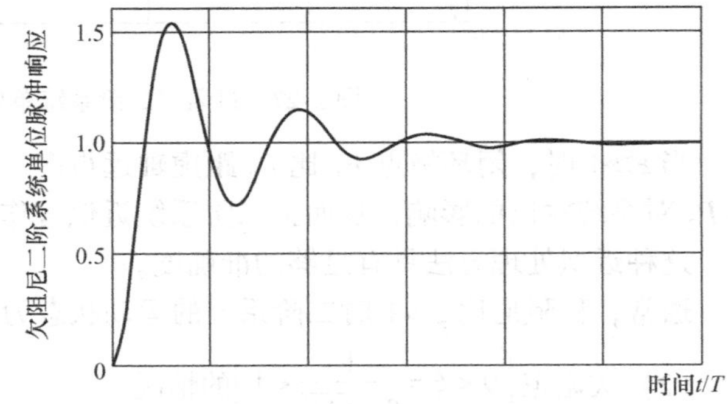

图 2-29　欠阻尼二阶系统单位脉冲响应曲线

(3) 临界阻尼$\left(\xi=\frac{1}{2\sqrt{TK}}=1\right)$的情况

当$\xi=1$时，系统具有两个相等的负实数极点，$P_{1,2}=-\omega_n$，如图 2-30 所示。有

$$C(s)=\frac{\omega_n^2}{s(s+\omega_n)^2}=\frac{A_0}{s}+\frac{A_1}{s+\omega_n}+\frac{A_2}{(s+\omega_n)^2} \qquad (2\text{-}55)$$

求得

$$A_0=[C(s)s]_{s=0}=1$$

$$A_1=\left\{\frac{\mathrm{d}}{\mathrm{d}s}[C(s)(s+\omega_n)^2]_{s=-\omega_n}\right\}=-1$$

$$A_2=[C(s)(s+\omega_n)^2]_{s=-\omega_n}=-\omega_n$$

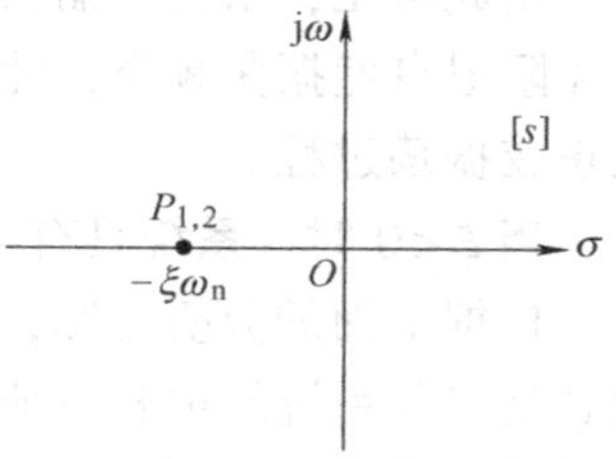

图 2-30　临界阻尼极点分布

将 A_0、A_1、A_2 代入式(2-55)，并进行反拉氏变换得

$$c(t)=1-e^{-\omega_n t}-\omega_n t e^{-\omega_n t}$$

$$=1-e^{-\omega_n t}(1+\omega_n t) \quad (t\geqslant 0) \qquad (2\text{-}56)$$

式(2-56) 表明，当临界阻尼时，系统的输出响应由零开始单调上升，最后达到稳态值 1，其响应曲线如图 2-31 所示。

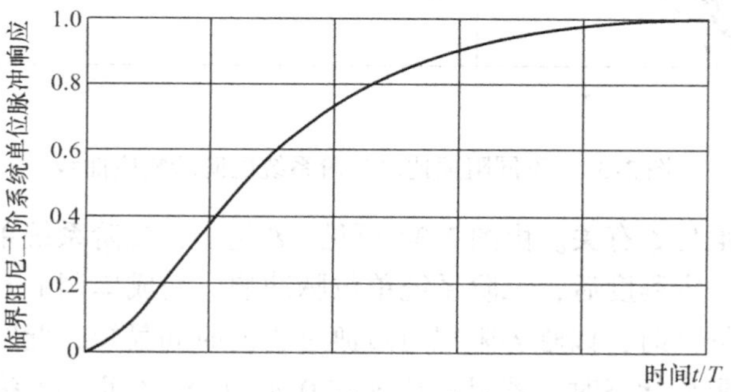

图 2-31　临界阻尼二阶系统单位脉冲响应曲线

(4) 无阻尼$\left(\xi=\frac{1}{2\sqrt{TK}}=0\right)$的情况

当 $\xi=0$ 时，系统具有一对共轭纯虚数极点 $P_{1,2}=\pm \mathrm{j}\omega_n$，它们在 s 平面上的位置如图 2-32 所示。将 $\xi=0$ 代入式(2-54) 得

$$c(t)=1-\cos\omega_n t \qquad (2\text{-}57)$$

其响应曲线如图 2-33 所示。

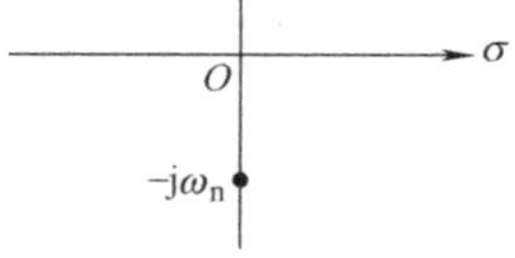

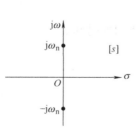

图 2-32　无阻尼极点分布

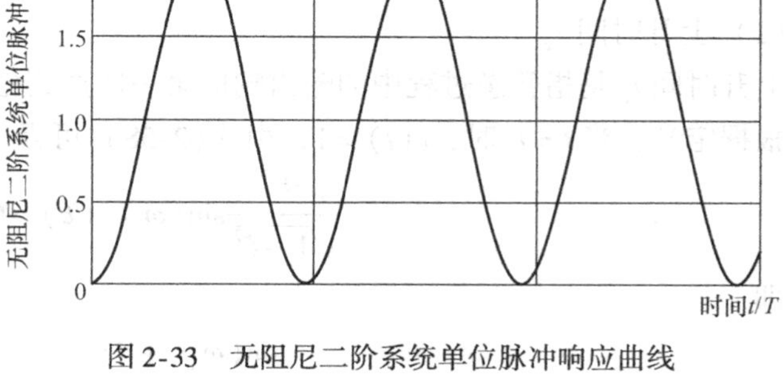

图 2-33　无阻尼二阶系统单位脉冲响应曲线

由此可见，系统的输出响应是无阻尼的等幅振荡过程，其振荡频率为 ω_n。所以，称 ω_n 为无阻尼自然振荡频率，此时系统输出为等幅振荡；称 ω_d 为阻尼振荡频率，系统输出为衰减正弦振荡过程。

当 $\xi<0$ 时，系统具有实部为正的极点，输出响应是发散的，此时系统已无法正常工作。

根据上面的分析可知，在不同的阻尼比时，二阶系统的响应具有不同的特点，因此阻尼比 ξ 是二阶系统的重要特征参数。选取 $\omega_n t$ 为横坐标，可以作出不同阻尼比时二阶系统单位阶跃响应曲线，如图 2-34 所示。

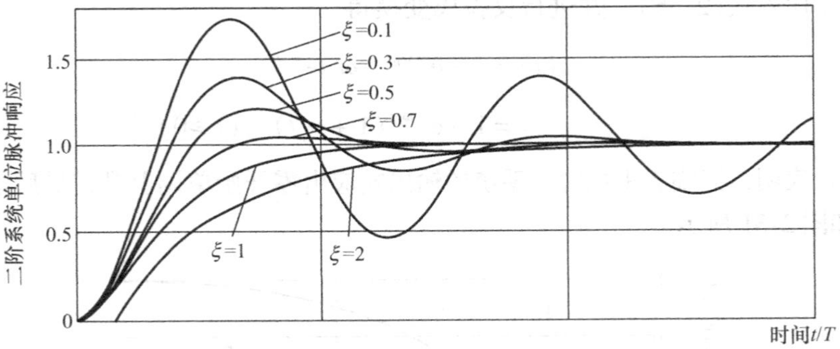

图 2-34　不同阻尼比时二阶系统的阶跃响应曲线

此时曲线只和阻尼比 ξ 有关。由图 2-34 可见，ξ 越小，二阶系统单位脉冲响应振荡得越厉害，随着 ξ 增大到一定程度后，二阶系统单位脉冲响应变成单调上升的。从过渡过程持续的时间看，当系统无振荡时，以临界阻尼时过渡过程的时间最短，此时，系统具有最快的响应速度。当系统在欠阻尼状态时，若阻尼比 ξ 在 0.4～0.8 之间，则系统的过渡过程时间比临界阻尼时更短，而且此时的振荡也并不严重。一般希望二阶系统工作在 $\xi=0.4\sim0.8$ 的欠阻尼状态下，在工程实际中，通常选取 $\xi=(1/\sqrt{2})$ 作为设计系统的依据。

2. 二阶系统的性能指标

系统在欠阻尼情况下的单位阶跃响应为

$$c(t)=1-\frac{e^{-\xi\omega_n t}}{\sqrt{1-\xi^2}}\sin(\omega_d t+\theta)\quad(t\geqslant 0) \tag{2-58}$$

对应的响应曲线如图 2-29 所示。下面就根据式(2-54) 和图 2-29 所示曲线来定义系统的瞬态性能指标，同时讨论性能指标与特征量之间的关系。

(1) 上升时间 t_r

上升时间 t_r 是指暂态过程中的输出响应第一次达到稳态值所用的时间。

根据定义，当 $t=t_r$ 时，$c(t)=1$，由式(2-58) 可得

$$\frac{e^{-\xi\omega_n t_r}}{\sqrt{1-\xi^2}}\sin(\omega_d t_r+\theta)=0$$

即

$$\sin(\omega_d t_r+\theta)=0$$

所以

$$\omega_d t_r + \theta = k\pi \quad (k=1,2,\cdots)$$

由于上升时间 t_r 是 $c(t)$ 第一次到达稳态值的时间，故取 $k=1$，所以

$$t_r = \frac{\pi - \theta}{\omega_d} = \frac{\pi - \theta}{\omega_n \sqrt{1-\xi^2}} \tag{2-59}$$

由式(2-59) 可以看出，当 ω_n 一定时，阻尼比 ξ 越大，上升时间 t_r 越长；当 ξ 一定时，ω_n 越大，上升时间 t_r 越小。

(2) 峰值时间 t_p

峰值时间 t_p 是指暂态过程中的输出响应超过稳态值而达到第一个峰值所用的时间。

由定义，对式(2-59) 进行时间求导，并令其等于零，即

$$\frac{dc(t)}{dt}\bigg|_{t=t_p} = 0$$

得

$$\xi\omega_n \sin(\omega_d t_p + \theta) - \omega_d \cos(\omega_d t_p + \theta) = 0$$

变换得

$$\tan(\omega_d t_p + \theta) = \frac{\omega_d}{\xi\omega_n} = \frac{\sqrt{1-\xi^2}}{\xi} = \tan\theta$$

所以

$$\omega_d t_p + \theta = k\pi + \theta$$

得

$$\omega_d t_p = k\pi \quad (k=1,2,\cdots)$$

因为峰值时间 t_p 是 $c(t)$ 到达第一个峰值的时间，故取 $k=1$，所以

$$t_p = \frac{\pi}{\omega_d} = \frac{\pi}{\omega_n \sqrt{1-\xi^2}} \tag{2-60}$$

可见，当 ξ 一定时，ω_n 越大，t_p 越小，反应速度越快。当 ω_n 一定时，ξ 越小，t_p 也越小。由于 ω_d 是闭环极点虚部的数值，ω_d 越大，则闭环极点到实轴的距离越远，因此，也可以说峰值时间 t_p 与闭环极点到实轴的距离成反比。

(3) 超调量 σ_p

超调量 σ_p 是指暂态过程中输出响应的最大值超过稳态值的百分数，即

$$\sigma_p = \frac{C_{max} - C_\infty}{C_\infty} \times 100\%$$

由定义

$$\sigma_p = \frac{c(t_p) - c(\infty)}{c(\infty)} \times 100\%$$

将前面所求得的 t_p 代入式(2-58)，可得

$$c(t_p) = 1 - \frac{e^{-\pi\xi/\sqrt{1-\xi^2}}}{\sqrt{1-\xi^2}} \sin(\pi + \theta)$$

$$\sin(\pi + \theta) = -\sin\theta = -\sqrt{1-\xi^2}$$

所以

$$c(t_p)=1+e^{\frac{-\pi\xi}{\sqrt{1-\xi^2}}}$$

因为 $c(\infty)=1$，所以

$$\sigma_p=\frac{c(t_p)-c(\infty)}{c(\infty)}\times 100\%=e^{\frac{-\pi\xi}{\sqrt{1-\xi^2}}}\times 100\% \tag{2-61}$$

式(2-61) 表明，σ_p 只是阻尼比 ξ 的函数，而与 ω_n 无关，ξ 越小，则 σ_p 越大。当二阶系统的阻尼比 ξ 确定后，即可求得对应的超调量 σ_p。反之，如果给出了超调量的要求值，也可求得相应的阻尼比 ξ 的数值。一般当 $\xi=0.4\sim0.8$ 时，相应的超调量 $\sigma_p=25\%\sim1.5\%$。

(4) 调整时间 t_s

过渡过程时间（或调整时间）t_s 是指暂态过程中的输出响应 $C(t)$ 和 C_∞ 之间的误差达到规定允许值（一般为 C_∞ 的 ±5% 或 ±2%），并且以后不再超过此值所需的最小时间。

由定义可得

$$|c(t)-c(\infty)|\leqslant\Delta c(\infty)\quad (t\geqslant t_s)$$

式中，$\Delta=0.05$（或 0.02），将式(2-58) 及 $c(\infty)=1$ 代入上式得

$$\left|\frac{e^{-\xi\omega_n t}}{\sqrt{1-\xi^2}}\sin(\omega_d t+\theta)\right|\leqslant\Delta\quad (t\geqslant t_s)$$

近似可得

$$\frac{e^{-\xi\omega_n t}}{\sqrt{1-\xi^2}}\leqslant\Delta\quad (t\geqslant t_s)$$

由此可得：

若取 $\Delta=0.05$，则

$$t_s\geqslant\frac{3+\ln\frac{1}{\sqrt{1-\xi^2}}}{\xi\omega_n} \tag{2-62}$$

若取 $\Delta=0.02$，则

$$t_s\geqslant\frac{4+\ln\frac{1}{\sqrt{1-\xi^2}}}{\xi\omega_n} \tag{2-63}$$

在 $0<\xi<0.9$ 时，式(2-62) 和式(2-63) 可分别近似为

$$t_s\approx\frac{3}{\xi\omega_n} \tag{2-64}$$

和

$$t_s\approx\frac{4}{\xi\omega_n} \tag{2-65}$$

式(2-64) 和式(2-65) 表明，调整时间 t_s 近似与 $\xi\omega_n$ 成反比。由于 $\xi\omega_n$ 是闭环极点实部的数值，$\xi\omega_n$ 越大，则闭环极点到虚轴的距离越远，因此，可以近似地认为调整时间 t_s 与闭环极点到虚轴的距离成反比。在设计系统时，ξ 通常由要求的超调量所决定，而调整时间 t_s 则由自然振荡频率 ω_n 所决定。也就是说，在不改变超调量的条件下，通过改变 ω_n 的值可以改变调节时间。

二阶系统的性能指标如图 2-35 所示。

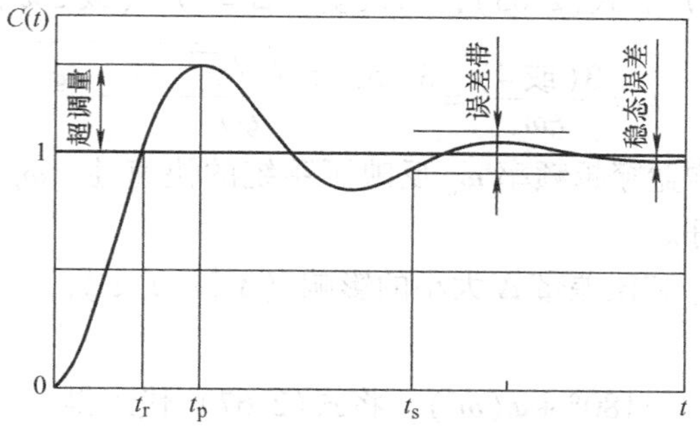

图 2-35　二阶系统的性能指标

2.3.3　系统动态性能与开环频率特性间的关系

由图 2-25 可知二阶系统的开环传递函数为

$$G(s)=\frac{K}{s(Ts+1)}=\frac{\omega_n^2}{s(s+2\xi\omega_n)}$$

系统的开环频率特性为

$$G(j\omega)=\frac{\omega_n^2}{j\omega(j\omega+2\xi\omega_n)}=\frac{-\omega^2\omega_n^2}{\omega^4+4\xi^2\omega^2\omega_n^2}+j\frac{-2\xi\omega\omega_n^2}{\omega^4+4\xi^2\omega^2\omega_n^2}=P(\omega)+jQ(\omega)$$

由上式可得其幅频特性为

$$M(\omega)=\sqrt{P^2(\omega)+Q^2(\omega)}=\frac{\omega_n^2}{\omega\sqrt{\omega^2+4\xi^2\omega_n^2}} \tag{2-66}$$

其相频特性为

$$\varphi(\omega)=\arctan\frac{Q(\omega)}{P(\omega)}=\arctan\frac{-2\xi\omega_n}{-\omega}=-\pi+\arctan\frac{2\xi\omega_n}{\omega} \tag{2-67}$$

开环频率特性的特征量主要是穿越频率 ω_c 和相角裕度 γ（又称频域指标）。

1. 穿越频率 ω_c

当 $\omega=\omega_c$ 时，$M(\omega_c)=1$。即

$$M(\omega_c)=\frac{\omega_n^2}{\omega_c\sqrt{\omega_c^2+4\xi^2\omega_n^2}}=1$$

由上式有

$$\omega_n^2=\omega_c\sqrt{\omega_c^2+4\xi^2\omega_n^2}$$

将上式等号两边平方，得

$$\omega_n^4=\omega_c^2\ (\omega_c^2+4\xi^2\omega_n^2)$$

$$\omega_c^4+4\xi^2\omega_n^2\omega_c^2-\omega_n^4=0$$

解此方程，由于频率 ω_c 必须为正实数，所以

$$\omega_c=\omega_n\sqrt{\sqrt{4\xi^4+1}-2\xi^2}$$

将上式代入式(2-64) 和式(2-65)，当误差带 $\Delta=5\%$ （或 2% ）时，则

$$t_s=\frac{3(\text{或}4)}{\xi\omega_n}=\frac{3(\text{或}4)\sqrt{\sqrt{4\xi^4+1}-2\xi^2}}{\xi\omega_c} \tag{2-68}$$

由以上分析可见，增益穿越频率 ω_c 反映了系统的快速性。$\omega_c\uparrow\rightarrow t_s\downarrow$，即穿越频率越大，则系统的快速性越好。

当然 t_s 还受阻尼比 ξ 和误差带 Δ 大小的影响（$\Delta\uparrow\rightarrow t_s\downarrow$）。

2. 相角裕度 γ

由式(2-12) 可知，$\gamma=180°+\varphi(\omega_c)$，将式(2-67) 代入得

$$\gamma=180°+\varphi(\omega_c)=\arctan\frac{2\xi\omega_n}{\omega_c}=\arctan\frac{2\xi}{\sqrt{\sqrt{4\xi^4+1}-2\xi^2}} \tag{2-69}$$

由此可见，二阶系统的相角裕度 γ 也仅与 ξ 有关。

综上所述，二阶系统的时域指标（σ_p 与 t_s）和开环频率特性的特征量（γ 与 ω_c）（又称频域指标），它们与阻尼比 ξ 的对应关系如图 2-36 所示。

在利用开环频率特性（波特图）对自动控制系统的动态性能进行设计时，一般根据允许的最大超调量 σ_p 来确定阻尼比 ξ，再由阻尼比 ξ 来确定相角裕度 γ，然后再根据要求的调整时间 t_s 及阻尼比来确定穿越频率 ω_c。

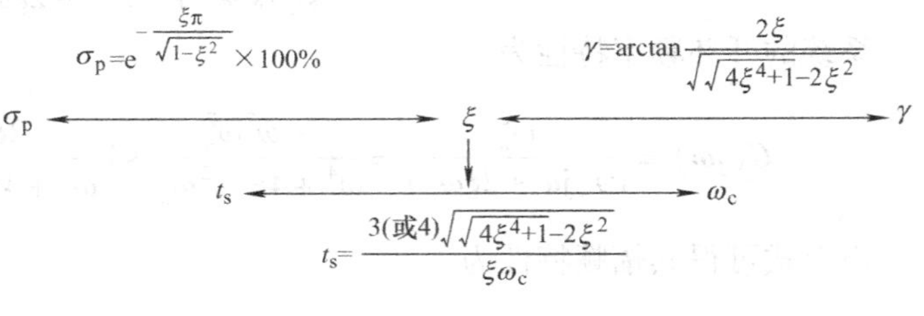

图 2-36　σ_p、t_s 与 ξ 及 ω_c、γ 间的关系

若根据系统的开环频率指标来估算时域指标，则估计过程与上述顺序恰好相反。

由以上分析可见，系统开环频率特性中频段的主要参数（相角裕度 γ、穿越频率 ω_c 以及中频宽 h）与动态时域指标（最大超调量 σ_p 和调整时间 t_s）间存在着确定的对应关系。因此系统的开环对数幅频特性的中频段，表征着系统的动态性能。这恰好与 $L(\omega)$ 的低频段表征着系统的稳态性能相互映衬。

由于 σ_p 和 γ 存在着确定的对应关系，因此有关相角裕度 γ 的分析，都可延伸用来衡量系统的最大超调量 $\sigma_p(\gamma\uparrow\rightarrow\sigma_p\downarrow)$。

思考题与习题

2-1　已知某自动控制系统的特性方程 $D(s)=s^4+2s^3+3s^2+4s+5=0$，试用代数稳定判据判定系统的稳定性。

2-2　已知某自动控制系统的特性方程 $D(s)=s^5+2s^4+24s^3+48s^2+23s+46=0$，试求在右半平面的特征根数目，并求出特征根。

2-3　已知某系统框图如图 2-37 所示，试确定使系统稳定的 K 取值范围。

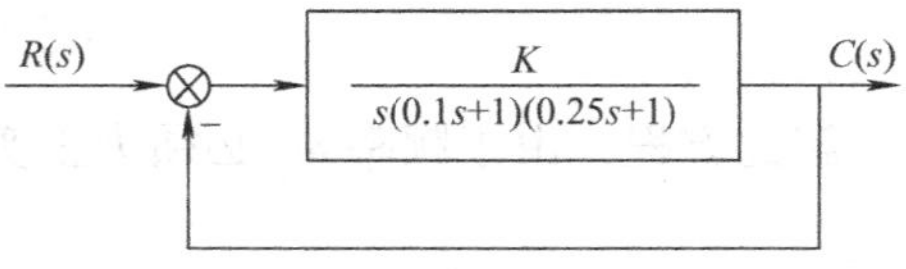

图 2-37　某系统框图

2-4　已知4个单位负反馈系统的开环幅相频率特性曲线如图2-38所示，判断其闭环系统的稳定性。

2-5　已知某单位反馈系统，其开环传递函数为 $G(s)=\dfrac{K}{s-1}$，试用奈氏判据判断该系统的稳定性。

2-6　某控制系统的幅相频率特性曲线如图2-39所示。试由图中所列数据求此系统的相角裕度 γ 和增益裕度 K_g。

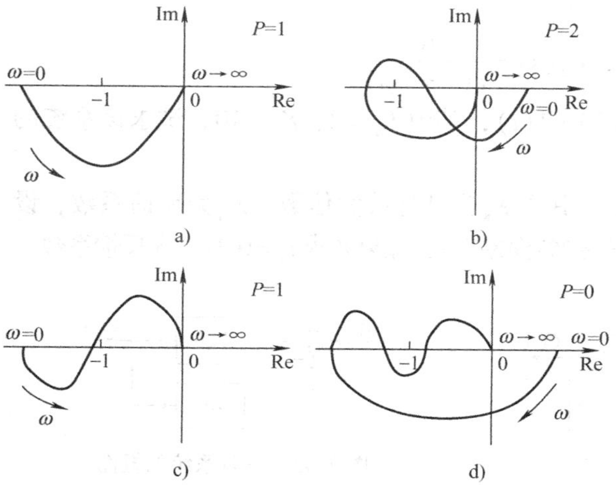

图2-38　开环幅相频率特性曲线

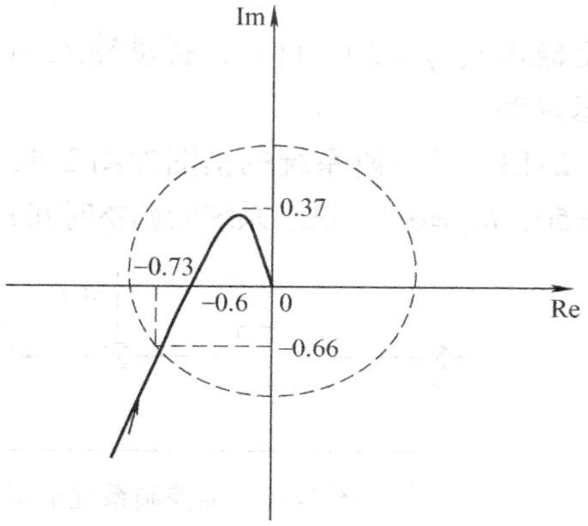

图2-39　某控制系统的幅相频率特性曲线

2-7　已知某系统的开环传递函数 $G(s)=\dfrac{100(0.1s+1)}{s^2(0.01s+1)}$，试画出系统的开环波特图，并判断该系统的稳定性。

2-8　某系统的对数幅频特性曲线如图2-40所示，试写出其传递函数，并判断该系统的稳定性。

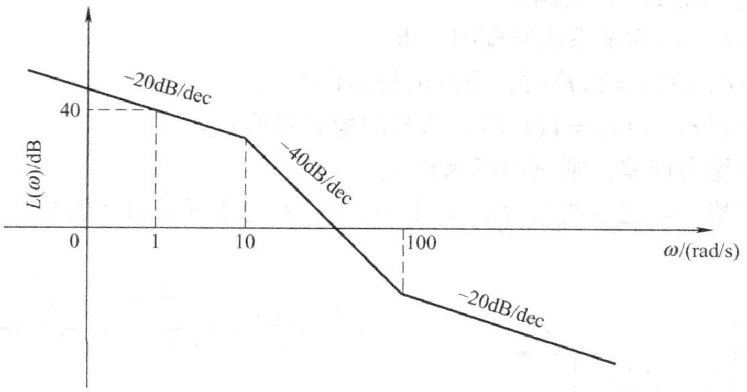

图2-40　某系统的对数幅频特性曲线

2-9　已知某系统的开环传递函数 $G(s)=\dfrac{10}{s(s+1)(0.2s+1)}$，求：

1）相角裕度与幅值裕度。

2）临界稳定时的开环放大倍数。

2-10　已知某单位反馈系统的开环传递函数 $G(s)=\dfrac{5}{s(s+1)(s+2)}$，试分别计算当 $r(t)=1(t)$，$r(t)=t$，$r(t)=3t^2$ 时的稳态误差。

2-11　已知某单位反馈系统的开环传递函数 $G(s)=\dfrac{10}{s(s+2)(s+5)}$，试计算当 $r(t)=2+0.5t$ 时的稳态误差。

2-12　设某控制系统框图如图 2-41 所示，其中

$$G_1(s)=\frac{K_1}{1+T_1s},\quad G_2(s)=\frac{K_2}{s(1+T_2s)}$$

给定输入 $r(t)=10\cdot 1(t)$，扰动输入 $n(t)=20\cdot 1(t)$，其中 $K_1=2$，$K_2=10$，试求该系统的稳态误差。

2-13　某一阶系统的框图如图 2-42 所示，其中 K_K为开环放大倍数，K_H为反馈系数，设 $K_K=50$，$K_H=0.2$，试求系统的调整时间 t_s（按 ±2% 误差带），如果要求 $t_s=0.1s$，求反馈系数。

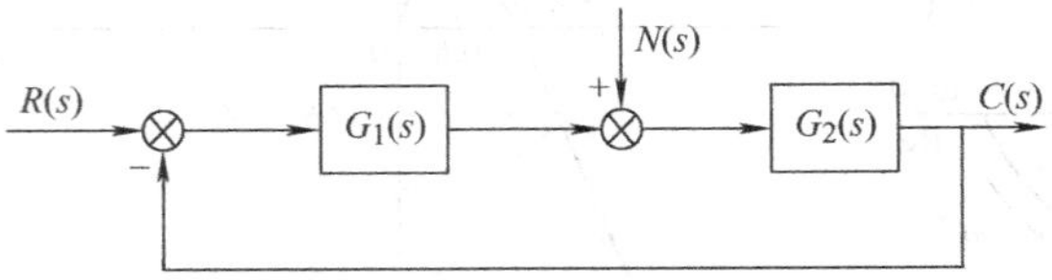

图 2-41　某控制系统框图

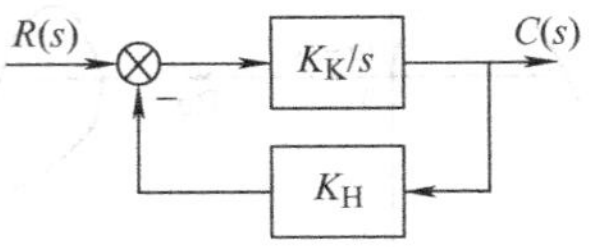

图 2-42　一阶系统的框图

2-14　某二阶系统的单位阶跃响应 $c(t)=10[1-1.25e^{-1.2}t\sin(1.6t+0.93)]$，求 σ_p、t_p 和 t_s。

2-15　某单位反馈系统的开环传递函数为 $G(s)=\dfrac{1}{s(s+1)}$，求上升时间 t_r、峰值时间 t_p、超调量 σ_p 和调整时间 t_s。

2-16　图 2-43 所示为某二阶系统的框图，其中 $\xi=0.5$，$\omega_n=4\text{rad/s}$。当输入信号为单位阶跃信号时，求该系统的瞬态响应。

2-17　图 2-44 所示为某系统的框图，求：

1）当 $r(t)=0$，$n(t)=1(t)$时，系统的稳态误差 e_{ss}。

2）当 $r(t)=1(t)$，$n(t)=1(t)$时，系统的稳态误差 e_{ss}。

3）若要减小稳态误差，则应如何调整 K_1、K_2。

4）如分别在扰动点之前或之后加入积分环节，对稳态误差有何影响。

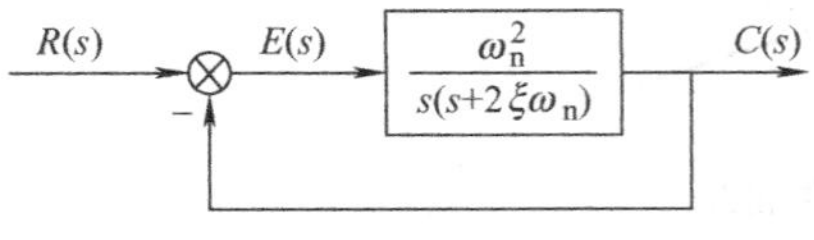

图 2-43　某二阶系统的框图

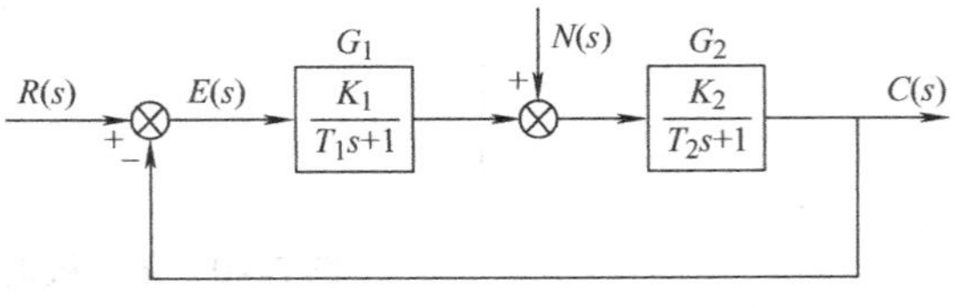

图 2-44　某系统的框图

第 3 章　改善系统性能的方法

在前面的章节中，介绍了对控制系统进行分析的基本理论和基本方法，涉及的都是系统分析的问题，即在系统的结构和参数已知的情况下，求出系统的性能指标，并分析性能指标与系统参数之间的关系。在对系统进行分析后，常常发现已知系统不满足性能指标的要求，需要对系统进行改进，或是在原有系统的基础上加入其他装置，这就是本章将要介绍的系统校正的方法，也就是根据系统预先给定的性能指标，去设计一个能满足性能要求的控制系统。一个控制系统可视为由控制器和被控对象两大部分组成，当被控对象确定后，对系统的设计实际上归结为对控制器的设计，这项工作称为对控制系统的校正。

所谓校正，就是在系统中加入一些机构或装置，其参数可以根据需要而改变，使系统整个特性发生变化，从而满足给定的各项性能指标。

目前工程实践中常用的有三种校正方法，即串联校正、反馈校正和复合校正。串联校正按校正装置不同又可分为三种情况，即超前校正、滞后校正、滞后–超前校正。

3.1　校正的相关概念

当构成的系统不能满足设计要求的性能指标时，就必须增加合适的元件，按一定的方式连接到原系统中，使重新组合起来的系统满足设计的要求。这些能使系统的控制性能满足设计要求所增添的元件称为校正元件（或校正装置）。把由控制器和控制对象组成的系统叫作原系统（或系统的不可变部分），把加入了校正装置的系统称为校正系统。为了使原系统的性能指标得到改善，按照一定的方式接入校正装置和选择校正元件参数的过程就是控制系统设计中的校正问题。

按校正装置与原系统的连接方式来分，控制系统的校正可分为串联校正、反馈校正（并联校正）、复合校正三种。

3.1.1　串联校正

串联校正装置一般接在系统的前向通道中，接在系统误差测量点之后和放大器之前，如图 3-1 所示。

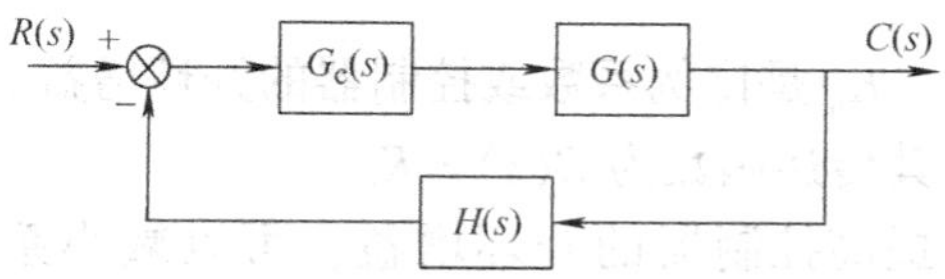

图 3-1　串联校正

3.1.2　反馈校正

反馈校正是将校正装置反向并接在系统前向通道中的一个或几个环节两端，形成局部反馈回路，如图 3-2 所示。

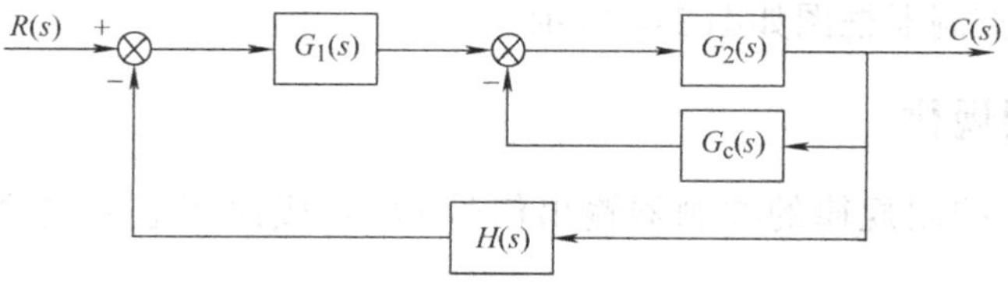

图 3-2　反馈校正

3.1.3 复合校正

复合校正是在反馈控制回路中，加入前馈校正通路，如图 3-3 所示。

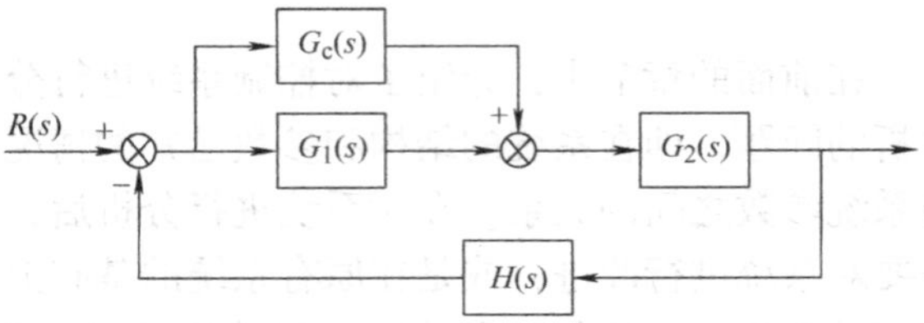

图 3-3 复合校正

在工程应用中，需要采用哪一种连接方式，要根据具体情况而定。通常需要考虑的因素有：系统的物理结构，信号的性质，系统中各点功率的大小，可用元件，还有设计者的经验和经济条件等。一般来讲，串联校正比反馈校正设计简单，也比较容易对系统信号进行变换。由于串联校正通常是由低能量向高能量部位传递信号的，加上校正装置本身的能量损耗，必须进行能量补偿。因此，串联校正装置通常由有源网络或元件构成，即其中需要有放大元件。反馈校正装置的输入信号通常由系统输出端或放大器的输出级供给，信号是从高功率点向低功率点传递，因此，一般不需要放大器。反馈校正可以消除校正回路中元件参数的变化对系统性能的影，因此，若原系统随着工作条件的变化，它的某些参数变化较大时，采用反馈校正效果会更好些。在性能指标要求较高的系统中，常常兼用串联校正与反馈校正两种方式。这些校正装置实现的控制规律有比例、微分、积分等基本规律，或这些基本规律的组合，如比例加微分控制规律、比例加积分控制规律、比例加积分加微分控制规律。

3.2 基本控制规律分析

3.2.1 比例控制规律

比例（P）控制器是放大倍数可调整的放大器，控制器的输出信号 $c(t)$ 成比例地反应输入信号 $r(t)$，即

$$c(t)=K_p r(t) \tag{3-1}$$

式中，K_p 是比例系数或控制器的开环增益。

其传递函数为 $G(s)=K_p$。

提高控制器的开环增益，可以减小系统的稳态误差，提高系统的精度。但是同时，控制系统的稳定性却随之降低，甚至可以造成系统的不稳定。所以在控制系统中，常将比例控制规律与其他控制规律结合使用，以提高系统的稳态性能和动态性能。比例控制器框图如图 3-4 所示。

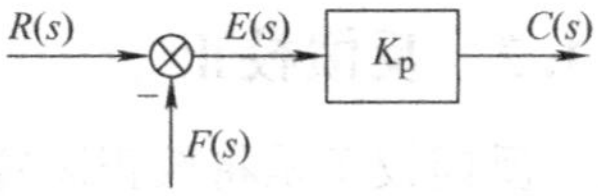

图 3-4 比例控制器框图

3.2.2 积分控制规律

具有积分（I）控制规律的控制器输出信号 $c(t)$ 成比例地反应输入信号 $e(t)$ 的积分，即

$$c(t) = K_i \int_0^t r(t)\mathrm{d}(t) \tag{3-2}$$

式中，K_i 是比例系数，可调。其传递函数为 $G(s)=(K_i/s)$。

积分控制器框图如图 3-5 所示。

在串联校正中，采用积分控制器可以提高系统的类型数（无差度），有利于提高系统的稳态性能，但积分控制增加了一个位于原点的开环极点，使信号产生 90°的相角滞后，不利于系统的稳定，所以不宜采用单一的积分控制器。

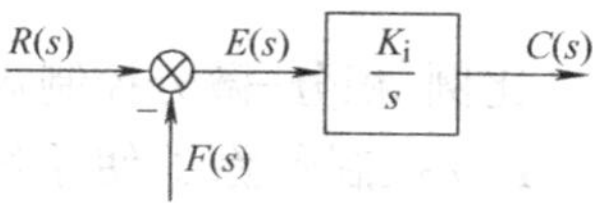

图 3-5　积分控制器框图

3.2.3　比例-积分控制规律

比例积分（PI）控制规律的输出信号 $c(t)$ 与输入信号 $r(t)$ 和它的积分成比例，即

$$c(t) = K_p r(t) + \frac{K_p}{T_i}\int_0^t r(t)\mathrm{d}(t) \tag{3-3}$$

式中，K_p 为比例系数；T_i 为积分时间常数。这两个参数均可调。其传递函数为 $G(s)=K_p(1+1/T_i)$。

具有比例-积分控制规律的系统框图如图 3-6 所示。

PI 控制使系统增加了一个位于原点的开环极点，同时增加了一个位于 s 平面左半部的开环零点 $z=-1/T_i$。增加的极点可提高系统的类型数，减小或消除稳态误差，改善系统的稳态性能；增加的负实零点可减小系统的阻尼程度，克服 PI 控制器对系统稳定性及动态过程产生的不利影响。只要积分时间常数 T_i 足够大，就可大大减小 PI 控制器对系统稳定性的不利影响。所以，PI 控制器主要用来改善系统的稳态性能。

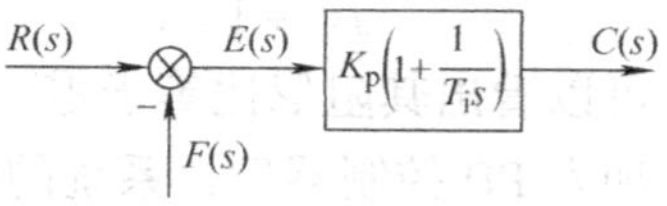

图 3-6　具有比例-积分控制规律的系统框图

3.2.4　比例-微分控制规律

比例-微分（PD）控制规律的输出信号 $c(t)$ 既与输入信号 $r(t)$ 成比例，又与输入信号的导数成比例，即

$$c(t)=K_p r(t)+K_p\tau\frac{\mathrm{d}r(t)}{\mathrm{d}t} \tag{3-4}$$

式中，K_p 为比例系数；τ 为时间常数。这两个参数均可调。其传递函数为 $G(s)=K_p(1+\tau s)$。

具有 PD 控制器的框图如图 3-7 所示。

由于偏差信号变化率所起的作用，比例-微分控制规律能给出使系统提前制动的信号，有预见性，从而改善系统的动态特性。应该注意的是微分控制规律不能单独作用，因为它只在暂态过程中起作用，当系统进入稳态时，偏差信号不变化，微分控制规律不起作用。单独使用微分控制规律，稳态时相当于信号断路，控制系统无法正常工作。微分控制器的缺点是容易放大噪声。

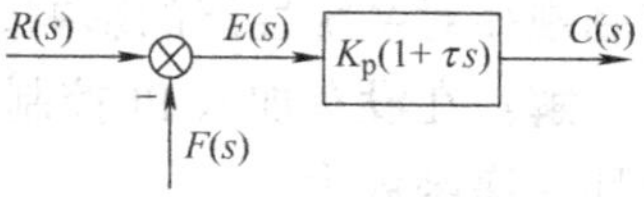

图 3-7　具有 PD 控制器的框图

3.2.5　比例-积分-微分控制规律

比例-积分-微分（PID）控制规律的输出信号 $C(t)$ 与输入信号 $r(t)$ 及其积分-微分同

时成比例，即

$$c(t) = K_p r(t) + \frac{K_p}{T_i}\int_0^t r(t)\mathrm{d}(t) + K_p \tau r(t) \tag{3-5}$$

其传递函数为 $G(s) = K_p\left(1 + \frac{1}{T_i s} + \tau s\right)$。

比例–积分–微分控制规律的框图如图 3-8 所示。

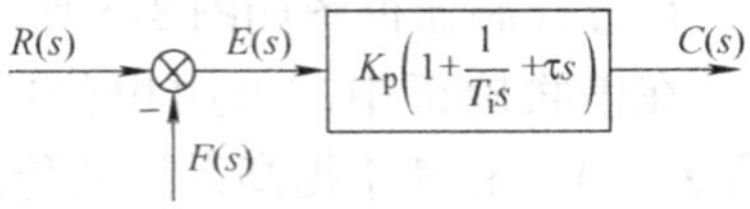

图 3-8 比例–积分–微分控制规律的框图

PID 控制器除了使系统的类型数提高以外，还可使系统增加两个负实零点，更有利于改善系统的动态性能。所以 PID 控制规律在控制系统中得到了广泛应用。

【例 3-1】 设具有 PD 控制器的控制系统框图如图 3-9 所示，试分析比例–微分控制规律对系统性能的影响。

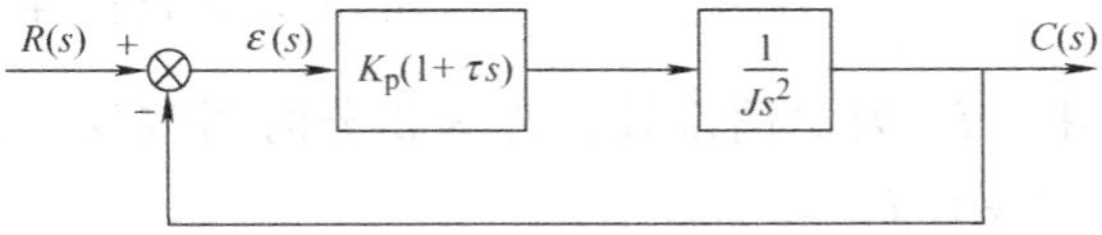

图 3-9 PD 控制系统框图

解：在无 PD 控制器时，系统的闭环传递函数为

$$\frac{C(s)}{R(s)} = \frac{1/(Js^2)}{1+1/(Js^2)} = \frac{1}{Js^2+1}$$

则系统的特征方程为

$$Js^2 + 1 = 0$$

可以看出其阻尼比等于零，输出信号具有不衰减的等幅振荡形式。

加入 PD 控制器后，系统的闭环传递函数为

$$\frac{C(s)}{R(s)} = \frac{K_p(1+\tau s)\frac{1}{Js^2}}{1+K_p(1+\tau s)\frac{1}{Js^2}} = \frac{K_p(1+\tau s)}{Js^2+K_p(1+\tau s)}$$

系统的特征方程为

$$Js^2 + K_p(1+\tau s) = 0$$

阻尼比

$$\xi = \tau\sqrt{K_p}/(2\sqrt{J}) > 0$$

此时系统是闭环稳定的。

由此例可以看出 PD 控制规律可以改善系统的稳定性，提高系统的动态特性。

【例 3-2】 设具有 PI 控制器的控制系统框图如图 3-10 所示，试分析比例–积分控制规律对系统性能的影响。

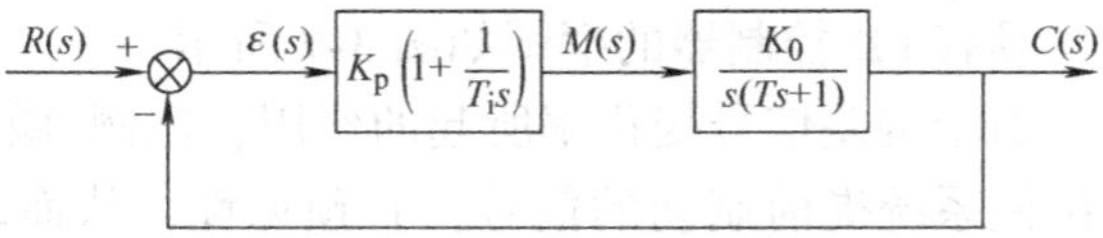

图 3-10 PI 控制系统框图

解：在没有加入 PI 控制器时，系统的开环传递函数为

$$G(s) = \frac{K_0}{s(Ts+1)}$$

加入 PI 控制器后，系统的开环传递函数为

$$G(s) = \frac{K_0 K_p(T_i s+1)}{T_i s^2(Ts+1)}$$

可见，系统由原来的Ⅰ型系统变为Ⅱ型系统，故对于斜坡函数输入信号 $r(t)=Rt$，原系统的稳态误差为 R/K_0，加入PI控制器后，稳态误差为零。可见，PI控制器提高了系统的控制精度，改善了系统的稳态性能。采用PI控制后，系统的特征方程为

$$T_iTs^3+T_is^2+K_pK_0T_is+K_pK_0=0$$

其劳斯阵列为

$$\begin{array}{lll} s^3 & T_iT & K_pK_0T_i \\ s^2 & T_i & K_pK_0 \\ s^1 & \dfrac{K_pK_0T_i^2-K_pK_0T_iT}{T_i} & 0 \\ s^0 & K_pK_0 & \end{array}$$

由劳斯稳定判据可知，只要满足 $T_i>T$，就可满足系统稳定的条件。

由以上分析知，只要合适选择PI控制器的参数，就可在满足系统稳定性要求的前提下，改善系统的稳态性能。

3.3 串联校正

3.3.1 串联超前校正

如果设计的系统要满足的性能指标属于频域特征量，则通常采用频率特性校正方法。用频率法对系统进行校正的基本思路是：通过加入校正装置，改变系统开环频率特性的形状。超前校正的主要作用是在中频段产生足够大的超前相角，以补偿原系统过大的滞后相角。

常用的超前校正网络分为有源网络和无源网络。下面以无源网络为例来说明超前校正网络的特性。

1. 超前校正装置

典型的无源超前校正网络如图3-11所示。

该校正系统的传递函数为

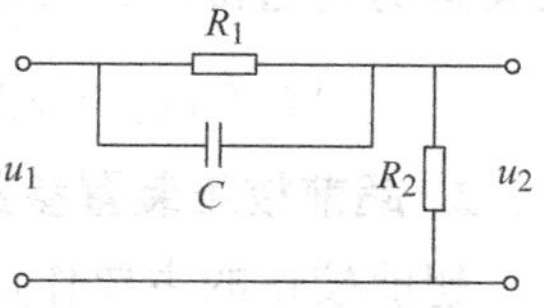

图3-11 无源超前校正网络

$$G_c(s)=\frac{U_2(s)}{U_1(s)}=\frac{R_2}{R_2+R_1//\frac{1}{Cs}}$$

$$=\frac{R_2}{R_2+\frac{R_1}{R_1Cs+1}}=\frac{\frac{R_2}{R_1+R_2}(R_1Cs+1)}{\frac{R_1R_2}{R_1+R_2}Cs+1}$$

令 $T=\frac{R_1R_2}{R_1+R_2}C$，$a=\frac{R_1+R_2}{R_2}$，可得装置的传递函数为

$$G_c(s)=\frac{1}{a}\frac{1+aTs}{1+Ts}$$

由于 $a=(R_1+R_2)/R_2>1$，所以无源超前校正装置具有幅值衰减的作用，衰减系数为 $1/a$。给无源超前校正装置接一放大系数为 a 的比例放大器，可补偿校正装置的幅值衰减作用，这时，传递函数可写为

$$G_c(s)=\frac{1+aTs}{1+Ts}$$

可以看出，超前校正是一种带惯性的 PD 控制器，能提供正的相角。

将 $s=j\omega$ 代入得

$$G_c(j\omega)=\frac{1+j\omega aT}{1+j\omega T}$$

超前校正网络所提供的相角为

$$\varphi=\arctan a\omega T-\arctan\omega T=\arctan\frac{\omega aT-\omega T}{1+a\omega^2T^2}$$

由于 $a>1$，可以看出超前校正网络所提供的相角为正。

令 $d\varphi/d\omega=0$，求得产生的最大相角及最大相角处的频率分别为

$$\varphi_m=\arcsin\frac{a-1}{a+1}$$

$$\omega_m=\frac{1}{\sqrt{a}T}$$

最大超前相角 φ_m 的大小取决于 a 值的大小。当 a 值趋于无穷大时，得单个超前装置的最大超前相角 $\varphi_m=90°$。超前相角 φ_m 随 a 值的增加而增大，但并不成比例。超前装置本质上是高通电路，它对高频噪声的增益较大，对频率较低的控制信号的增益较小。因此 a 值过大会降低系统的信噪比，a 值较小则校正装置的相位超前作用不明显。一般情况下，a 值的选择范围在 5~10 之间比较合适。

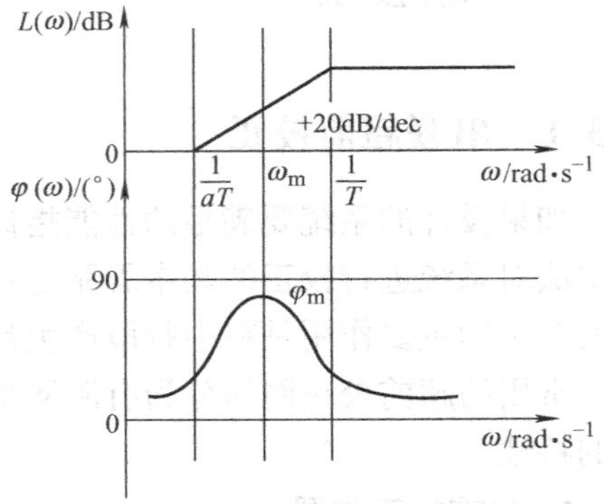

图 3-12　超前校正装置的对数频率特性曲线

超前较正装置的对数频率特性曲线如图 3-12 所示，由对数幅频特性曲线更能清楚地看到超前校正装置的高通特性，其最大的幅值增益为

$$|G_c(j\omega_m)|=20\lg\sqrt{1+(a\omega_mT_c)^2}-20\lg\sqrt{1+(\omega_mT_c)^2}=20\lg\sqrt{a}=10\lg a$$

2. 超前校正装置参数的确定

超前校正的主要作用是在中频段产生足够大的超前相角，以补偿原系统过大的滞后相角。超前校正网络的参数应根据相角补偿条件和稳态性能的要求来确定。

超前校正装置设计的步骤如下：

1）根据稳态误差的要求，确定开环增益 K。

2）根据所确定的开环增益 K，画出未校正系统的波特（Bode）图，计算未校正系统的相角裕度 γ。

3）由给定的相角裕度 γ，计算超前校正装置提供的相位超前量 φ，即

$$\varphi=\varphi_m=\underset{\text{校正后}}{\underset{\uparrow}{\gamma''}}-\underset{\text{校正前}}{\underset{\uparrow}{\gamma}}+\underset{\text{补偿角度}}{\underset{\uparrow}{\varepsilon}}$$

ε 是追加的一个角度，由于超前校正装置的引入，使原系统截止频率增大，造成所提供的

相角裕度减小，ε 的加入是为了弥补这个减小的相角。ε 值通常是这样估计的：是看未校正系统的开环对数幅频特性在截止频率处的斜率，若斜率为 -40dB/dec，一般取 $\varepsilon=5°\sim10°$；若斜率为 -60dB/dec，则取 $\varepsilon=15°\sim20°$。

4）根据所确定的最大相位超前角 φ_m，按

$$a=\frac{1+\sin\varphi_m}{1-\sin\varphi_m}$$

算出 a 的值。

5）计算校正装置在 ω_m 处的幅值 $10\lg a$。由未校正系统的对数幅频特性曲线，求得其幅值为 $-10\lg a$ 处的频率，该频率 ω_m 就是校正后系统的开环截止频率 ω_c''，即 $\omega_c''=\omega_m$。

$$L(\omega_c'')=L(\omega_c'')+10\lg a=0$$

6）确定校正网络的转折频率 ω_1 和 ω_2。即

$$\omega_1=\frac{\omega_m}{\sqrt{a}},\quad \omega_2=\omega_m\sqrt{a}$$

7）画出校正后系统的波特图，并演算相角裕度时候应满足的要求。如果不满足，则需增大 ε 值，从第3）步开始重新进行计算。

【例3-3】 设某单位反馈系统的开环传递函数为 $G(s)=\dfrac{4K}{s(s+2)}$，设计一个超前校正装置，需要满足的性能指标如下：

1）校正后系统的静态速度误差系数为 $20\mathrm{s}^{-1}$。

2）相角裕度 $\gamma\geqslant50°$。

3）幅值裕度不小于 1dB。

解：1）根据对静态速度误差系数的要求，确定系统的开环增益 K。

$$K_v=\lim_{s\to0}s\frac{4K}{s(s+2)}=20$$

则

$$K=10$$

当 $K=10$ 时，未校正系统的开环频率特性为

$$G(\mathrm{j}\omega)=\frac{40}{\mathrm{j}\omega(\mathrm{j}\omega+2)}=\frac{20}{\omega\sqrt{1+(\omega/2)^2}}\angle-90°-\arctan\omega/2$$

2）绘制未校正系统的波特图，如图 3-13 所示。计算未校正情况下的相角裕度。

$$20\lg\frac{20}{\omega\sqrt{1+(\omega/2)^2}}=0$$

$$\frac{20}{\omega\sqrt{1+(\omega/2)^2}}=1$$

解得

$$\omega=6.17\mathrm{rad/s},\quad \gamma=17.96°$$

可见相角裕度不满足要求，需要校正。

3）根据相角裕度的要求确定超前校正网络的相位超前角。

$$\varphi=\gamma-\gamma_1+\varepsilon=50°-17°+5°=38°$$

4）求 a 值，即

$$a=\frac{1+\sin\varphi_m}{1-\sin\varphi_m}=\frac{1+\sin38°}{1-\sin38°}=4.2$$

5）超前校正装置在 ω_m 处的幅值为

$$10\lg a=10\lg4.2\text{dB}=6.2\text{dB}$$

校正系统的开环对数幅值为 -6.2dB 时所对应的频率就是校正后系统的截止频率 ω_c。当 $20\lg20-20\lg\omega-20\lg\sqrt{1+\frac{\omega^2}{4}}=-6.2\text{dB}$ 时，可以计算出截止频率

$$\omega=\omega_m=8.93\text{rad/s}\approx9\text{rad/s}$$

6）计算超前校正网络的转折频率

$$\omega_1=\frac{\omega_m}{\sqrt{a}}=\frac{9}{4.2}\text{rad/s}=4.4\text{rad/s}$$

$$\omega_2=\omega_m\sqrt{a}=9\sqrt{4.2}\text{rad/s}=18.4\text{rad/s}$$

$$G_c(s)=\frac{s+4.4}{s+18.2}=0.238\times\frac{1+0.227s}{1+0.054s}$$

为了补偿因超前校正网络的引入而造成系统开环增益的衰减，必须使附加放大器的放大倍数为 $a=4.2$。

7）校正后系统的波特图如图 3-13 所示，其开环传递函数为

$$G_c(s)G_o(s)=\frac{4.2\times40(s+4.4)}{(s+18.2)s(s+2)}=\frac{20(1+0.227s)}{s(1+0.5s)(1+0.0542s)}$$

8）检验性能指标。由系统的波特图可以看出，相角裕度、幅值裕度均满足条件。如不满足条件，需要重新设计参数。也可以通过计算检验性能指标。

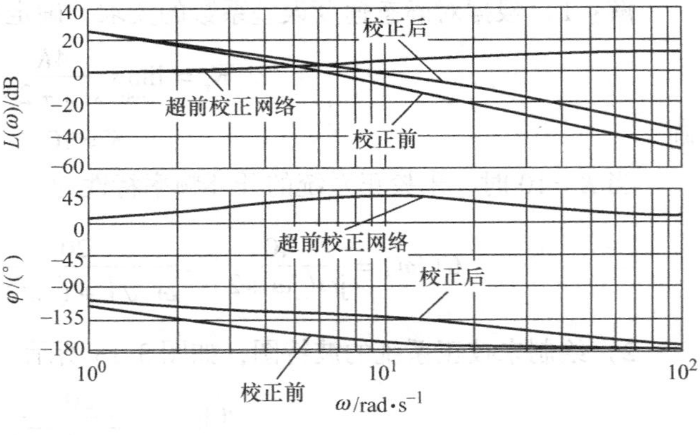

图 3-13　例 3-3 中系统校正前后的波特图

【例 3-4】 为满足要求的稳态性能指标，某单位反馈伺服系统的开环传递函数为

$$G(j\omega)=\frac{200}{j\omega(0.1j\omega+1)}$$

试设计一个无源校正网络，使已校正系统的相角裕度不小于 45°，截止频率不低于 50rad/s。

解： 1）绘制求校正系统的波特图，如图 3-14 所示。

$$L(\omega)=\begin{cases}20\lg\frac{200}{\omega} & \omega<10\\ 20\lg\frac{200}{\omega\times0.1\omega} & \omega>10\end{cases}$$

$$20\lg|L(\omega)|=0$$

解得

$$\omega_c = 44.7\text{rad/s}$$

$$\gamma = 180° - 90° - \arctan(0.1\omega_c) = 12.6°$$

稳定相角裕度不满足性能指标要求，需串联一超前校正网络。

2）计算超前网络提供的相角，取 $\varepsilon = 10°$，则

$$\varphi_m = \gamma'' - \gamma + \varepsilon = 45° - 12.6° + 10° = 42.4°$$

3）求 a 值，即

$$a = \frac{1 + \sin\varphi_m}{1 - \sin\varphi_m} = 5$$

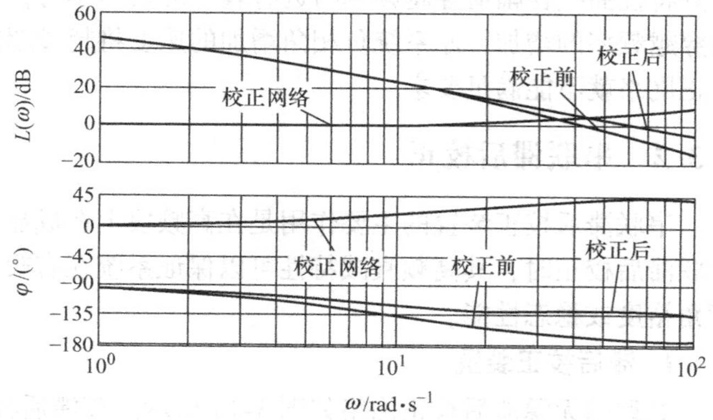

图 3-14　例 3-4 中系统校正前后的波特图

4）求 ω_c''，即

$$L(\omega_c'') = L(\omega_c'') + 10\lg a = 0$$

$$\omega_m = \omega_c'' = 67\text{rad/s}$$

5）由

$$\omega_m = 1/(T\sqrt{a})$$

得

$$T = 0.0067$$

由

$$G_c(s) = \frac{1 + aTs}{1 + Ts}$$

得

$$G_c(s) = \frac{1 + 0.033s}{1 + 0.0067s}$$

6）验算，绘制校正后系统的波特图如图 3-14 所示。

$$\begin{aligned}\gamma'' &= 180° + \varphi_m + \varphi(\omega_c'') \\ &= 180° + 42.4° - 90° - \arctan(0.1\omega_c'') \\ &= 50.8° > 45°\end{aligned}$$

$$\omega_c'' = 67\text{rad/s} > 50\text{rad/s}$$

所以接入校正装置后，满足系统的性能指标要求。

3. 串联超前校正系统的特点

通过上面的例题，可以看到串联超前校正对系统性能有如下影响：

1）串联超前校正增加了开环频率特性在剪切频率附近的正相角，从而提高了系统的相角裕度。

2）串联超前校正减小了对数幅频特性在幅值穿越频率上的负斜率，从而提高了系统的稳定性。

3）串联超前校正提高了系统的频带宽度，从而可提高系统的响应速度。

4）串联超前校正不影响系统的稳态性能，但若原系统不稳定或稳定裕量很小，且开环

相频特性曲线在幅值穿越频率附近有较大的负斜率时，不宜采用相位超前校正。因为随着幅值穿越频率的增加，原系统负相角增加的速度将超过超前校正装置正相角增加的速度，超前校正网络就不能满足要求。

3.3.2 串联滞后校正

串联滞后校正装置的主要作用是在高频段上造成显著的幅值衰减。当在控制系统中采用串联滞后校正时，其高频衰减特性可以保证系统在有较大开环放大系数的情况下获得满意的相角裕度或稳态性能。

1. 滞后校正装置

典型的无源滞后校正网络如图 3-15 所示。该滞后校正系统的传递函数为

$$G_C(s)=\frac{U_o(s)}{U_i(s)}=\frac{R_2+(1/Cs)}{R_1+R_2+(1/Cs)}$$
$$=\frac{1+R_2Cs}{1+(R_1+R_2)Cs}$$

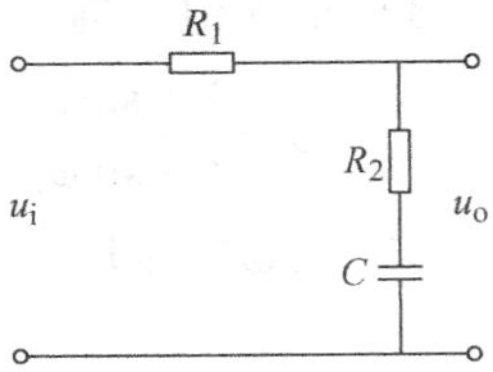

图 3-15　无源滞后校正网络

令 $T=(R_1+R_2)C$，$b=\dfrac{R_2}{R_1+R_2}$，可得系统的传递函数为

$$G\ (s)\ =\frac{1+bTs}{1+Ts}$$

将 $s=\mathrm{j}\omega$ 代入得到滞后校正的频率特性

$$G(\mathrm{j}\omega)=\frac{1+\mathrm{j}\omega bT}{1+\mathrm{j}\omega T}$$

按照超前校正网络的推导方法，可得到滞后装置所得最大相角处的频率

$$\omega_m=\frac{1}{T_c\sqrt{b}},\qquad \varphi_m=\arcsin\frac{1-b}{1+b}$$

对数幅频特性的高频衰减量为

$$20\lg|G_c(\mathrm{j}\omega_m)|=20\lg\sqrt{1+(b\omega_mT_c)^2}-20\lg\sqrt{1+(\omega_mT_c)^2}=20\lg b$$

最大滞后相角与 b 值有关，当 b 趋于零时，最大滞后相角为 $-90°$；当 $b=1$ 时，校正装置实际是一个比例环节。滞后校正电路是一个低通滤波网络，它对高频噪声有一定的衰减作用。图 3-16 所示是无源滞后校正装置的波特图。

从图 3-16 所示的对数频率特性图中可清楚地看到，最大的幅值衰减为 $20\lg b$，频率范围是大于 $1/(bT)$ 的范围。在实际应用中，b 值的选取范围为 0.06～2，通常取 $b=1$。

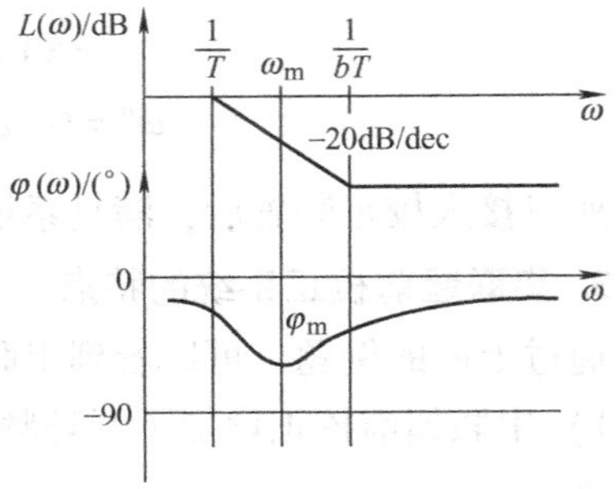

图 3-16　无源滞后校正装置的波特图

2. 滞后校正装置参数的确定

当系统的动态性能指标满足要求，而稳态性能达不到预定指标时，可采用滞后校正。其作用是提高系统的开环放大倍数。

滞后校正系统设计的步骤如下：

1）根据稳态性能要求，确定开环增益 K。

2）利用已确定的开环增益，画出未校正系统对数频率特性曲线，确定未校正系统的截止频率 ω_c、相角裕度 γ 和幅值裕度 $h(\mathrm{dB})$。

3）选择不同的 ω_c''，计算或查出不同的 γ 值，在波特图上绘制 $\gamma(\omega_c'')$ 曲线；根据相角裕度 γ''的要求，选择已校正系统的截止频率 ω_c''；考虑滞后校正装置在新的截止频率 ω_c''处会产生一定的相角滞后 $\varphi_c(\omega_c'')$，所以有下面的等式

$$\underset{\text{给定相角裕度}}{\gamma''} = \underset{\text{未校正系统相角裕度}}{\gamma(\omega_c'')} + \underset{\text{校正装置提供的滞后相位}}{\varphi_c(\omega_c'')}$$

根据上式的计算结果，可以得出 $\gamma(\omega_c'')$ 的方程，计算出满足相位裕度的 ω_c''值，也可以在 $\gamma(\omega_c'')$ 曲线上可查出相应的 ω_c''值。$\varphi_c(\omega_c'')$ 一般取值为 $-6°\sim-14°$。

4）计算滞后校正网络参数。要保证已校正系统的截止频率为上一步所选的 ω_c''值，就必须使滞后网络的衰减量 $20\lg b$ 在数值上等于未校正系统在新截止频率 ω_c''上的对数幅频值 $20\lg|G(\mathrm{j}\omega_c'')|$，该值在未校正系统的对数幅频特性曲线上可以查出，也可以计算得出。根据下面的方程可以算出 b 值。

$$20\lg b+20\lg|G(\mathrm{j}\omega_c'')|=0$$

由 b 值，可以根据下式算出滞后校正网络的 T 值。

$$\frac{1}{bT}=(0.1\sim0.2)\omega_c''$$

5）验证各项性能指标。

【例 3-5】 某控制系统框图如图 3-17 所示。设计滞后校正装置，以满足如下要求：

1）校正后的静态速度误差系数等于 $30\mathrm{s}^{-1}$。

2）相角裕度不低于 40°。

3）幅值裕度不小于 10dB。

4）截止频率不小于 2.3rad/s。

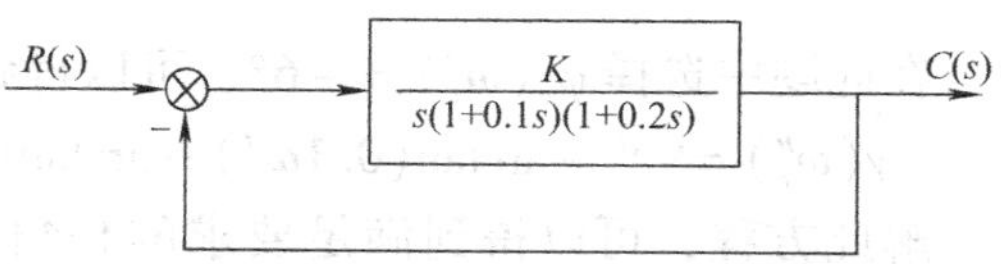

图 3-17 某控制系统框图

解：1）首先确定开环增益 K。即

$$K_v=\lim_{s\to0}sG(s)=K=30$$

2）未校正系统开环传递函数应取

$$G(s)=\frac{30}{s(0.1s+1)(0.2s+1)}$$

画出未校正系统的对数幅频渐进特性曲线，如图 3-18 所示。由图 3-18 可得 $\omega_c=12\mathrm{rad/s}$，也可以通过下面的计算得到。

未校正系统的频率特性可写为

$$G(\mathrm{j}\omega)=\frac{30}{\mathrm{j}\omega(\mathrm{j}0.1\omega+1)(\mathrm{j}0.2\omega+1)}$$

当 $\omega=\omega_c$ 时，$20\lg|(\mathrm{j}\omega)|=0$，可以算出 $\omega_c=12\mathrm{rad/s}$。

当 $\varphi(\omega_g)=-180°$时，$\omega_g=7.07\mathrm{rad/s}$，$\omega_g<\omega_c$，所以系统不稳定。

未校正系统的相角裕度为

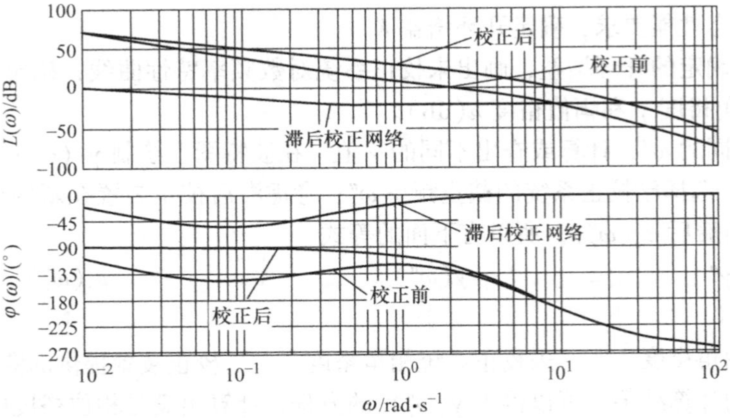

图 3-18　例 3-5 中系统校正前后的波特图

$$\gamma = 180° - 90° - \arctan\omega_c \times 0.1 - \arctan\omega_c \times 0.2$$
$$= 90° - 50.19° - 67.38° = -27.6°$$

从上面可以看出，未校正系统不稳定，且截止频率远大于要求值。在这种情况下，采用串联超前校正是无效的。所以本题考虑选用串联滞后校正。

3）设校正后截止频率为 ω''_c，则未校正系统在 ω''_c 处的相角裕度为

$$\gamma(\omega''_c) = 90° - \arctan(0.1\omega''_c) - \arctan(0.2\omega''_c)$$

校正后的相角裕度为 $\gamma'' = 40°$。考虑滞后校正网络在新的截止频率 ω''_c 处会产生一定的相角滞后，设其为 $\varphi_c(\omega''_c)$，可以得到下面的关系式

$$\gamma'' = \gamma(\omega''_c) + \varphi_c(\omega''_c)$$

在此题中选择 $\varphi_c(\omega''_c) = -6°$，可以得到下面的方程

$$\gamma(\omega''_c) = 90° - \arctan(0.1\omega''_c) - \arctan(0.2\omega''_c) = \gamma'' - \varphi_c(\omega''_c) = 40° - (-6°) = 46°$$

解此方程，可以得到满足要求的相角裕度的剪切频率值。也可以通过画图得到，绘制 γ（ω''_c）与 ω''_c，可查得 $\omega''_c = 2.7\text{rad/s}$ 时，$\gamma(2.7) = 46.5°$，可满足要求。由于指标要求 $\omega''_c \geqslant 2.3\text{rad/s}$，故 ω''_c 值可在 2.3～2.7rad/s 范围内任取。考虑 ω''_c 取值较大时，已校正系统响应速度较快，滞后校正网络时间常数 T 值较小，便于实现，故选取 $\omega''_c = 2.7\text{rad/s}$。

4）计算滞后校正网络参数。由

$$20\lg b + 20\lg|G(\mathrm{j}\omega''_c)| = 0$$

可以解出 $b = 0.09$。

由 b 值，可以根据下式算出滞后校正网络的 T 值。

$$\frac{1}{bT} = (0.1 \sim 0.2)\omega''_c \quad \text{（此处系数取为 0.1）}$$

$$T = \frac{1}{0.1\omega''_c b} = 41.1\text{s}, \quad bT = 3.7\text{s}$$

则滞后校正网络的传递函数

$$G_c(s) = \frac{1 + bTs}{1 + Ts} = \frac{1 + 3.7s}{1 + 41s}$$

5）验算指标（相角裕度和幅值裕度），校正后的波特图如图 3-18 所示。

$$\varphi_c(\omega_c'') = \arctan bT\omega_c'' - \arctan T\omega_c'' = \arctan \frac{(b-1)T\omega_c''}{1+b(T\omega_c'')^2} = -5.2°$$

$$\gamma'' = \gamma(\omega_c'') + \varphi(\omega_c'') = 46.5° - 5.2° = 41.3° > 40°$$

满足要求。

校正后的相位穿越频率：$\varphi(\omega_g') = -180°$，$\omega_g' = 6.8\text{rad/s}$。

幅值裕度：$h = -20\lg|G_c(j\omega_g')G_o(j\omega_g')| = 10.5\text{dB} > 10\text{dB}$

此时满足系统要求的性能指标。

【例 3-6】 设某单位反馈系统的开环传递函数为

$$G(s) = \frac{K}{s(s+1)(0.2s+1)}$$

试设计串联校正装置，满足 $K_v = 8\text{rad/s}$，相角裕度为 40°。

解：1）确定开环增益 K。即

$$K = \lim_{s\to 0} sG(s) = K_v = 8$$

2）未校正系统的频域表达式如下，绘制该系统的波特图，如图 3-19 所示。

$$G(j\omega) = \frac{8}{j\omega(j\omega+1)(0.2j\omega+1)}$$

$$L(\omega) = \begin{cases} 20\lg\dfrac{8}{\omega} & \omega < 1 \\ 20\lg\dfrac{8}{\omega\times\omega} & 1 < \omega < 5 \\ 20\lg\dfrac{8}{\omega\times\omega\times 0.2\omega} & \omega > 5 \end{cases}$$

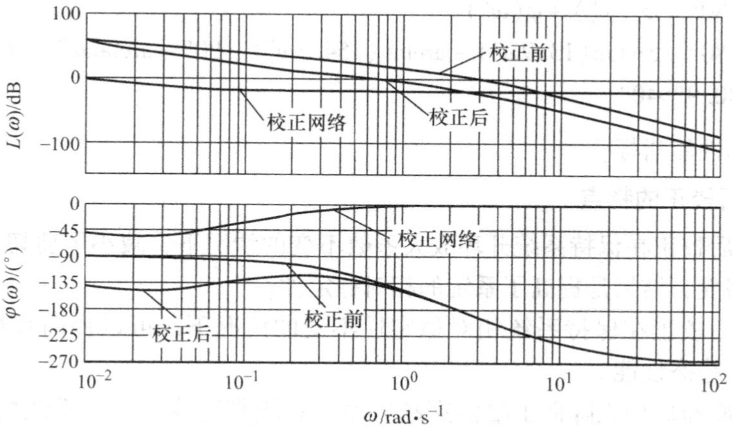

图 3-19 例 3-6 中系统校正前后的波特图

令 $L(\omega) = 0$，可得

$$\omega_c = 2.8\text{rad/s}$$

$$\gamma = 180° - 90° - \arctan\omega_c - \arctan(0.2\omega_c) = -9.5° < 40°$$

可以看出不满足性能要求，需加以校正。选用滞后校正网络校正。

3）设

$$\varphi_c(\omega_c'') = -6°$$

则

$$\gamma(\omega_c'') = \gamma'' + 6° = 46°$$

得

$$-90° - \arctan\omega_c'' - \arctan(0.2\omega_c'') = 46°$$
$$\arctan\omega_c'' + \arctan(0.2\omega_c'') = 44°$$

所以

$$\omega_c'' = 0.72\text{rad/s}$$

4）根据

$$20\lg b + L(\omega_c'') = 0$$

得

$$b = 0.09$$

由

$$\frac{1}{bT} = (0.1 \sim 0.2)\omega_c'' = 0.1\omega_c''(\text{系数取为 }0.1)$$

得

$$T = 154.3\text{s}$$

故选用的串联滞后校正网络为

$$G_c(s) = \frac{1+bTs}{1+Ts} = \frac{1+13.9s}{1+154.3s}$$

5）验算。校正后该系统的波特图如图 3-19 所示。

$$\begin{aligned}\gamma'' &= 180° + \varphi_c(\omega_c'') + \varphi(\omega_c'')\\ &= 180° + \arctan(13.9\omega_c'') - \arctan(154.3\omega_c'') - 90° - \arctan\omega_c'' - \arctan(0.2\omega_c'')\\ &= 40.9° > 40°\end{aligned}$$

满足系统的性能指标。

3. 串联滞后校正的特点

1）串联滞后校正在保持系统开环放大系数不变的情况下，减小了剪切频率，从而增加了系统的相角裕度，结果是提高了系统的相对稳定性。

2）串联滞后校正在保持系统相对稳定性不变的情况下，可以提高系统的开环放大系数，改善系统的稳态性能。

3）由于串联滞后校正降低了幅值穿越频率，系统带宽变窄，使系统的响应速度降低，但系统抗干扰能力增强。

3.3.3 串联滞后-超前校正

实际中，当未校正系统不稳定，且对校正后的系统的动态和静态性能（响应速度、相角裕度和稳态误差）均有较高要求时，单独采用超前校正或单独采用滞后校正都不能获得满意的动态和稳态性能。在这种情况下，可考虑采用滞后-超前校正方式。串联滞后-超前校正综合应用了滞后和超前校正各自的特点，即利用校正装置的超前部分来增大系统的相角裕度，以改善其动态性能，利用它的滞后部分来改善系统的静态性能。

1. 串联滞后-超前校正装置

典型的无源滞后-超前校正网络如图 3-20 所示。

该校正系统的传递函数为

$$G_c(s)=\frac{U_o(s)}{U_i(s)}=\frac{R_2+(1/sC_2)}{\dfrac{1}{(1/R_1)+sC_1}+R_2+(1/sC_2)}$$

$$=\frac{(R_1C_1s+1)(R_2C_2s+1)}{R_1C_1R_2C_2s^2+(R_1C_1+R_2C_2+R_1C_2)s+1}$$

$$=\frac{(T_as+1)(T_bs+1)}{(T_1s+1)(T_2s+1)}$$

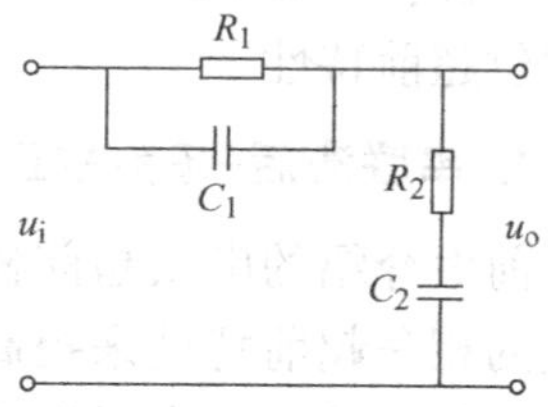

图 3-20　无源滞后-超前校正网络

令 $T_a=R_1C_1$，$T_b=R_2C_2$，则有

$$T_aT_b=T_1T_2$$

$$T_1+T_2+R_1C_2=T_a+T_b$$

令 $T_a/T_1=T_2/T_b=a$，则有

$$T_1=aT_a, T_2=T_b/a$$

$$aT_a+\frac{T_b}{a}=T_a+T_b-R_1C_2$$

a 是该方程的解，所以传递函数也可以写为

$$G_c(s)=\frac{(T_as+1)(T_bs+1)}{(aT_as+1)\left(\dfrac{T_b}{a}s+1\right)}$$

写成转折频率的关系为

$$G_c(s)=\frac{(s+\omega_a)(s+\omega_b)}{(s+\omega_a/a)(s+a\omega_b)}$$

设 $T_b>T_a$，$a>1$ 则上式分别与滞后装置和超前装置的传递函数形式相同，故具有滞后-超前的作用。滞后-超前校正网络的波特图如图 3-21 所示。

将 $s=j\omega$ 代入得到系统的频率特性为

$$G_c(j\omega)=\frac{(T_aj\omega+1)(T_bj\omega+1)}{(aT_aj\omega+1)\left(\dfrac{T_b}{a}j\omega+1\right)}$$

求相角为零时的角频率 ω_0，即

$$\varphi(\omega_0)=\arctan T_a\omega_0+\arctan T_b\omega_0-\arctan aT_a\omega_0-\arctan\frac{T_b}{a}\omega_0=0$$

$$\varphi(\omega_0)=\arctan\frac{(T_a+T_b)\omega_0}{1-T_aT_b\omega_0^2}-\arctan\frac{\left(aT_a+\dfrac{T_b}{a}\right)\omega_0}{1-aT_a\dfrac{T_b}{a}\omega_0^2}=0$$

$$T_a T_b \omega_0^2 = 1$$

最后可以得出

$$\omega_0 = \frac{1}{\sqrt{T_a T_b}}$$

当 $\omega < \omega_0$ 时的频段，校正网络具有相位滞后特性；当 $\omega > \omega_0$ 时的频段，校正网络具有相位超前特性。

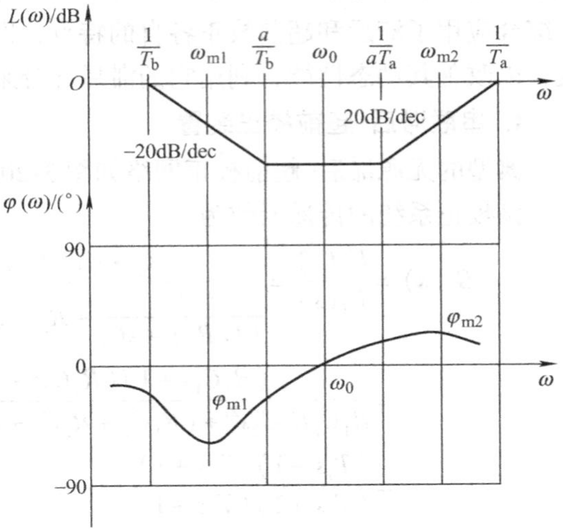

图 3-21　滞后-超前网络的波特图

2. 串联滞后-超前校正参数的确定

前面介绍的串联超前校正主要利用超前装置的相角超前特性来提高系统的相角裕量或相对稳定性，而串联滞后校正是利用滞后装置在高频段的幅值衰减特性来提高系统的开环放大系数，从而改善系统的稳态性能，当对系统的动态性能及稳态性能均有要求时，可以考虑应用串联滞后-超前校正。

从频率响应的角度来看，串联滞后校正主要用来校正开环频率的低频区特性，而超前校正主要用于改变中频区特性的形状和参数。因此，在确定参数时，两者基本上可独立进行。滞后校正与超前校正独立设计时的设计步骤如下：

1）根据稳态性能要求，确定开环增益 K。

2）绘制未校正系统的对数幅频特性，求出未校正系统的截止频率 ω_c、相角裕度 γ 及幅值裕度 h(dB) 等。

3）根据超前校正的方法设计超前校正装置参数。超前部分的设计也可以根据经验，选择斜率从 -20dB/dec 变为 -40dB/dec 的转折频率为超前部分的转折频率。

4）根据滞后校正的方法设计滞后校正装置的参数。

5）校验已校正系统开环系统的各项性能指标。

在设计中也经常采取经验的方法。下面介绍一种常见的根据经验设计滞后-超前校正参数的方法，步骤如下：

1）根据要求确定开环增益 K。

2）绘制校正系统对数频率特性，确定剪切频率、相角裕度、幅值裕度。

3）在对数幅频特性上，选斜率从 -20dB/dec 变为 -40dB/dec 的转折频率为超前部分的转折频率（ω_b）。

4）由响应速度选择校正后的剪切频率（ω_c''），并由下式确定 a

$$20\lg a = L(\omega) + 20\lg(\omega_c'') - 20\lg\omega_b$$

5）由相角裕度的要求估算滞后部分转折频率 ω_a，于是

$$G_c(s) = \frac{(s+\omega_a)(s+\omega_b)}{(s+\omega_a/a)(s+a\omega_b)}$$

6）绘制校正后系统的频率特性，验证系统的性能指标。

【例 3-7】 某单位反馈系统其开环传递函数为

$$G(s)=\frac{K}{s\left(\frac{s^2}{37^2}+\frac{2\times 0.57}{37}s+1\right)}$$

试设计滞后-超前校正装置，满足下面的性能指标：

1）稳态误差系数 $K_v \geqslant 375$。

2）相角裕度 $\gamma \geqslant 48°$。

3）剪切频率 $\omega_c=25\mathrm{s}^{-1}$。

解：1）根据给定的稳态误差系数，确定系统的开环增益 K。即

$$K_v=\lim_{s\to 0}sG(s)=\lim_{s\to 0}\frac{sK}{s\left(\frac{s^2}{37^2}+\frac{2\times 0.57}{37}s+1\right)}=375$$

$$K=375$$

则

$$G(s)=\frac{375}{s\left(\frac{s^2}{37^2}+\frac{2\times 0.57}{37}s+1\right)}$$

2）确定未校正系统的相角裕度，系统的波特图如图 3-22 所示。

$$\omega_c=25\mathrm{rad/s},\quad \gamma=35°$$

系统稳定，但是稳态性能和动态性能都需要改进，因此需要加入校正装置。

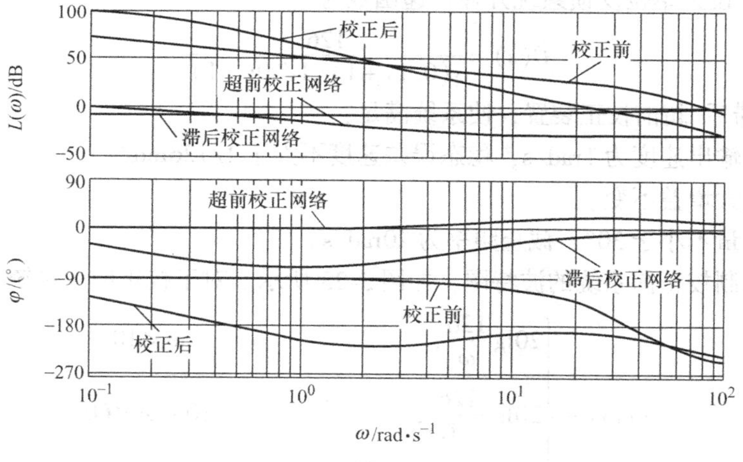

图 3-22　例 3-7 中系统校正前后的波特图

3）超前校正环节的确定。选择斜率从 -20dB/dec 变为 -40dB/dec 的转折频率作为超前部分的转折频率。所以有 $\omega_m=\omega_c=25\mathrm{rad/s}$。

$$\varphi_m=48°-35°+12°=25°$$

$$a_2=\frac{1+\sin\varphi_m}{1-\sin\varphi_m}=\frac{1+\sin 25°}{1-\sin 25°}=2.5$$

$$T_2=\sqrt{a_2}/\omega_m=\sqrt{2.5}/25\mathrm{s}=0.063\mathrm{s}$$

$$T_2/a_2=0.025\mathrm{s}$$

$$G_{c2}(s)=\frac{1}{a_2}\left(\frac{T_2s+1}{\frac{T_2}{a_2}s+1}\right)=\frac{1}{2.5}\frac{0.063s+1}{0.025s+1}$$

4）滞后校正环节参数的确定。

$$20\lg a_1=\Delta L(\omega_c)=20\lg|G(j\omega)|-\underset{\text{超前校正}}{\underset{\uparrow}{20\lg a_2}}+\underset{\text{附加放大器}}{\underset{\uparrow}{20\lg K}}$$

$$=(25.5-4+8)\text{dB}=29.5\text{dB}$$

$$a_1=29.7$$

取（$1/T_1$）$=0.2\omega''_c$，$T_1=0.2\text{s}$，则

$$a_1T_1=5.85\text{s}$$

$$G_{c1}(s)=\frac{T_1s+1}{a_1T_1s+1}=\frac{0.2s+1}{5.85s+1}$$

$$G_c(s)=2.5\times\frac{1}{2.5}\frac{0.2s+1}{5.85s+1}\frac{0.063s+1}{0.025s+1}$$

5）校验。校正后该系统的波特图如图3-22所示。校正后该系统的参数如下：

相角裕度：$\gamma''=48°$；

截止频率：$\omega_c=25\text{s}^{-1}$。

例3-7所设计的校正装置，采用的方法是滞后、超前部分的分别设置。

【例3-8】 设某单位反馈系统开环传递函数为

$$G(s)=\frac{126}{s(0.1s+1)(1/60s+1)}$$

要求设计滞后–超前校正装置，使系统满足：

1）输入和输出速度为1rad/s，稳态误差速度不大于1/126rad/s。

2）许可放大增益不变。

3）相角裕量不小于30°，截止频率为20rad/s。

解：1）绘制校正前系统的波特图，如图3-23所示。对于校正前的系统

$$L(\omega)=\begin{cases}20\lg\dfrac{126}{\omega}, & \omega<10\\[2ex] 20\lg\dfrac{126}{0.1\omega}, & 10<\omega<60\\[2ex] 20\lg\dfrac{126}{(1/10)\times(1/60\omega^2)}, & \omega>60\end{cases}$$

解得

$$\omega_c=35.5\text{rad/s}$$

$$\gamma=180°-90°-\arctan\frac{\omega_c}{10}-\arctan\frac{\omega_c}{60}=90°-76.7°-30.6°=-17.3°$$

可以看出相角裕度不满足要求。

2）根据已知条件，$\omega''_c=20\text{rad/s}$，则有如下等式

$$-20\lg a+20\lg|G(j\omega''_c)|+20\lg T_b\omega''_c=0$$

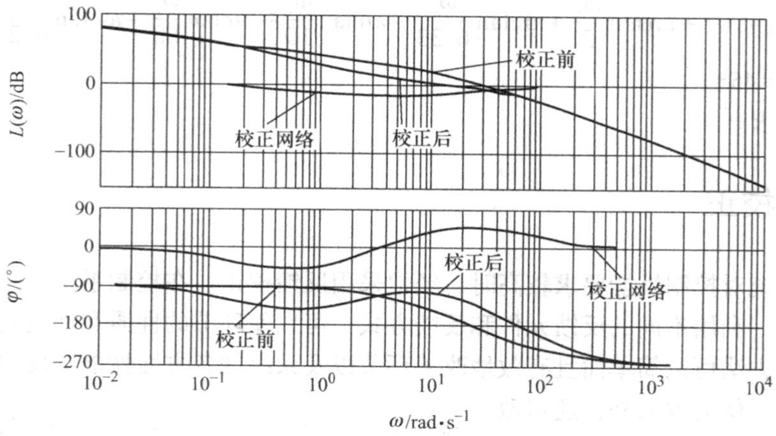

图 3-23　例 3-8 中滞后-超前系统校正前后的波特图

将 $T_b = \frac{\sqrt{a}}{\omega_c''}$代入，得

$$a = 10$$

超前校正网络的转折频率，选取

$$\frac{1}{T_b} = \frac{\omega_c''}{\sqrt{a}} = 6.33$$

得

$$\frac{a}{T_b} = 6.33 \times 10 = 63.3$$

滞后校正网络的转折频率，选取

$$\frac{1}{T_a} = 0.1\omega_c'' = 2$$

得

$$\frac{1}{aT_a} = \frac{2}{10} = 0.2\text{s}^{-1}$$

故滞后-超前校正网络的传递函数为

$$G_c(s) = \frac{\left(\frac{s}{2}+1\right)\left(\frac{s}{6.33}+1\right)}{\left(\frac{s}{0.2}+1\right)\left(\frac{s}{63.3}+1\right)}$$

校正后该系统的波特图如图 3-23 所示。

3）验算。校正后系统的开环传递函数为

$$G_K(s) = G_c(s)G(s) = \frac{126\left(\frac{s}{2}+1\right)\left(\frac{s}{6.33}+1\right)}{s\left(\frac{s}{10}+1\right)\left(\frac{s}{60}+1\right)\left(\frac{s}{0.2}+1\right)\left(\frac{s}{63.3}+1\right)}$$

校正后系统在 $\omega_c'' = 20\text{rad/s}$ 处的相角裕度为

$$\gamma(\omega_c'') = 180° - 90° + \arctan\frac{\omega_c''}{2} + \arctan\frac{\omega_c''}{6.33} - \arctan\frac{\omega_c''}{10} - \arctan\frac{\omega_c''}{60} - \arctan\frac{\omega_c''}{0.2} - \arctan\frac{\omega_c''}{63.3}$$

$$= 58° > 45°$$

则满足设计要求。

3.4 反馈校正

当控制系统对控制性能要求较高时，经常采用反馈校正。在控制系统中，对环节和元件进行局部反馈，利用不同的反馈元件和反馈方式，可以使环节的性质和性能发生变化。适当地运用反馈的方法可以简单而且有效地改善环节以及系统的各方面性能。反馈校正除了可获得与串联校正相似的效果外，还可改变其包围的被控对象的特性，特别是在一定程度上抵消了参数波动对系统的影响。但一般它要比串联校正略显复杂。反馈校正系统框图如图 3-24 所示。

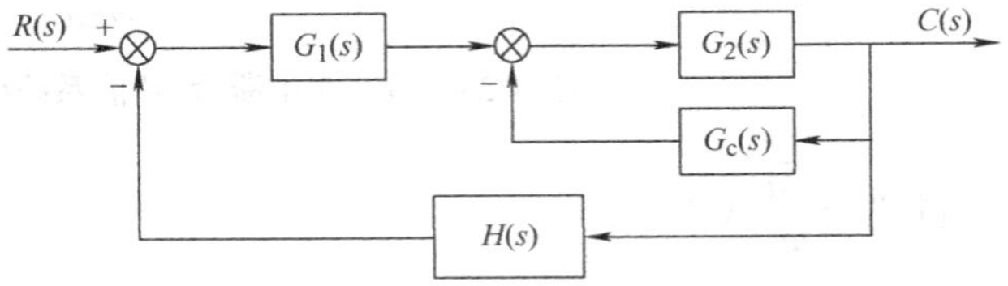

图 3-24　反馈校正系统框图

3.4.1　反馈校正的特点

反馈校正的校正环节对原系统的某些环节进行包围，不同形式的反馈环节对系统有不同的影响。若比例反馈包围惯性环节，校正后的系统时间常数下降，惯性减弱，过渡过程时间缩短，系统增益下降，可以改善稳态性能，但增加系统的稳态误差。若比例反馈包围积分环节，环节由积分性质转变为惯性环节，可以提高系统的稳定性，但是降低了系统的稳态精度。若微分反馈包围惯性环节，增大时间常数可以使系统各环节的时间常数拉开，从而改善系统的动态平稳性。

3.4.2　反馈校正系统的设计

在设计反馈系统时，经常利用反馈校正取代局部结构，以改造某些环节，消除非线性、变参数的影响，抑制干扰。如图 3-24 所示的局部反馈回路，前向通道传递函数为 $G_2(s)$，反馈函数为 $G_c(s)$，则回路的传递函数为

$$G(s) = \frac{G_2(s)}{1 + G_2(s)G_c(s)}$$

1）在一定的频率范围内，如果选择结构参数，使

$$|G_2(s)G_c(s)| \ll 1$$

则

$$G(s) \approx G_2(s)$$

此时使已校正系统的性能与待校正系统特性一致，反馈环节不起作用。

2）在一定的频率范围内，如果选择结构参数，使

$$|G_2(s)G_c(s)| \gg 1$$

则

$$G(s) \approx \frac{1}{G_c(s)}$$

可见局部反馈的部分特性与被包围环节传递函数无关，此时特性仅与反馈部分传递函数有关，若反馈元件的线性度比较好，特性比较稳定，那么反馈结构的线性度也好，稳定性也比较稳定，此时正向回路的非线性因素、元件参数不稳定等不利因素均可得到削弱。

3.4.3 串联校正与反馈校正的比较

1）串联校正比反馈校正简单，但串联校正对系统元件特性的稳定性有较高的要求。反馈校正对系统元件特性的稳定性要求较低，因为其减弱了元件特性变化对整个系统特性的影响。

2）反馈校正常需由一些昂贵而庞大的部件所构成，对某些系统可能难以应用。

3）反馈校正可以在需要的频段内，消除不需要的特性，抑制参数变化对系统性能的影响，串联校正无此特性。

所以在需要的控制系统结构简单、成本低无特殊要求的时候，可采用串联校正。若有特殊要求，特别是被控对象参数不稳定时，可以考虑采用反馈校正。但是当系统低频扰动比较大时，反馈校正的作用不明显，可以引入误差补偿通道，与原来的反馈控制一起进行复合控制。复合控制通过在系统中引入输入或扰动作用的开环误差补偿通道（顺馈或前馈通道），与原来的反馈控制回路一起实现系统的高精度控制。关于复合控制的基本原理本书不再讲述，可以参考有关控制系统方面的书籍。

思考题与习题

3-1　图3-25所示为某单位反馈系统校正前、后的开环对数幅频特性。要求：

1）写出系统校正前、后的开环传递函数 $G_1(s)$ 和 $G_2(s)$。

2）求出串联校正装置的传递函数 $G_c(s)$。

3）求出校正前、后系统的相角裕度 γ_1 和 γ_2。

4）分析校正对系统性能的影响。

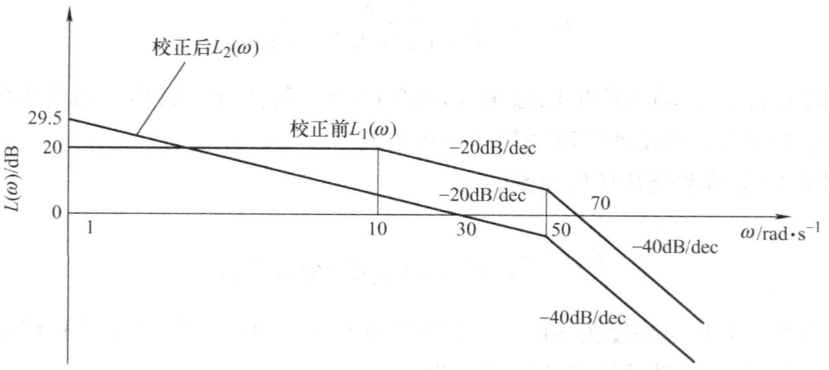

图3-25　某单位反馈系统校正前、后的开环对数幅频特性

3-2　图 3-26 所示为某单位反馈系统校正前、后的开环对数幅频特性（渐近线），此为最小相位系统。分析校正前、后系统动态、稳态性能的变化。

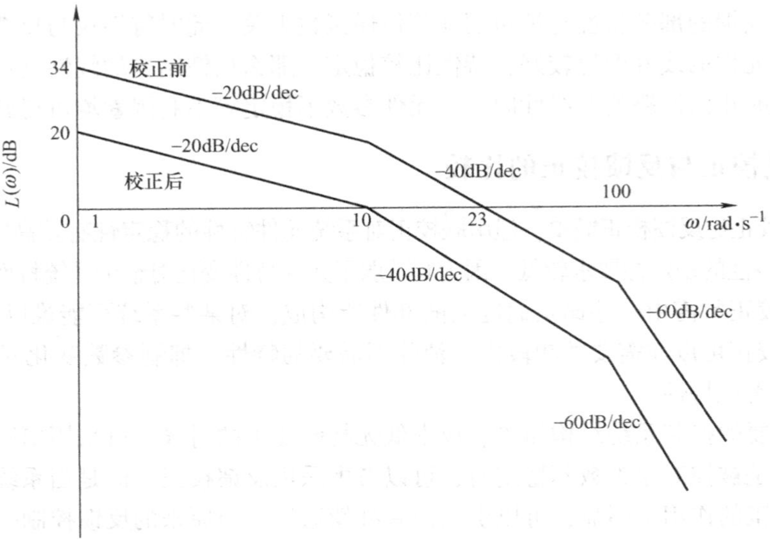

图 3-26　某单位反馈系统校正前、后的开环对数幅频特性

3-3　已知反馈控制系统的开环传递函数为

$$G(s)=\frac{10}{s(0.05s+1)(0.25s+1)}$$

试设计校正环节，使校正后系统的相角裕度大于 50°，截止频率大于 10rad/s。

3-4　已知某单位反馈控制系统的开环传递函数为 $G_0(s)=\frac{K_0}{s(Ts+1)}$，要求该系统在 $r(t)=Rt$ 信号作用下稳态误差 $e_{ss}(\infty)=0$，试设计校正环节。

3-5　设开环传递函数为

$$G(s)=\frac{K}{s(s+1)(0.01s+1)}$$

单位斜坡函数 $r(t)=t$，输入产生稳态误差 $e\leqslant 0.0625$。若使校正后相角裕度不低于 45°，截止频率不低于 2rad/s，试设计该串联超前校正系统。

3-6　某单位反馈系统开环传递函数为

$$G(s)=\frac{40}{s(0.2s+1)(0.0625s+1)}$$

若要求校正后系统的相角裕度为 30°，幅值裕度为 10～20dB，试设计该串联校正网络。

3-7　已知某单位反馈系统的传递函数为

$$G(s)=\frac{K}{s(s+1)(0.5s+1)}$$

设计一串联滞后校正网络，使校正后开环增益 $K=5$，相角裕度大于 40°，幅值裕度大于 10dB。

3-8 设某单位反馈系统开环传递函数为

$$G(s)=\frac{7}{s\left(\frac{1}{2}s+1\right)\left(\frac{1}{6}s+1\right)}$$

设计串联滞后校正网络，使校正后 $\gamma=40^\circ\pm2^\circ$，开环增益不变，截止频率大于 1rad/s。

3-9 某单位负反馈系统的开环传递函数为

$$G(s)=\frac{10}{s(0.1s+1)(0.01s+1)}$$

输入信号 $r(t)=10\text{rad/s}$ 时，稳态误差为 0.04rad/s，对系统进行校正，使其截止频率大于 30rad/s，相角裕度大于 45°。

3-10 图 3-27 所示为三种串联校正网络的特性，它们均由最小相角环节组成，若控制系统为单位反馈控制系统，其开环传递函数为

$$G(s)=\frac{400}{s^2(0.01s+1)}$$

问：

1）在这些网络特性中，哪些校正效果最好？

2）为了将 12Hz 的正弦噪声削弱为原来的 1/10 左右，应采用哪种校正网络特性？

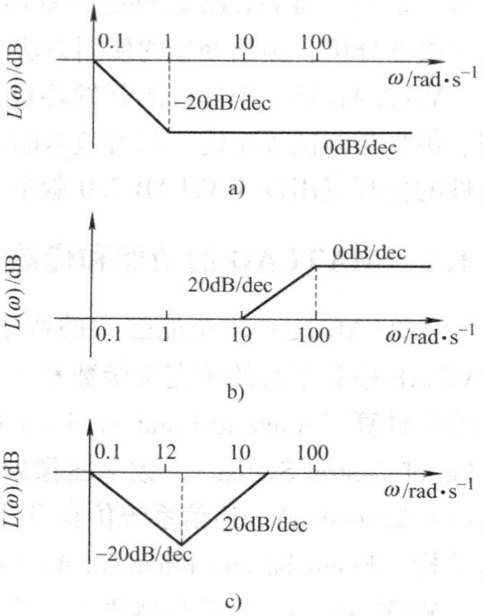

图 3-27 习题 3-10 图

3-11 设某单位反馈控制系统开环传递函数为

$$G(s)=\frac{K}{s(0.1s+1)(0.01s+1)}$$

设计一串联校正装置，满足：

1）静态速度误差系数大于 256rad/s。

2）截止频率大于 30rad/s。

3）相角裕度大于 45°。

第 4 章　MATLAB 软件及其应用

4.1　MATLAB 简介和使用

MATLAB 即矩阵实验室（Matrix Laboratory），其含义是用矩阵方法处理问题，该软件是由美国 MathWorks 公司出品，是一款强大的数学处理软件。MATLAB 软件自面向市场以来，经历 30 多年的补充和完善，历经了多个版本的升级换代，其功能产生了巨大的飞跃，成为一个包含众多工程计算和仿真功能的庞大系统，在理论研究和工程实践中都有着重要地位。本章主要阐述 MATLAB 软件的开发环境、功能特点，并结合实例来介绍自动控制系统中常用的数据分析、函数处理的使用方法。

MATLAB 是一个集成的开发环境，用户可以编写程序，也可以实现图形绘制、文件管理、仿真与调试等功能。随着版本的更新换代，其功能也日趋完善和全面，本章对 MATLAB 软件的仿真应用以 MATLAB 7.0 版本为例。

4.1.1　MATLAB 的功能和优缺点

MATLAB 是一个功能强大的数学软件，MATLAB 产品主要包括 MATLAB 与 Simulink，MATLAB 中有丰富的预定义函数和工具箱，可以用于数值分析（Numerical Analysis）、数值和符号计算（Numerical and Symbolic Computation）、控制系统的设计仿真（Design and Simulation of Control System）、数字图像处理（Digital Image Processing）、数字信号处理（Digital Signal Processing）、通信系统仿真设计（Simulation Design In Communication System）、财务金融分析（Financial and Financial Analysis）等多个领域的分析与计算工作。

MATLAB 语言接近自然语言，简单易学，已成为科研和工程人员的必学软件。与其他计算机高级语言相比，MATLAB 有着以下明显的优点：

1. 简单易用

MATLAB 是解释型语言，书写形式自由，变量不用定义即可直接使用。用户可以在命令窗口中输入语句直接计算表达式的值，也可以执行预先在 M 文件（用 Matlab 语言编写的程序）中写好的大型程序。MATLAB 允许用户以数字形式的语言描述表达式，是一种类似“演算纸”的语言。它是用 C 语言开发的，流程控制语句几乎与 C 语言一致，有一定编程基础的人员掌握起来更为容易。

2. 平台可移植性强

解释型语言的平台兼容性一般要强于编译型语言。MATLAB 拥有大量的平台独立措施，支持 Windows 98/2000/NT/XP、Windows 7、Windows Vista 系列系统和许多版本的 UNIX 系统。用户在一个平台上编写的代码不需要修改就可以在另一个平台上运行，为研究人员节省了大量时间成本。

3. 丰富的预定义函数

MATLAB 提供了庞大的预定义函数库，提供了许多打包好的基本工程问题函数，如求解微分方程、求矩阵的行列式、求样本方差等，都可以直接调用预定义函数完成。另外，MATLAB 提供了许多专用的工具箱，以解决特定领域的复杂问题。所谓工具箱，是指一些已经编好了的函数，只要将函数路径设为 MATLAB 搜索路径，用户就可以通过函数的名字直接调用该函数。系统提供了信号处理工具箱、控制系统工具箱、图像处理工具箱等一系列解决专业问题的工具箱。用户也可以自行编写自定义的函数，将其作为属于用户自己的自定义工具箱。

4. 以矩阵为基础的运算

MATLAB 被称为矩阵实验室，其运算是以矩阵为基础的，如标量常数可以被认为是 1×1 矩阵，用户不需要为矩阵的输入、输出和显示编写一个关于矩阵的子函数。以矩阵为基础的数据结构减少了大量编程实践，将繁琐的工作交给系统来完成，使用户可以将精力集中于所需解决的实际问题。

5. 强大的图形界面

MATLAB 具有强大的图形处理能力，带有很多绘图和图形设置的预定义函数，可以用区区几行代码绘制复杂的二维和多维图形。MATLAB 的 GUIDE 则允许用户编写完整的图形界面程序，在 GUIDE 环境中，用户可以使用菜单栏、工具栏以及图形界面所需的各种控件。

6. 与其他语言有良好的对接性

MATLAB 与其他编程语言如 FORTRAN、C、BASIC 等都可以实现方便的对接。例如，用户可以选择用 C 语言与 MATLAB 进行混合编程，对性能要求较高的部分用 C 语言来编写。也可以用一定手段在其他语言中调用 MATLAB 库函数，充分利用 MATLAB 矩阵运算的优点。

MATLAB 的主要缺点，就是执行速度比其他高级语言要慢，这主要是因为 MATLAB 是解释型语言，没有经过编译产生的可执行文件。有利有弊，这恐怕是解释型语言方便易用所导致的。随着计算机性能的逐渐提高，这个缺点正在逐步弱化。另外，尽量少用循环，将数据结构向量化、矩阵化，尽量使用 MATLAB 预定义的函数，有助于提高 MATLAB 程序的性能。对于性能要求特别高的部分，可以考虑使用 C 语言等其他高级语言进行混合编程实现。

4.1.2 MATLAB 软件及其关于自动控制原理的仿真

MATLAB 的问世使得致力于学术研究和工程应用的非计算机专业人士，从繁琐的底层编译和复杂的数值计算所需的编程中解脱出来，节省由编程、调试和验证所耗费的时间和精力，降低编程风险，提高工作效率，并且结果可信度极高，因此 MATLAB 更适合科学计算分析与工程应用仿真。

自动控制原理属于自动化及机电一体化等理工科专业的专业基础课程，其特点是理论性强、控制过程抽象、数学运算复杂、实验室建立的费用与时间成本高等。随着计算机技术、软件水平的不断提高和普及，复杂的运算和虚拟试验都成为可能。

由于 MATLAB 能够直观、快速地建立系统模型，并且能够灵活地改变系统的结构和参数，便于系统的动态性能和稳定性能分析，从而达到对系统的优化设计。学习掌握 MATLAB 不仅有利于学生对所学知识进行实践，也利于自身专业技能的提高。利用 MATLAB 对自动控制原理课程进行实践学习，不仅可以加深学生对课程内容的理解，调动学生学习的积极性，还有利于学生对问题的进一步思考，进而提高学生分析能力和创新能力。

4.1.3 MATLAB 的安装

以下所介绍的 MATLAB 的安装方法是在当前主流的 Windows 7 操作系统下执行的，其安装过程与 Windows XP 系统的区别只是在下面的第 12 步，如果您用的是 Windows XP 及更早的系统，其安装过程不需要这一步操作即可。

1）购买 MATLAB 软件光盘或者官方网站授权下载之后，请双击安装图标“setup. exe”，如图 4-1 所示。

图 4-1 MATLAB 安装图标

2）双击“setup. exe”安装图标后会弹出图 4-2 所示窗口，单击“Next”按钮继续。

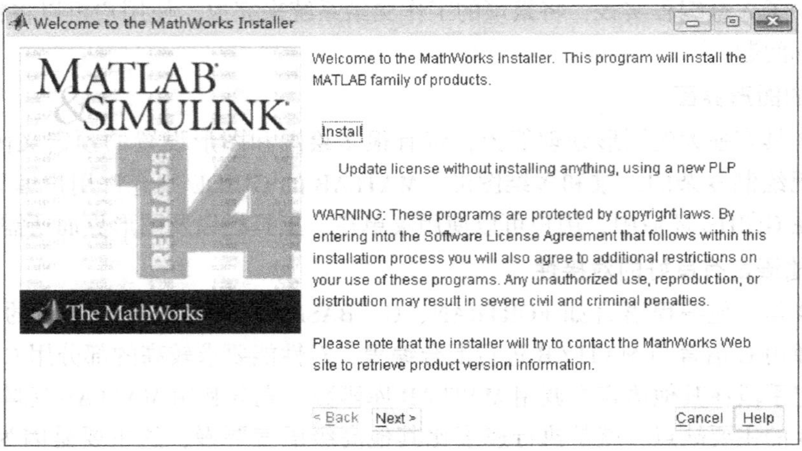

图 4-2 选择安装界面

3）这时会出现如图 4-3 所示窗口，这里要输入“姓名”和“公司名称”以及“PLP（注册码）”，输入完毕之后单击“Next”按钮继续。

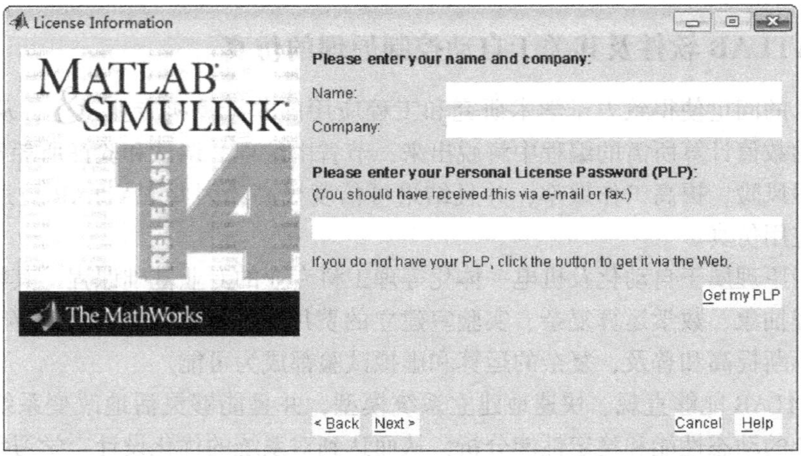

图 4-3 输入注册信息

4）填好注册码之后是授权界面，如图 4-4 所示；选择“Yes”之后单击“Next”按钮继续。

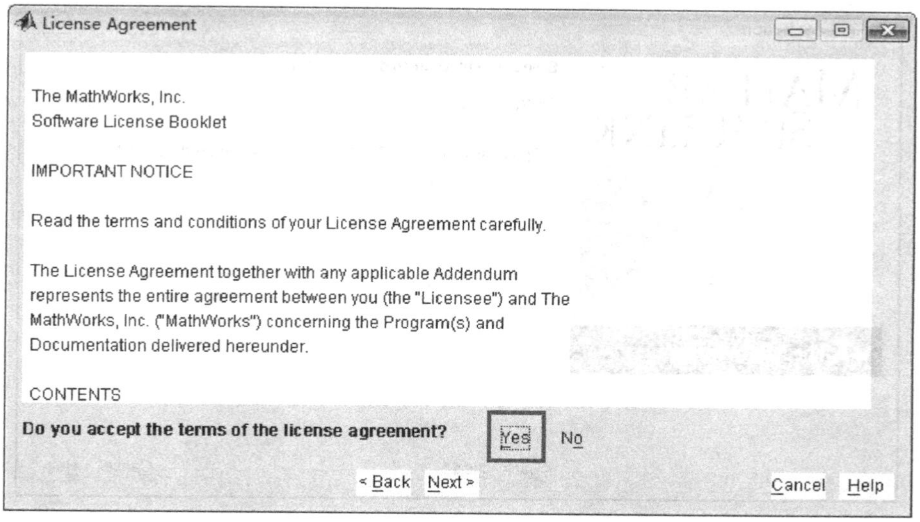

图 4-4　安装授权界面

5）如图 4-5 所示，在这一步中选择“Typical”经典模式即可，如果是对 MATLAB 使用经验特别丰富的人在此步也可以选择下面的“Custom”自定义安装，这样安装之后的软件可以增加或减少某些系统模块，而对于初学者只需选择经典模式即可，选好之后单击“Next”按钮继续。

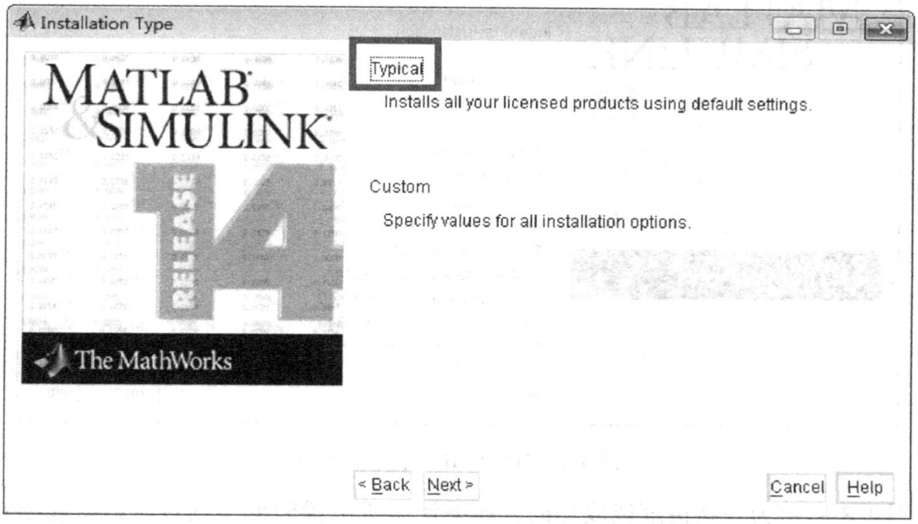

图 4-5　安装模式选择

6）图 4-6 所示为安装路径的选择界面，在所安装的硬盘中至少要保留 2G 以上的预留空间，然后单击“Next”按钮。随着硬盘读写速度的发展，如果硬盘中带有固态硬盘，则把

MATLAB 安装在固态硬盘中可获得更快的执行速度，多少会弥补一些 MATLAB 在执行速度上相对于其他语言较慢的缺陷。

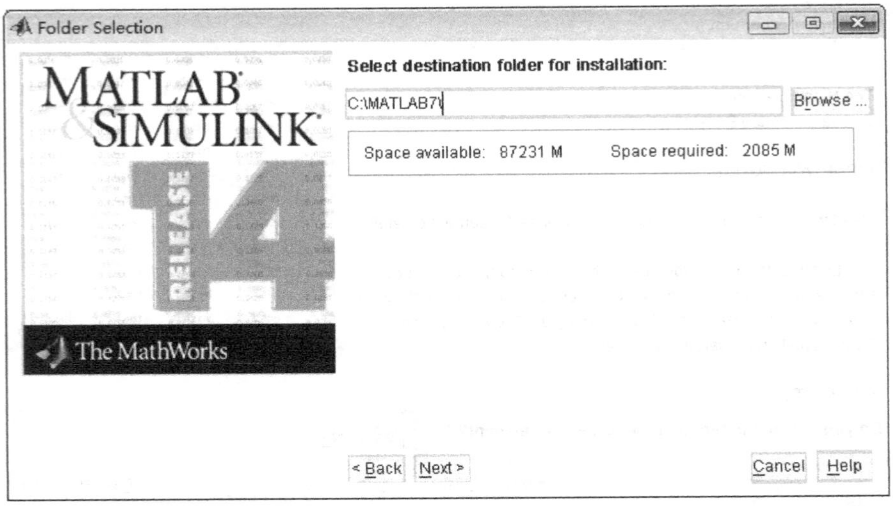

图 4-6　选择安装路径

7）如图 4-7 所示，安装前的最后一步是为 MATLAB 安装信息概览，这里展示了 MATLAB 中需要的一些必备的工具箱或典型的功能模块，看到此界面之后只需单击“Install”按钮即可。

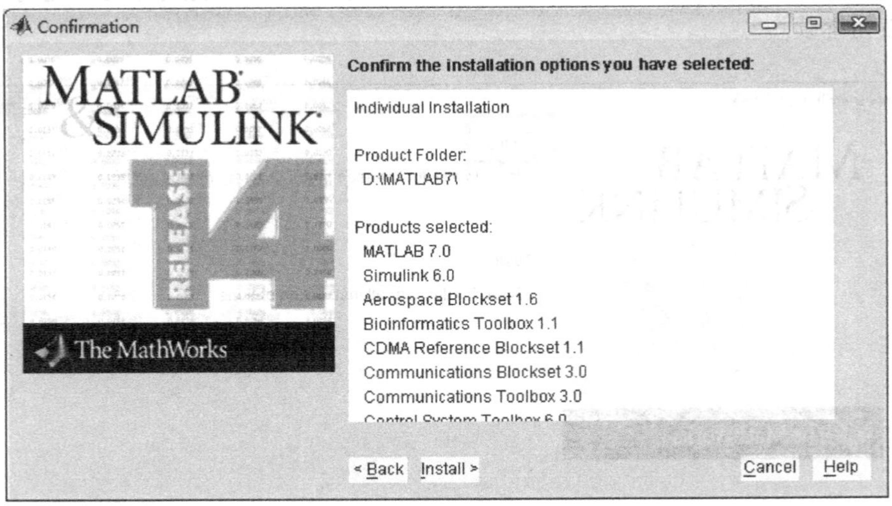

图 4-7　MATLAB 安装信息概览

8）图 4-8 所示为安装进度读取界面，如果计算机配置较低，则该过程可能要花费一些时间，请耐心等待。

9）当安装进度达到 97% 时，会让用户选择确认是否关联所有和 MATLAB 相关的类型文件，如“ ***. M”文件、“ ***. fig”文件等，如图 4-9 所示。这里只需要选择“Yes to All”选项即可关联。

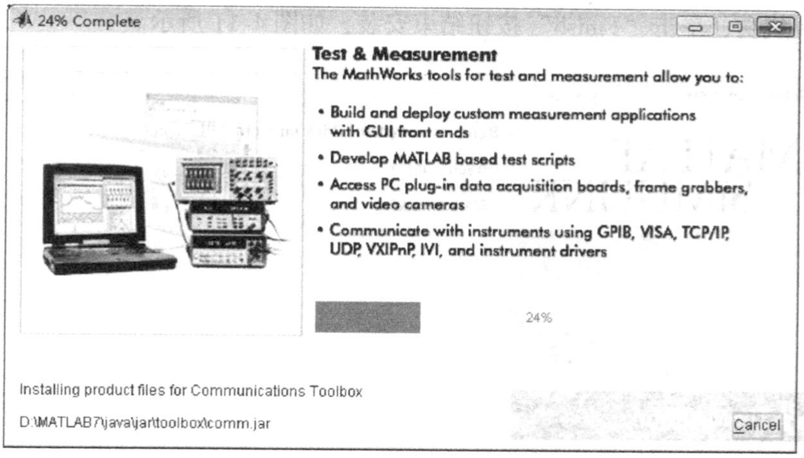

图 4-8　安装进度读取界面

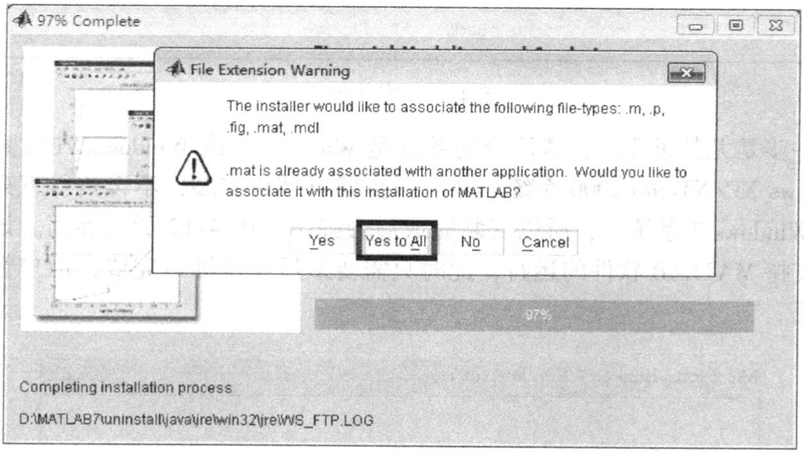

图 4-9　关联 MATLAB 相关的类型文件

10）图 4-10 所示为安装成功后，需要在命令窗口输入“rtwintgt-setup”指令，这里先单击“Next”按钮继续安装，等安装成功后再执行命令输入操作即可。

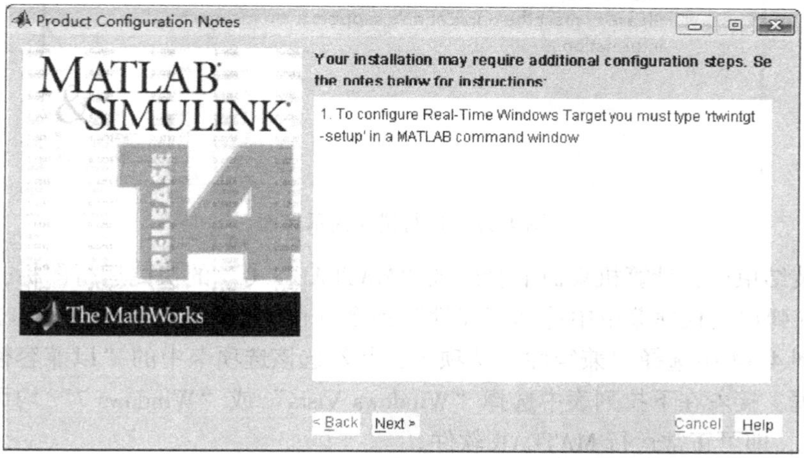

图 4-10　安装成功后的窗口输入命令

11）安装成功，单击“Finish”按钮结束安装，如图 4-11 所示。

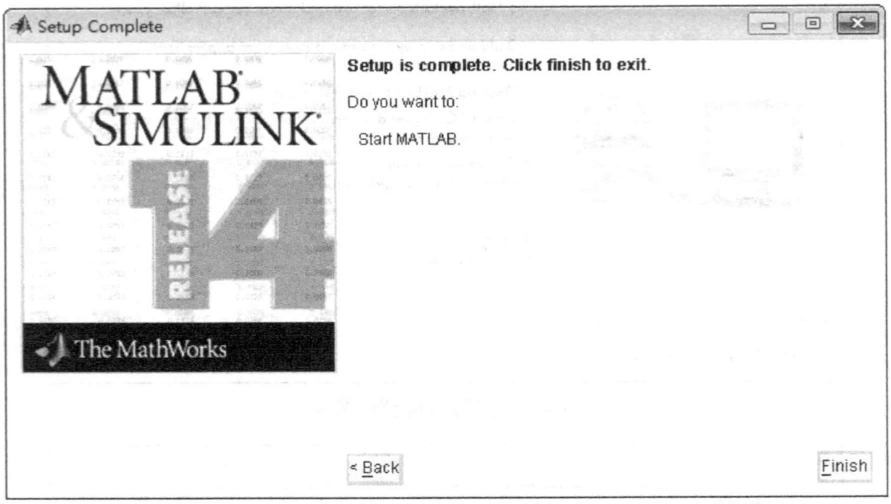

图 4-11　安装成功

12）这一步是尤其重要的，若用户的系统是 Windows 7 或 Windows Vista 系统之前的系统，如 Windows XP/NT/98/2000 系统，到上一步即可结束安装，不再执行下列步骤。该安装示例是在 Windows 7 系统下，所以安装完成后会弹出如图 4-12 所示界面。该界面表示该操作系统不支持 MATLAB 软件的运行，此时只需要最后一步即可完成，用户暂且先关闭该错误提示界面。

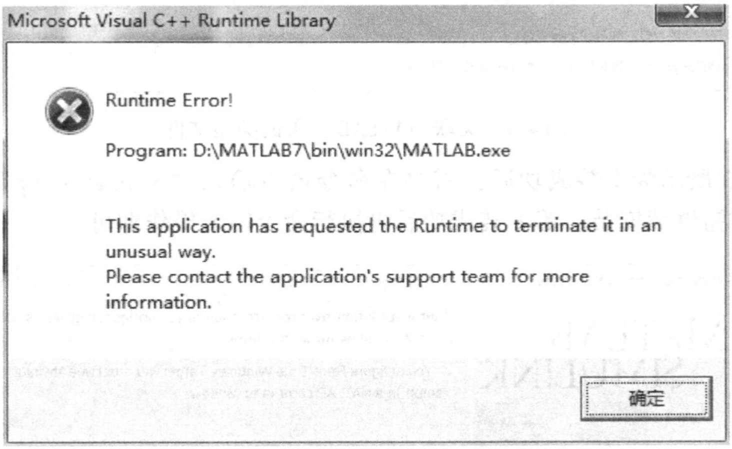

图 4-12　运行错误提示界面

13）安装结束后，计算机桌面上会出现“MATLAB 7.0”的快捷运行图标，在该图标上单击右键，在弹出的快捷菜单中选择“属性”命令（图 4-13），系统弹出图 4-14 所示界面。

14）在图 4-14 中选择“兼容性”选项卡，并勾选该选项卡中的“以兼容模式运行这个程序”复选框，接着在下拉列表中选择“Windows Vista”或“Windows 7”均可，然后单击“确定”按钮，即可正常运行 MATLAB 软件。

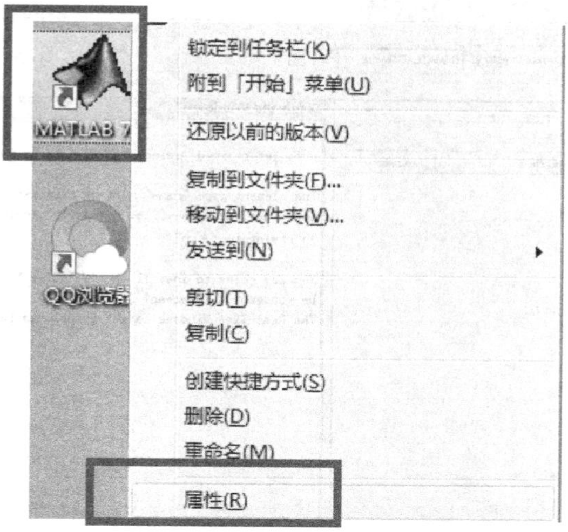

图 4-13　设置运行方式

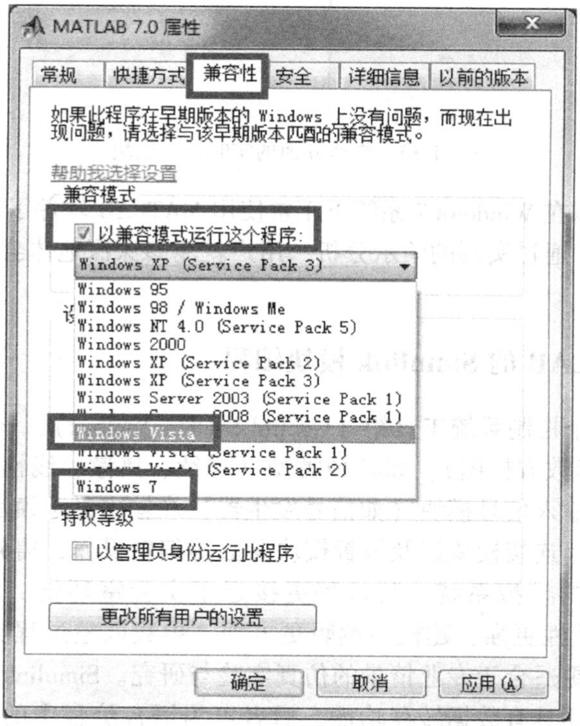

图 4-14　MATLAB 的兼容性设置

15）图 4-15 所示即为正常运行的 MATLAB 7.0 操作界面，此处要在命令窗口输入图 4-10 所提示的操作指令 “rtwintgt-setup”，然后单击〈回车〉键即可，此操作只在正常运行 MATLAB 之后输入一次即可，以后运行时不必重复。输入 “rtwintgt-setup” 之后在弹出的下一步指令中输入 “y” 按〈回车〉键。

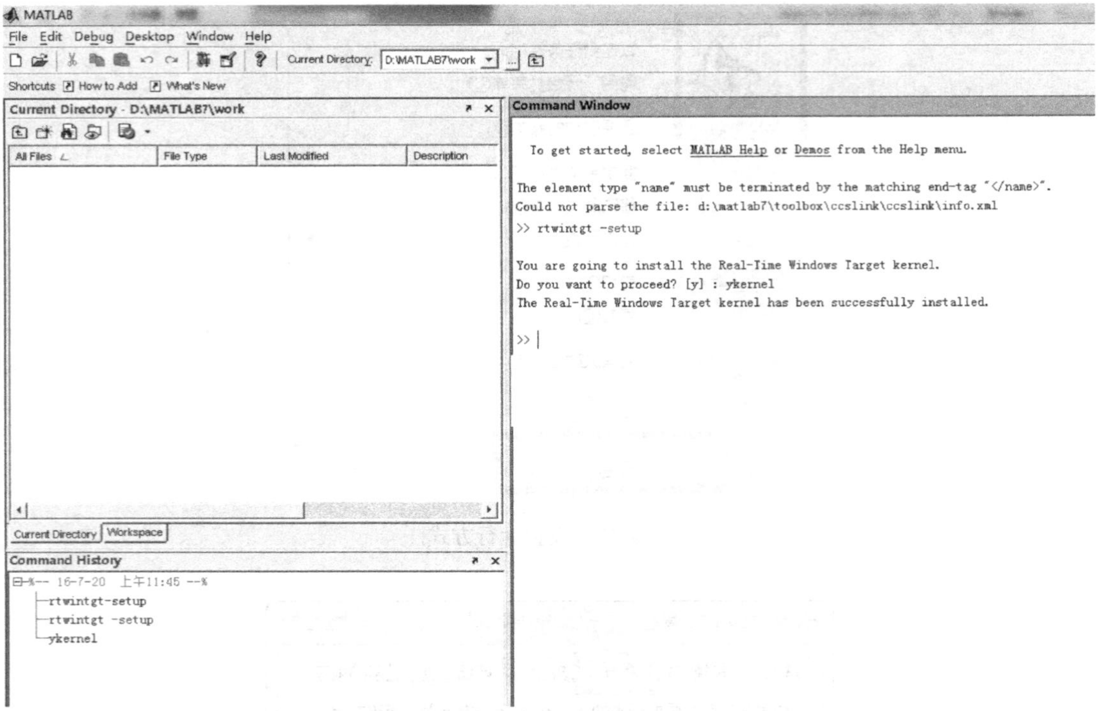

图 4-15　操作界面的实时核心模块

至此，用户就可以在 Windows 7 系统下正常使用 MATLAB 软件了。虽然安装过程繁琐，但在接下来的学习中，通过实例的演示分析，用户就能够深深地体会到 MATLAB 强大的数据处理功能了。

4.1.4　基于 MATLAB 的 Simulink 模块编程

MATLAB 包含一个控制系统工具箱（Control System Toolbox），该工具箱提供了非常丰富的模块函数形式(函数方框图)，如各种类型（连续、离散、线性、非线性等）的系统单元模块，以及典型输入信号模块（如信号发生器）和输出显示模块（如示波器）。用户通过选择对应的模块、连接模块以及设置模块参数等编辑操作，得到一个含有输入信号、系统模型、输出显示的模拟系统。其过程更接近于实验室环境，即虚拟实验室，所以 Simulink 仿真具有专业性更强、建模与编辑更方便、参数调整过程更直观、处理更快捷、实时性更好等优点，更适合于专业情景的仿真实验与研究。Simulink 仿真输出不但具有图形或数据显示功能，还具有数据转存功能，后者可为语言编程中的数据分析和图形绘制等处理提供数据源。

1. Simulink 模块编程环境

（1）Simulink 库浏览器的两种打开方式

1）在 MATLAB 命令窗口输入“simulink”后按〈回车〉键，如图 4-16 所示。

2）在 MATLAB 工具栏中单击图标 ，如图 4-17 所示。

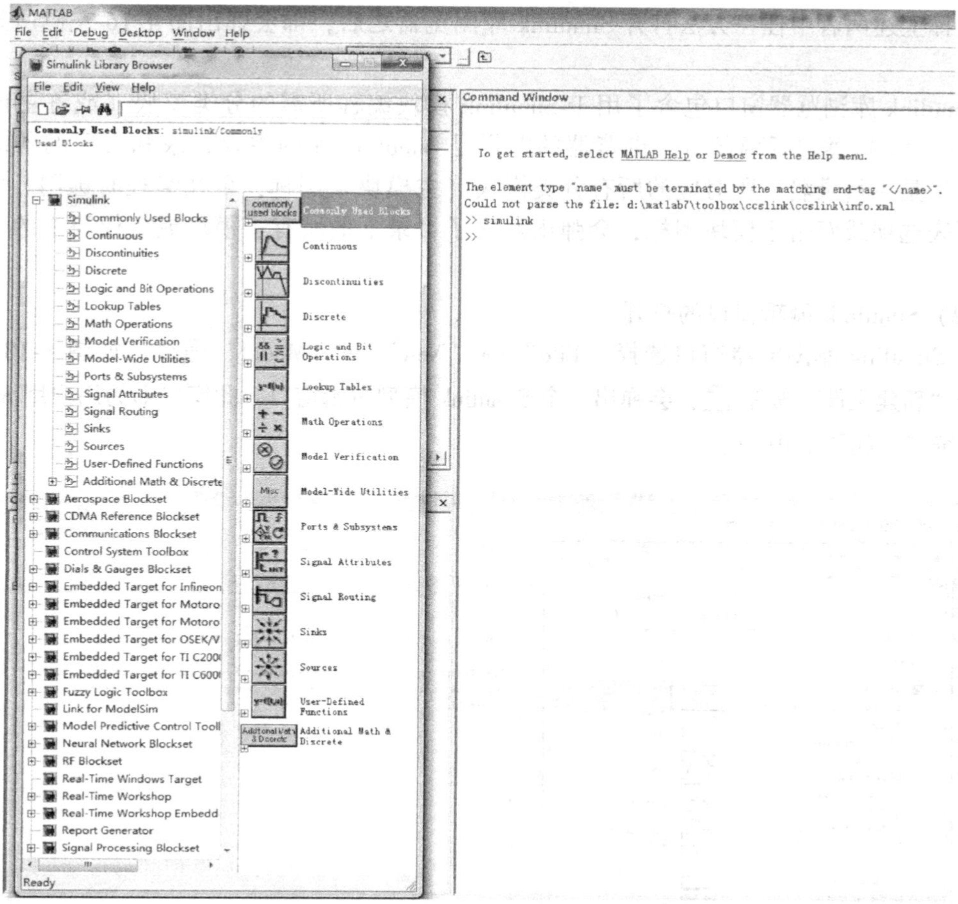

图 4-16　Simulink 的命令打开方式

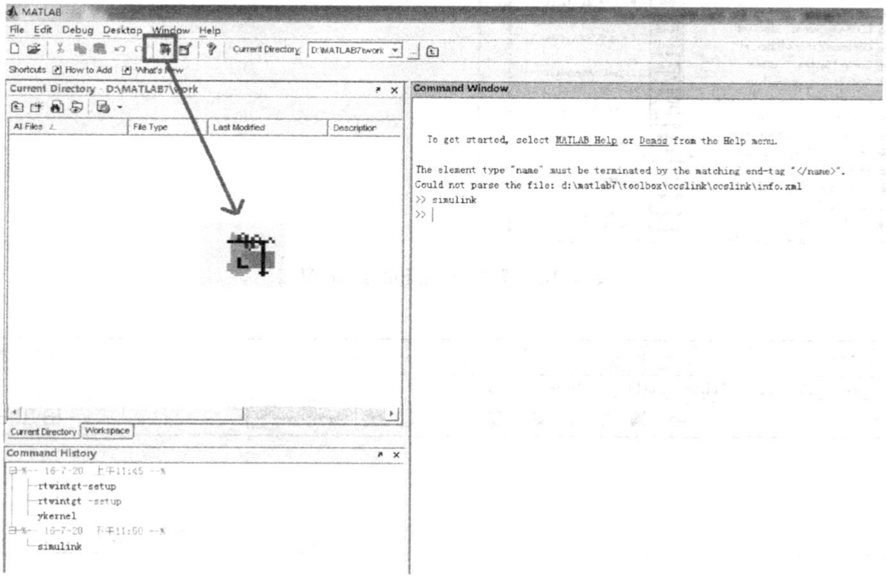

图 4-17　Simulink 的图标打开方式

选择上述两者中任一方法打开 Simulink 库浏览器之后，都会弹出图 4-16 左侧所显示的窗口。

Simulink 库浏览器窗口包含了用于 Simulink 模块编程所需的分类模块（或称主模块）。Simulink 库浏览器包括两部分：浏览器的左栏是 Simulink 库的主要目录和其下的各级子目录；右栏是主目录名下所对应的所有分类模块（主模块）图标，可在编程时选用。单击子目录列表选项或双击主模块图标，会弹出对应子目录下的所有子模块或主模块中的子模块窗口。

（2）Simulink 编辑窗口的打开

在 Simulink 库浏览器窗口选择“File”→“New”→“Model”命令，如图 4-18 所示；或单击“新建文件”按钮，会弹出一个 Simulink 模型编辑窗口，此窗口即为用户用 Simulink 编程的窗口，如图 4-19 所示。

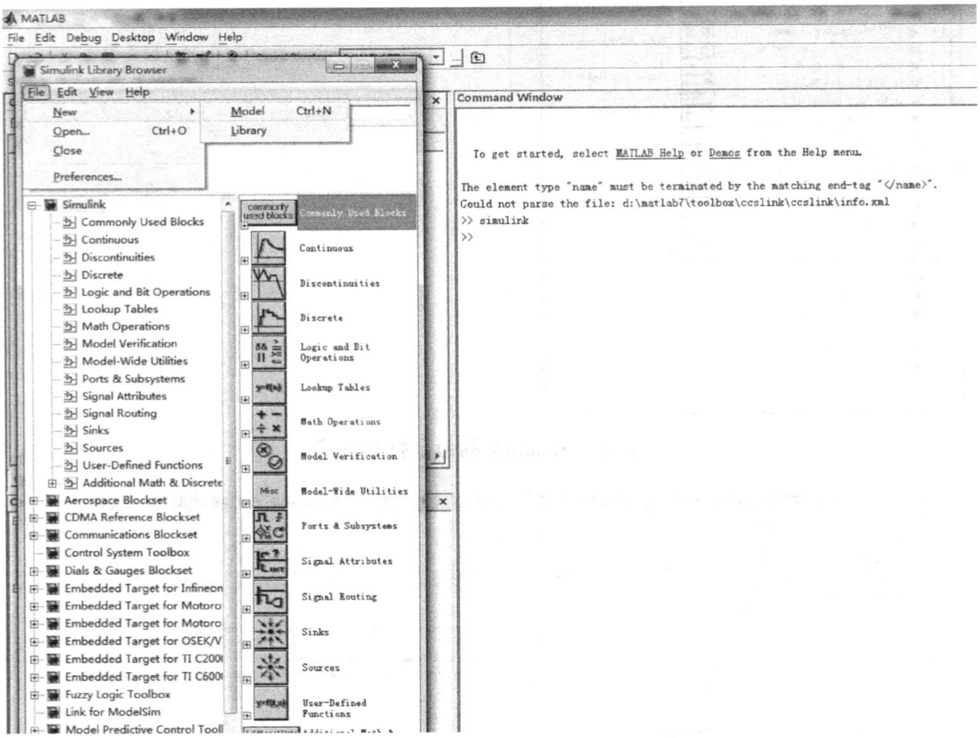

图 4-18 新建 Simulink 编辑窗口

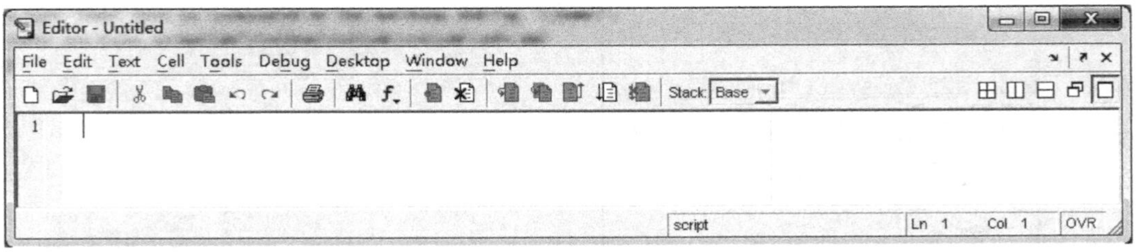

图 4-19 Simulink 模型编辑窗口

2. Simulink 编程

Simulink 编程是指用户根据设计要求，从打开的主模块窗口中选择相应的子模块，通过单击模块并将模块拖动至模型编辑窗口中（如图 4-19 所示的编程窗口）；在模型编辑窗口中，可进行模块之间的连接、模块的参数设置、系统结构编辑与调整等编辑操作。

3. Simulink 仿真

Simulink 仿真是指在 Simulink 编辑窗口中完成了系统设计之后，通过选择编辑窗口中的“Simulation”→“Start”命令和“Simulation”→“Stop”命令进行系统仿真的开始与停止，还可以通过窗口中的“开始”按钮 ▶ 和“停止”按钮 ■ 进行系统仿真的开始与停止。启动仿真的“Start”按钮在仿真开始后会自动转变为具有暂停功能的按钮 ‖，当使用暂停后，按钮又会自动转换为启动按钮。仿真分析是指对所设计的系统进行反复的参数与结构调整、仿真实验与结果分析。

4. Simulink 仿真结果与保存

Simulink 仿真结果主要包括：编辑窗口中的最终系统模型和仿真结果（包括图形或数据）。仿真结束后需要将模型保存为模型文件，将数据保存为数据文件，以备后续使用。

本小节简要介绍了 MATLAB 编程模块相关的基本概念，以及进入编程环境的方法和要点。关于典型自动控制系统的 MATLAB 方法，在本章中主要采用语言编程，语言编程的具体方法在后续小节中将加以详细介绍。

4.2 线性连续系统模型的生成、转换与简化

对控制系统的分析其实就是对已知系统模型的分析，而 MATLAB 则能够将控制系统生成为数学模型，然后再对该模型进行转换和简化。

因此，在对系统进行分析之前，必须要建立系统模型，MATLAB 提供了很多建立模型的函数命令，对系统的分析创造了极大的便利条件。下面就具体介绍线性连续系统模型的生成格式和方法。

4.2.1 线性连续系统模型的生成

学过本书关于自动控制原理部分之后，就可以根据系统要求，创立对应的系统传递函数，那为什么还要用 MATLAB 生成系统模型呢？之所以用 MATLAB 生成传递函数模型，主要是因为对传递函数的转换、简化等操作都要以传递函数的模型为基础，如由传递函数的多项式表达形式转换为零极点增益形式。如果在 MATLAB 中没有事先生成的传递函数模型，那么也就无法再继续对函数进行转换和简化了，对系统性能的分析也无从谈起，因此传递函数模型的生成是 MATLAB 对系统进行分析的基础。下面就对生成命令进行介绍。

1. 常用系统模型生成的函数命令

本节就最常用的传递函数生成模型、零极点增益生成模型和二阶系统生成模型的命令语句作详细讲解，至于其他可能用到的如状态空间等模型生成命令，请详查参考文献中的具体命令。常用传递函数建模命令的格式和功能如表 4-1 所列。

表 4-1　常用传递函数建模命令

序　号	函数命令格式	功能说明
1	sys = tf(num,den) *	生成传递函数模型，num 和 den 分别表示分子和分母多项式的系数向量（tf：transfer function，传递函数的缩写）
2	sys = zpk(z,p,k)	生成零极点增益模型，z、p、k 分别为零点、极点和增益向量（zpk：zero/pole/gain，零点/极点/增益的缩写）
3	[num,den] = ord2(wn,z)	生成固有频率为 wn、阻尼系数为 z 的连续二阶系统模型（ord2：order 2，二阶系统的简写）

2. 多项式传递函数模型的建立

系统传递函数的多项式模型表达形式如下

$$G(s)=\frac{C(s)}{R(s)}=\frac{b_ms^m+b_{m-1}s^{m-1}+\cdots+b_1s+b_0}{a_ns^n+a_{n-1}s^{n-1}+\cdots+a_1s+a_0}\quad(m\leqslant n) \tag{4-1}$$

对于线性定常系统来说，s 的系数均为常数，且 a_n 不能为零。

在 MATLAB 中，式(4-1) 的分子和分母系数的向量表达式为

$$\text{num}=[b_m,b_{m-1},\cdots,b_1,b_0]$$

$$\text{den}=[a_n,a_{n-1},\cdots,a_1,a_0]$$

在表达分子和分母系数的向量时要注意，系数都是按照 s 的降幂排列的，并且缺少 s 某次幂的系数应以 0 补充而不应空缺，比如，$b_1=0$，也就是多项式分子的 s 一次幂前面的系数为零，那么在 num 数组中 b_1 的位置一定要写“0”，而不应空缺或以 b_2、b_0 等前后临近项的系数代替。

【例 4-1】 已知某系统的分式多项式传递函数为

$$G(s)=\frac{2s^3+16s^2+7s+31}{3s^4+7s^3+43s^2+2s+1}$$

试在 MATLAB 中建立该函数的模型。

解：在命令窗口中输入以下程序*

```
>> num = [2,16,7,31];        % 分子多项式的系数向量
>> den = [3,7,43,2,1];       % 分母多项式的系数向量
>> sys = tf(num,den)         % 生成并显示传递函数 sys
```

按〈回车〉键则显示运行结果为

```
Transfer function:
     2 s^3 + 16 s^2 + 7 s + 31
  ---------------------------
  3 s^4 + 7 s^3 +43 s^2 + 2 s + 1
```

该例题的传递函数模型建立是由表 4-1 的第一条函数命令实现的，得到的“sys”表达式可在后续的模型转换等运算中发挥作用。

---

* 考虑到 Matlab 软件中对函数、变量等没有正斜体之分，所以本书涉及程序中的函数和变量都用正体。

本例在 MATLAB 中的操作如图 4-20 所示。

由于此例是第一次使用 MATLAB 软件编程，所以对涉及的几处语法使用规则有必要简要说明一下。

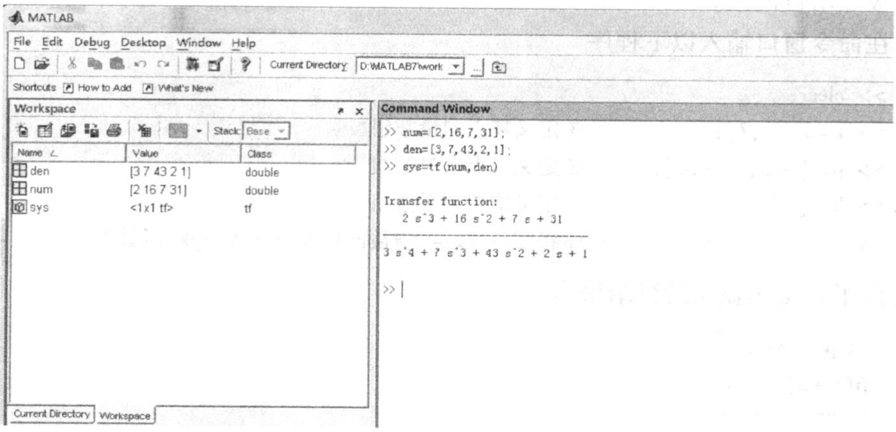

图 4-20　在 MATLAB 中的命令输入和运行操作

1）所有的语法输入都要用半角字符。

2）每条语句后面的“;”写不写都可以，但是不写若在输入完该指令并按〈回车〉键后，马上在命令窗口弹出该条语句的运行结果，这对程序的结果没有任何影响。

3）如果程序量较大，最好对某些语句进行注释，以养成较好的编程习惯，注释只需在每条语句的后面输入“%”之后进行编写即可。

4）向量数组用“[ ]”表示，一维数组中的每个元素之间用“,”分隔。

5）左侧的“Workspace”工作区或称工作空间，是在所有的变量被定义或者变量生成运行结果时，将传递函数的模型自动保存在此区域，以便接下来可以随时调用该生成结果。其存储空间为内存空间，如不保存，那么在重启 MATLAB 之后，这些变量都将消失。另外，如果在命令窗口“Command Window”中需要输入大量的例程程序，而这些例程中又有很多变量名称可能在定义时相同，为了避免混淆，当每次重新输入一个新的例程或工程命令的时候，最好在程序开头首先输入“clear”命令，并按〈回车〉键，“clear”命令的功能是将现有的“Workspace”空间的变量全部清除。

传递函数的生成还有很多方法实现，但结果都是一致的，而例 4-1 中所介绍的方法对于初学者来说，最为简单、直观，如果想了解其他方法请详查参考文献。

3. 零极点传递函数模型的建立

零极点增益模型表达式如下

$$G(s)=K\frac{(s-z_1)(s-z_2)\cdots(s-z_m)}{(s-p_1)(s-p_2)\cdots(s-p_n)} \tag{4-2}$$

式中，K 为零极点模型增益；$\{z_i,\ i=1,\ 2,\ \cdots,\ m\}$ 为零点；$\{p_j,\ j=1,\ 2,\ \cdots,\ n\}$ 为极点。

在 MATLAB 中，该模型可用 [z, p, k] 向量组表示，其中

$$z=[z_1,z_2,\cdots,z_m],\quad p=[p_1,p_2,\cdots,p_n],\quad k=[K]$$

【**例 4-2**】 已知系统的零极点增益模型为

$$G(s)=\frac{6(s+2)(s-7)}{(s+3)(s-2)(s+14)}$$

试建立零极点增益模型。

解：在命令窗口输入以下程序

```
>> clear;
>> z=[ -2,7];                  %定义零点向量数组
>> p=[ -3,2, -14];             %定义极点向量数组
>> k=[6];                      %定义增益向量数组
>> G=zpk[z,p,k]                %将零点、极点、增益向量数组输入"zpk"函数中
```

按〈回车〉键则显示运行结果为

```
Zero/pole/gain:
  6(s+2)(s-7)
-----------------
(s+3)(s-2)(s+14)
```

例 4-2 与例 4-1 都是在已经给定了传递函数的基础上，通过 MATLAB 将传递函数的模型输入“Workspace”空间，以备后续对其进行处理和分析。但是，其不同之处仅在于生成的传递函数的表达形式，例 4-1 是多项式表达形式的传递函数，例 4-2 是零极点及增益表达形式的传递函数。那么对于有共轭极点的传递函数，MATLAB 是怎样生成的，请看例 4-3。

【**例 4-3**】 已知系统的零极点增益模型为

$$G(s)=\frac{21(s+1.2)}{[s-(0.3+5i)][s-(0.3-5i)]}$$

试建立共轭极点增益模型。

解：在命令窗口输入以下程序

```
>> clear
>> z=[ -1.2];                  %定义零点向量数组
>> p=[0.3+5i,0.3-5i];          %定义极点向量数组
>> k=[21];                     %定义增益向量数组
>> G=zpk(z,p,k)                %将零点、极点、增益向量数组输入"zpk"函数中
```

按〈回车〉键则显示运行结果为

```
Zero/pole/gain:
      21(s+1.2)
-------------------------
(s^2  - 0.6s + 25.09)
```

例 4-3 中由于存在共轭极点，所以出现了符号“i”，但这并不会对建立零极点增益模型产生影响，在输入共轭极点时，只要将共轭极点的表达式输入极点数组中即可。最后得到的传递函数结果中的分母表达式，是将多项式降幂的展开式，并不是极点相乘形式，这一点需要注意。

4. 二阶系统传递函数模型的建立

标准的二阶系统表达式为

$$G(s)=\frac{\omega_n^2}{s^2+2\xi\omega_n s+\omega_n^2} \tag{4-3}$$

常用的函数命令为：[num, den] =ord2(wn, z);

G = wn^2 * tf(num, den);

其中，wn 为自然振荡角频率 ω_n；z 为阻尼比 ξ。

【例 4-4】 生成一个自然振荡频率 $\omega_n=2$、阻尼比 $\xi=0.5$ 的二阶系统模型参数。

解：在命令窗口输入以下程序

```
>> clear
>> wn =2;                          %定义自然振荡频率
>> z =0.5;                         %定义阻尼比
>> [num,den] = ord2(wn,z)          %生成分子、分母多项式系数向量
```

按〈回车〉键则显示运行结果为

```
num =
     1
den =
     1     2     4
```

根据此结果，可以结合式(4-3) 得出二阶模型的形式为

$$G(s)=\frac{\omega_n^2}{s^2+2\xi\omega_n s+\omega_n^2}=\frac{4}{s^2+2s+4}$$

这里需要特别注意的是，例 4-4 的运行结果是在分子多项式系数为“1”的情况下得出的，而分母是正常的多项式降幂系数。所以，要想结果得到标准的二阶系统形式，在命令窗口的程序中添加命令“G = wn^2 * tf(num,den)”，即

```
>> G = wn^2 * tf(num,den)      %“tf(num,den)”生成多项式表达式,最后再乘上 wn 的平方
```

运行结果为

```
Transfer function:
        4
--------------
s^2 + 2 s + 4
```

【例 4-5】 生成一个自然振荡频率 $\omega_n=21.3$，阻尼比 $\xi=[0.1:0.3:2.2]$ 的连续二阶系统模型参数。

解：在命令窗口输入以下程序

```
>> clear
>> wn =21.3;                       %定义自然振荡频率
>> z =0.1:0.3:2.2;                 %定义阻尼比 z =0.1/0.4/0.7/1.0/1.3/1.6/1.9/2.2
```

```
>> num = [ ];den = [ ];sys = [ ];          % 定义各参数预存空间
>> for i = 1:length(z);                    % 按阻尼比的个数确定循环次数
[num_i,den_i] = ord2(wn,z(i));             % 生成第 i 个阻尼比时的分子和分母多项式系数
num(i) = num_i;                            % 将第 i 个阻尼比时的分子多项式系数保存到 num(i)
den(i,:) = den_i;                          % 将第 i 个阻尼比时的分母多项式系数保存到 den(i,:)
sysi = wn^2 * tf(num(i),den(i,:))          % 生成第 i 个阻尼比时的二阶系统传递函数
den                                        % 罗列出所有阻尼比时的分母多项式系数
```

按〈回车〉键则显示运行结果为

```
Transfer function:
        453.7
----------------------------------
s^2 + 4.26 s + 453.7
Transfer function:
        453.7
----------------------------------
s^2 + 17.04 s + 453.7
Transfer function:
        453.7
----------------------------------
s^2 + 29.82 s + 453.7
Transfer function:
        453.7
----------------------------------
s^2 + 42.6 s + 453.7
Transfer function:
        453.7
----------------------------------
s^2 + 55.38 s + 453.7
Transfer function:
        453.7
----------------------------------
s^2 + 68.16 s + 453.7
Transfer function:
        453.7
----------------------------------
s^2 + 80.94 s + 453.7
Transfer function:
        453.7
----------------------------------
s^2 + 93.72 s + 453.7

den =
    1.0000      4.2600    453.6900
    1.0000     17.0400    453.6900
```

1.0000	29.8200	453.6900
1.0000	42.6000	453.6900
1.0000	55.3800	453.6900
1.0000	68.1600	453.6900
1.0000	80.9400	453.6900
1.0000	93.7200	453.6900

例 4-5 中出现了很多数组在 MATLAB 中的操作，对于 MATLAB 初学者来说看到解题程序可能会有些困惑，这里对关键程序做简要解释说明。

1）z=0.1：0.3：2.2，表示生成一个范围在 0.1~2.2、步长为 0.3 的数组，即生成之后 z 的数组中应为 z=[0.1，0.4，0.7，1.0，1.3，1.6，1.9，2.2]。

2）num=[ ]，den=[ ]，sys=[ ]，之所以要先定义一个空的数组变量，是为了给后续存储计算所得的参数开辟一个存储空间，否则可能导致语法错误。

3）for i=1：length（z），这是一个循环语句，循环次数是 z 的长度，也就是 z 数组中的数据个数。此处 z 中数据的个数为 8 个，所以循环次数也为 8 次。由于此题要求求得在每一个阻尼比下的传递函数，与其一个一个求，而且每次求取的步骤都是相同的，所以不如将重复的操作设置成循环语句，那么 8 次循环中的每一次都能够用相同的函数命令求得当前阻尼比下的传递函数，该循环语句的结束符为后面的“end”。

4）[num_i,den_i]=ord2(wn,z(i))，这就是求二阶系统分子、分母多项式系数的固定格式，其中“num_ i”和“den_ i”是两个临时变量，每次循环中该值都会随着“z(i)”的变化而得到不同的计算结果，而 z(i) 就是题中要求的 8 个阻尼比中的第 i 个阻尼比值。

5）num(i)=num_i，见程序注释。

6）den(i,:)=den_i，这里的“den(i,:)”是一个二维数组，表示将“den_ i”存到二维数组“den”中的第 i 行中，至于第 i 行中到底存了几列数，那要看上面计算的“den_ i”到底有几个。

7）sysi=wn^2 * tf(num(i),den(i,:))，这是 G=wn^2 * tf(num,den) 的参数代入形式。

8）den，该命令是将数组“den”中，在每个阻尼比数值下所计算出的分母多项式系数以数组的形式展示出来。可以看到，结果是一个 8 行 3 列的二维数组，8 行中的每一行元素，就是某个阻尼比下的传递函数的分母多项式系数。

4.2.2 线性连续系统模型的转换与简化

在系统分析与设计过程中，针对具体问题和设计要求应该选择适当的模型从而进行分析，这样能够突出模型的特点。另外，模型的转换避免了重复建模的操作，从而提高了模型的设计效率。以下介绍 MATLAB 模型转换的常用函数命令格式和基本方法。

1. 常用模型转换的函数命令

本小节主要介绍 MATLAB 提供的多项式模型与零极点模型转换的函数命令，其常用函数命令格式及功能说明见表 4-2。

表 4-2　多项式模型与零极点模型转换的函数命令

序　号	函数命令格式	功 能 说 明
1	[z,p,k] = tf2zp(num,den)	将多项式传递函数模型转换为零极点增益模型
2	[num,den] = zpk2tf(z,p,k)	将零极点增益模型转换为多项式传递函数模型
3	G2 = tf(G1)	以传递函数为基本操作对象，将多项式传递函数模型转换为零极点增益模型
4	G2 = zpk(G1)	以传递函数为基本操作对象，将零极点增益模型转换为多项式传递函数模型

"tf2zp" 表示由 "tf" 到 "zp" 模式的转换，也就是多项式传递函数模式到零极点增益模式的转换，而 "zpk2tf" 则相反。下面结合例题，讲解表 4-2 中涉及的函数命令的使用方法。

【例 4-6】 已知系统的多项式传递函数为

$$G(s)=\frac{2s^3+17s^2+5s+4}{35s^4+6s^3+43s^2+22s+5}$$

试将其转换为零极点增益模型。

解： 根据表 4-2，将多项式传递函数模型转换为零极点增益模型有两组函数，现在就用表 4-2 中的序号 1 和序号 3 两种方法分别完成该题要求。

方法 1：套用公式为[z,p,k] = tf2zp(num,den)。

在命令窗口输入以下程序

```
>> clear
>> num = [2,17,5,4];                   % 定义多项式传递函数的分子系数
>> den = [35,6,43,22,5];               % 定义多项式传递函数的分母系数
>> [z,p,k] = tf2zp(num,den)            % 计算多项式传递函数模式等效的零点、极点、增益
```

这里先定义分子系数 num 和分母系数 den，然后用 "tf2zp" 函数把 num 和 den 作为输入量，运行命令之后，MATLAB 会自动计算与该多项式传递函数等效的零极点增益模型的零点值、极点值和增益值，运行结果如下

```
z =
    -8.2256
    -0.1372 + 0.4736i
    -0.1372 - 0.4736i
p =
     0.1716 + 1.1249i
     0.1716 - 1.1249i
    -0.2573 + 0.2100i
    -0.2573 - 0.2100i
k =
     0.0571
```

根据以上结果，可以很方便快捷地写出零极点增益模式下的传递函数模型。由于 "[num,den] = zpk2tf(z,p,k)" 可以将零点、极点、增益代入函数命令中，那么可以反推出多项

式传递函数模型的分子系数 num 和分母系数 den，如果所得结果与该题中公式列出的系数相同，那么就表示进行的转换是等效的。现在在命令窗口中输入以下命令，进行验证。

```
>> [num,den] = zp2tf(z,p,k)
```

运行结果为

```
>> num =
         0    0.0571    0.4857    0.1429    0.1143
   den =
      1.0000    0.1714    1.2286    0.6286    0.1429
```

发现所得的结果与例4-6 中所列公式的分子分母系数完全不一样，其原因是“zp2tf”所转换的结果，是把多项式分母最高次幂当成1 所得的结果，因此要想和原题结果对应上，必须乘上原多项式传递函数分母最高次幂前的系数35，即输入命令如下

```
>> num1 = 35 * num,den1 = 35 * den     %将分子、分母同时乘35,得到原模型的多项式
>> G = tf(num1,den1)
```

运行结果为

```
num1 =
         0    2.0000   17.0000    5.0000    4.0000
den1 =
   35.0000    6.0000   43.0000   22.0000    5.0000
Transfer function:
         2 s^3 + 17 s^2 + 5 s + 4
-----------------------------------
35 s^4 + 6 s^3 + 43 s^2 + 22 s + 5
```

可见，最终反验证的结果，分子系数 num1、分母系数 den1 与原模型一致，最终的多项式传递函数模型也相同。

方法2：先用 G1 = tf(num, den)生成多项式传递函数模型 G1，再套用公式为 G2 = zpk(G1)将多项式传递函数模型 G1 转换为零极点增益模型 G2。

在命令窗口输入以下程序

```
>>clear;
>> num = [2,17,5,4];
>> den = [35,6,43,22,5];
>> G1 = tf(num,den);
>> G2 = zpk(G1)
```

运行结果为

```
Transfer function:
         2 s^3 + 17 s^2 + 5 s + 4
-----------------------------------
35 s^4 + 6 s^3 + 43 s^2 + 22 s + 5
Zero/pole/gain:
```

```
0.057143(s+8.226)(s^2  + 0.2744s + 0.2431)
-------------------------------------------
(s^2  + 0.5147s + 0.1103)(s^2  - 0.3432s + 1.295)
```

该结果与方法 1 所得的结果相同。

2. 简单模型结构的转换与简化

为了使复杂模型转换为标准模型，以方便系统分析，MATLAB 设定了一系列的函数命令，可以实现模型的转换和简化。本小节就系统模型的串联、系统模型的并联、系统模型的反馈和单位闭环系统模型来讲解如何简化一个模型。

（1）串联系统模型的等效

命令函数 1：[num,den] = series(num1,den1,num2,den2)

G = tf(num,den)

命令函数 2：G1 = tf(num1,den1)

G2 = tf(num2,den2)

G = G1 * G2 或 G = series(G1,G2)

功能说明：

- “series” 是将多个串联系统模型进行简化的函数命令；
- “num1，den1” 和 “num2，den2” 是串联的两个系统模型分子、分母多项式系数的数组；
- “num，den” 是串联等效后的多项式模型的分子、分母系数。

【例 4-7】 已知某系统传递函数 G1 和 G2 分别为

$$G_1(s)=\frac{1}{s+2},G_2(s)=\frac{5}{2s^2+3s+4}$$

求这两个系统串联后的等效传递函数 G。

解：根据命令函数 1 和命令函数 2，此题可有 3 种解法。

方法 1：根据命令函数 1，先将 num1、den1、num2、den2 赋值，然后套用函数 “series” 求出串联后的 “num，den”，最后用多项式模型生成函数 “tf” 来求出系统串联等效模型。

```
>> clear;
>> num1 = 1;                % G1 的分子多项式系数
>> den1 = [1,2];            % G1 的分母多项式系数
>> num2 = 5;                % G2 的分子多项式系数
>> den2 = [2,3,4];          % G2 的分母多项式系数
>> [num,den] = series(num1,den1,num2,den2); % 求出等效模型 G 的分子和分母多项式系数
>> G = tf(num,den)          % 根据 num 和 den 求出串联后的等效传递函数 G
```

运行结果为

```
Transfer function:
           5
----------------------
2 s^3 + 7 s^2 + 10 s + 8
```

根据运行结果可得等效后的传递函数为

$$G(s)=\frac{5}{2s^3+7s^2+10s+8}$$

方法 2：分别生成两个传递函数 G1 和 G2 的模型，然后用 G = G1 · G2 求得串联等效模型 G。

```
>> clear;
>> num1 =1;                  % G1 的分子多项式系数
>> den1 =[1,2];              % G1 的分母多项式系数
>> num2 =5;                  % G2 的分子多项式系数
>> den2 =[2,3,4];            % G2 的分母多项式系数
>> G1 = tf(num1,den1);       % 生成传递函数模型 G1
>> G2 = tf(num2,den2);       % 生成传递函数模型 G2
>> G = G1 * G2               % 直接运用"串联相乘"求得等效模型
```

运行结果和方法 1 相同，结果为

```
Transfer function:
            5
---------------------
2 s^3 + 7 s^2 + 10 s + 8
```

方法 3：分别生成两个传递函数 G1 和 G2 的模型，然后用 G = series（G1，G2）求得串联等效模型 G。

```
>> clear;
>> num1 =1;                  % G1 的分子多项式系数
>> den1 =[1,2];              % G1 的分母多项式系数
>> num2 =5;                  % G2 的分子多项式系数
>> den2 =[2,3,4];            % G2 的分母多项式系数
>> G1 = tf(num1,den1);       %生成传递函数模型 G1
>> G2 = tf(num2,den2);       %生成传递函数模型 G2
>> G = series(G1,G2)         %应用串联函数求得两系统的串联等效模型
```

其运行结果同方法 1 和方法 2。

（2）并联系统模型的等效

命令函数 1：[num,den] = parallel(num1,den1,num2,den2)
　　　　　　G = tf(num,den)

命令函数 2：G1 = tf(num1,den1)
　　　　　　G2 = tf(num2,den2)
　　　　　　G = G1 + G2 或 G = parallel(G1,G2)

功能说明：

- "parallel" 是将多个并联系统模型进行简化的函数命令；
- "num1，den1" 和 "num2，den2" 是并联的两个系统模型分子、分母多项式系数数组；
- "num，den" 是两个系统并联等效模型的分子、分母系数。

【例 4-8】 已知某传递函数 G1 和 G2 分别为

$$G_1(s)=\frac{7s+9}{2s^3+5s^2+s+11},\quad G_2(s)=\frac{6}{2s^4+4s+1}$$

求并联后的等效传递函数 G。

解：根据命令函数 1 和命令函数 2，此题可有 3 种解法。

方法 1：根据命令函数 1，根据 G1 和 G2 表达式先将 num1、den1、num2、den2 赋值，然后套用函数“parallel”以求出并联的“num，den”，最后用多项式模型生成函数“tf”以求出并联等效模型。

```
>> clear;
>> num1 = [7,9];                    % G1 的分子多项式系数
>> den1 = [2,5,1,11];               % G1 的分母多项式系数
>> num2 = 6;                        % G2 的分子多项式系数
>> den2 = [2,0,0,4,1];              % G2 的分母多项式系数
>> [num,den] = parallel(num1,den1,num2,den2); %求出等效模型 G 的分子和分母多项式系数
>> G = tf(num,den)                  % 根据 num 和 den 求出并联后的等效传递函数 G
```

运行结果为

```
Transfer function:
         14 s^5 + 18 s^4 + 12 s^3 + 58 s^2 + 49 s + 75
-----------------------------------------------------------------
4 s^7 + 10 s^6 + 2 s^5 + 30 s^4 + 22 s^3 + 9 s^2 + 45 s + 11
```

将上述结果写成的传递函数如下

$$G(s)=\frac{14s^5+18s^4+12s^3+58s^2+49s+75}{4s^7+10s^6+2s^5+30s^4+22s^3+9s^2+45s+11}$$

方法 2：分别生成两个传递函数 G1 和 G2 的模型，然后用 G = G1 + G2 求得并联等效模型 G。

```
>> clear;
>> num1 = [7,9];                  % G1 的分子多项式系数
>> den1 = [2,5,1,11];             % G1 的分母多项式系数
>> num2 = 6;                      % G2 的分子多项式系数
>> den2 = [2,0,0,4,1];            % G2 的分母多项式系数
>> G1 = tf(num1,den1);            %生成传递函数模型 G1
>> G2 = tf(num2,den2);            %生成传递函数模型 G2
>> G = G1 + G2                    %直接运用“并联相加”求得等效模型
```

运行结果为

```
Transfer function:
         14 s^5 + 18 s^4 + 12 s^3 + 58 s^2 + 49 s + 75
-----------------------------------------------------------------
4 s^7 + 10 s^6 + 2 s^5 + 30 s^4 + 22 s^3 + 9 s^2 + 45 s + 11
```

方法 3：分别生成两个传递函数 G1 和 G2 的模型，然后用 G = parallel（G1,G2）求得并联等效模型 G。

```
>> clear;
>> num1 =[7,9];                % G1 的分子多项式系数
>> den1 =[2,5,1,11];          % G1 的分母多项式系数
>> num2 =6;                   % G2 的分子多项式系数
>> den2 =[2,0,0,4,1];         % G2 的分母多项式系数
>> G1 = tf(num1,den1);        %生成传递函数模型 G1
>> G2 = tf(num2,den2);        %生成传递函数模型 G2
>> G = parallel(G1,G2)        %应用并联函数求得两系统的并联等效模型
```

其运行结果同方法 1 和方法 2。

（3）反馈系统模型的等效

命令函数 1：[num,den] = feedback(num1,den1,num2,den2,sign)

G = tf(num,den)

命令函数 2：G = feedback(G1,G2,sign)

或 G = G1/(1 ± G1 * G2)

功能说明：

- “feedback” 是前向通道 G1 和反馈通道 G2 简化后的系统模型函数命令；
- “num1，den1” 和 “num2，den2” 是前向通道和反馈通道分子、分母多项式系数的数组；
- “num，den” 是反馈等效后的多项式模型的分子、分母系数；
- “sign” 为 “1” 时表示正反馈系统模型，为 “ -1” 时表示负反馈系统模型。

【例 4-9】 已知某传递函数 G1 和 G2 分别为

$$G_1(s)=\frac{s+21}{s^3+2s^2+3s+1},\quad G_2(s)=\frac{9}{s^4+1}$$

求以 G1 为前向通道、G2 为反馈通道的等效闭环负反馈模型 G。

解：根据命令函数 1 和命令函数 2，此题可有 3 种解法。

方法 1：根据命令函数 1，根据 G1 和 G2 表达式先将 num1、den1、num2、den2 赋值，然后套用函数 “feedback” 求出并联的 “num，den”，最后用多项式模型生成函数 “tf” 以求出闭环负反馈等效模型。

```
>> clear;
>> num1 = [1,21];             % G1 的分子多项式系数
>> den1 = [1,2,3,1];          % G1 的分母多项式系数
>> num2 = 9;                  % G2 的分子多项式系数
>> den2 = [1,0,0,0,1];        % G2 的分母多项式系数
>> sign = -1;                 % 定义该符号为“ -1”表示负反馈
>> [num,den] = feedback(num1,den1,num2,den2,sign); %求出等效模型 G 的多项式系数
>> G = tf(num,den)            % 根据 num 和 den 求出负反馈后的等效传递函数 G
```

运行结果为

```
Transfer function:

                  s^5 + 21 s^4 + s + 21
---------------------------------------------------------
s^7 + 2 s^6 + 3 s^5 + s^4 + s^3 + 2 s^2 + 12 s + 190
```

将上述结果写成的传递函数如下

$$G(s)=\frac{s^5+21s^4+s+21}{s^7+2s^6+3s^5+s^4+s^3+2s^2+12s+190}$$

方法2：分别生成两个传递函数 G1 和 G2 的模型，然后用 G = G1/(1 + G1 · G2) 求得负反馈等效模型 G。

```
>> clear;
>> num1 = [1,21];                % G1 的分子多项式系数
>> den1 = [1,2,3,1];             % G1 的分母多项式系数
>> num2 = 9;                     % G2 的分子多项式系数
>> den2 = [1,0,0,0,1];           % G2 的分母多项式系数
>> G1 = tf(num1,den1);           %生成传递函数模型 G1
>> G2 = tfnum2,den2);            % 生成传递函数模型 G2
>> G = G1/(1 + G1 * G2)          %应用反馈函数求得两系统的并联等效模型
```

运行结果为

```
Transfer function:
s^8 + 23 s^7 + 45 s^6 + 64 s^5 + 22 s^4 + 23 s^3 + 45 s^2 + 64 s + 21
----------------------------------------------------------------------
s^10 + 4 s^9 + 10 s^8 + 14 s^7 + 14 s^6 + 10 s^5 + 20 s^4 + 221 s^3 + 418 s^2 + 582 s + 190
```

这里需要注意的是，方法 2 与方法 1 的结果并不一样，原因是 MTALB 在使用公式法求得负反馈等效模型的结果并不会对零极点进行对消处理，保留了模型的原貌，因此所得结果并不是最简形式。如果要想得到最简形式，可以使用化简函数命令 minreal（G）进行化简，即在命令窗口输入

```
>> G = mineral(G)
```

可得运行结果为

```
Transfer function:
s^5 + 21 s^4 - 5.729e-014 s^3 - 2.465e-014 s^2 + s + 21
--------------------------------------------------------------
s^7 + 2 s^6 + 3 s^5 + s^4 + s^3 + 2 s^2 + 12 s + 190
```

其中分子的 3 次幂和 2 次幂项，在 MATLAB 之所以会列出，是因为其数据处理精度高，即便极小的数值也会保留下来，从这两项的系数可以看出，$5.729\times e^{-14}$和$2.465\times e^{-14}$几乎趋近于“0”，所以该两项相对于其他项系数可以省略，省略之后得出结果如下

```
Transfer function:
s^5 + 21 s^4 + s + 21
--------------------------------------------------------------
s^7 + 2 s^6 + 3 s^5 + s^4 + s^3 + 2 s^2 + 12 s + 190
```

由此结果可以看出和方法 1 及下面提到的方法 3 的结果是相同的。

方法3：分别生成两个传递函数 G1 和 G2 的模型，然后用 G = feedback（G1，G2，sign）求得负反馈等效模型 G。

```
>> clear;
>> num1 = [1,21];                   % G1 的分子多项式系数
>> den1 = [1,2,3,1];                % G1 的分母多项式系数
>> num2 = 9;                        % G2 的分子多项式系数
>> den2 = [1,0,0,0,1];              % G2 的分母多项式系数
>> G1 = tf(num1,den1);              %生成传递函数模型 G1
>> G2 = tf(num2,den2);              %生成传递函数模型 G2
>> sign = -1;                       %定义该符号为"-1"表示负反馈
>> G = feedback(G1,G2,sign)         % 直接运用反馈函数求得等效模型
```

运行结果为

```
Transfer function:
                 s^5 + 21 s^4 + s + 21
-----------------------------------------
s^7 + 2 s^6 + 3 s^5 + s^4 + s^3 + 2 s^2 + 12 s + 190
```

（4）单位闭环系统模型的等效

命令函数：[num,den] = cloop(num1,den1,sign)

G = tf(num,den)

功能说明：

- "cloop" 是前向通道 G1 和单位反馈通道简化后的系统模型函数命令；
- "num1，den1" 是前向通道分子、分母多项式系数的数组；
- "num，den" 是单位反馈等效后的多项式模型的分子、分母系数。

【例 4-10】 已知某传递函数 G1 为

$$G_1(s) = \frac{9s+17}{s^7+2s^6+3s^5+s^4+s^3+2s^2+3s+1}$$

求 G1 的单位负反馈传递函数 G。

解：此题应用 "cloop" 和 "feedback" 均可解出正确答案。

方法 1：列出 G1 的 "num1" 和 "den1"，用 "cloop" 求得单位负反馈的分子分母多项式系数 "num" 和 "den"。

```
>> clear;
>> num1 = [9,17];                          % G1 的分子多项式系数
>> den1 = [1,2,3,1,1,2,3,1];               % G1 的分母多项式系数
>> sign = -1;                              % 定义该符号为"-1"表示负反馈
>> [num,den] = cloop(num1,den1,sign)       % 求取 G1 的单位负反馈模型 G
```

运行结果为

```
num =
     0     0     0     0     0     0     9    17
den =
     1     2     3     1     1     2    12    18
```

执行下述命令

```
>> G = tf(num,den)
```

运行结果为

```
Transfer function:
                    9 s + 17
----------------------------------------------------
s^7 + 2 s^6 + 3 s^5 + s^4 + s^3 + 2 s^2 + 12 s + 18
```

将该结果写成传递函数形式为

$$G_1(s)=\frac{9s+17}{s^7+2s^6+3s^5+s^4+s^3+2s^2+12s+18}$$

方法2：列出G1的“num1”和“den1”，用“feedback”求得单位负反馈模型G。

```
>> clear;
>> num1 = [9,17];                      % G1 的分子多项式系数
>> den1 = [1,2,3,1,1,2,3,1];           % G1 的分母多项式系数
>> sign = -1;                          % 定义该符号为"-1"表示负反馈
>> G1 = tf(num1,den1);                 % 生成 G1 的传递函数模型
>> G = feedback(G1,1,sign)             % 用 feedback 求取 G1 的单位负反馈模型 G
```

【例4-11】 已知两个零极点增益函数G1和G2分别为

$$G_1(s)=\frac{8(s+1)(s+2)}{(s+3)(s+2)(s+1)},G_2(s)=\frac{4}{(s+4)(s+1)}$$

求：①G1和G2的串联模型；②G1和G2的并联模型；③以G1为前向通道、G2为反馈通道时的负反馈等效闭环模型。

解：这3个问题都要以G1和G2为基础进行函数处理，因此首先要列出G1和G2的模型。

```
>> clear;
>> z1 = [-1,-2];                       % G1 的零点
>> p1 = [-3,-2,-1];                    % G1 的极点
>> k1 =8;                              % G1 的增益
>> G1 = zpk(z1,p1,k);                  % 用 zpk 函数生成 G1 模型
>> z2 = [];                            % G2 的零点
>> p2 = [-4,-1];                       % G2 的极点
>> k2 =4;                              % G2 的增益
>> G2 = zpk(z2,p2,k2)                  % 用 zpk 函数生成 G2 模型
```

运行结果为

```
Zero/pole/gain:
  8(s+1)(s+2)
-----------------
(s+3)(s+2)(s+1)

Zero/pole/gain:
      4
-----------
(s+4)(s+1)
```

① G1 和 G2 的串联模型为

```
>> Gs = G1 * G2
```

运行结果为

```
Zero/pole/gain:
     32(s+1)(s+2)
---------------------------------
(s+3)(s+4)(s+2)(s+1)^2
```

② G1 和 G2 的并联模型为

```
>> Gp = G1 + G2
```

运行结果为

```
Zero/pole/gain:
8(s+4.186)(s+2)(s+1.314)(s+1)
---------------------------------
     (s+3)(s+4)(s+2)(s+1)^2
```

③ 以 G1 为前向通道、G2 为反馈通道时的负反馈等效闭环模型为

```
>> Gf = feedback(G1,G2,-1)
```

运行结果为

```
Zero/pole/gain:
            8(s+1)^2(s+4)
---------------------------------------------
(s+6.063)(s+1)(s^2 + 1.937s + 7.257)
```

上述结果中的传递函数在运算过程中都没有进行模型简化，也就是分子、分母的公因式即便有相同项也仍然保留了下来，换言之没有进行零极点对消，可用 minreal（）函数对每个结果进行简化。即

```
>> Gss = minreal(Gs);
>> Gpp = minreal(Gp);
>> Gff = minreal(Gf);
```

运行结果为

```
Zero/pole/gain:
      32
------------------
(s+3)(s+4)(s+1)

Zero/pole/gain:
8(s+4.186)(s+1.314)
--------------------------------
  (s+3)(s+4)(s+1)

Zero/pole/gain:
            8(s+1)(s+4)
--------------------------------
(s+6.063)(s^2 + 1.937s + 7.257)
```

到此为止，我们可以很容易地通过 MATLAB 生成传递函数模型，而且可以就最常见的模型运算（如模型转换、简化）进行熟练应用。MATLAB 对模型的处理操作方法多种多样，最终都能得到我们理想的模型形式，为了避免繁琐，以上所有的例题均以常见的基本操作为例，采用最为直接的几种编程方式。

4.3 线性连续系统的时域分析

在确定系统的数学模型后，便可以用不同的方法去分析控制系统的性能。在经典控制理论中，常用时域法、根轨迹法和频域法来分析现行系统的性能。时域分析法是一种直接在时间域中对系统进行分析的方法，具有直观、准确的优点，并且可以提供系统事件响应的全部信息。

在 MATLAB 中对线性连续系统的时域分析可以通过拉普拉斯变换法、线性连续系统时域分析专用函数命令法、Simulink 建模法这三种方法来实现。本节就拉普拉斯变换法和线性连续系统时域分析专用函数命令法来进行重点讲解。

4.3.1 时域分析的拉普拉斯变换法

研究传递函数的数学模型，这样就不用再考虑方程中符号的物理意义，只是把它看作抽象的变量。同样，也不用再考虑各系数的物理意义，只是单纯地把它们看作抽象的参数。只要数学模型形式上相同，不管变量用什么符号，它的运动性质都是相同的。

控制系统的数学模型，为了运算简便，有时会在复数域中进行分析。但为了表达直观，有时又不得不在时域中去分析。因此同一个系统在复数域和时域中的转换尤为重要，利用拉氏变换对线性连续系统进行时域分析，首先是对系统的传递函数模型进行部分分式展开，将其变成简单的传递函数之和；再用拉氏反变换得到系统的输出随时间响应的函数；最后绘制系统的响应曲线。通过改变系统的参数，观察系统时域下输出响应的变化，由此对系统的时域特性进行分析。

1. 连续时间函数的拉氏变换

拉氏变换定义为

$$F(s) = \int_0^{+\infty} f(t)\mathrm{e}^{-st}\mathrm{d}t \tag{4-4}$$

拉氏反变换定义为

$$f(t) = \frac{1}{2\pi \mathrm{j}}\int_{\sigma-\mathrm{j}\omega}^{\sigma+\mathrm{j}\omega} F(s)\mathrm{e}^{-st}\mathrm{d}s \tag{4-5}$$

在 MATLAB 中，拉氏变换与拉氏反变换的函数命令见表4-3，默认情况下 MATLAB 是单边拉氏变换。

表 4-3 拉氏变换与拉氏反变换的函数命令

序 号	函数命令格式	功 能 说 明
1	F = laplace(f)	对 f(t)进行拉氏变换,结果为变量 s 的函数 F(s)
2	F = ilaplace(F)	对 F(s)进行拉氏反变换,结果为变量 t 的函数 f(t)

【例 4-12】 求函数 $f(t)=A\sin(wt+b)$ 的拉氏变换式；令 $A=1$，$w=1$，$b=0$，求拉氏变换结果，并用拉氏反变换校验。

解：命令窗口输入以下程序

```
>> clear;
>>syms t A w b s                 % 定义函数中的运算符号
>> ft = A * sin(w * t + b);      %生成题干中的函数表达式
>> Fs = laplace(ft)              % 对 ft 进行拉氏变换,变换结果为以 s 为自变量的函数 Fs
```

其中 "syms t A w b s" 是定义函数 $f(t)=A\sin(\omega t+b)$ 中的运算符号，如果不事先定义，则这些运算符号无系统分配的内存将会导致程序出错，定义好之后，得出的 "ft" 就是一个由符号之间的运算组成的一个函数了。其运行结果如下

```
Fs =
A * (cos(b) * w/(s^2 + w^2) + sin(b) * s/(s^2 + w^2))
```

再令 $A=1$，$w=1$，$b=0$，程序输入如下

```
>> A = 1;                 % 分别给系数 A、w、b 赋值
>> w = 1;
>> b = 0;
>> Fs = A * (cos(b) * w/(s^2 + w^2) + sin(b) * s/(s^2 + w^2))
```

运行结果为

```
Fs =
1/(s^2 + 1)
```

也就是 $F(s)=L[f(t)]=L[\sin(t)]=1/(s^2+1)$。

用拉氏反变换对该结果进行校验程序如下

```
>> ft = ilaplace(Fs)        % 求 Fs 的拉氏反变换 ft
```

运行结果为

```
ft =
sin(t)
```

也就是 $f(t)=L^{-1}[F(s)]=L^{-1}[1/(s^2+1)]=\sin(t)$。

【例 4-13】 求函数 $f(t)=t\sin^3(4t)$ 的拉氏变换。

解：程序如下

```
>> clear;
>>syms t s;                 % 定义变换过程中所涉及的符号变量
>> ft = t * sin(4 * t)^3;   %书写待转换的函数公式
>> Fs = laplace(ft)         %对 ft 进行拉氏变换,函数结果是以 s 为自变量的 Fs
```

运行结果为

```
Fs =
3/16/(1/16 * s^2 + 1)^2/(1/16 * s^2 + 9) * s + 3/16/(1/16 * s^2 + 1)/(1/16 * s^2 + 9)^2 * s
```

该结果比较复杂，应用“simplify”命令可以将 Fs 用几个不同的算法进行化简，然后返回长度最短的那个作为其最简形式，程序如下

```
>> simplify(Fs)              % 简化 Fs
```

简化结果为

```
ans =
1536 * s * (s^2 + 80)/(s^2 + 16)^2/(s^2 + 144)^2
```

对于习惯了手写公式格式的人来说，这种形式看起来比较别扭，应用“pretty”命令可以将该结果转换为相同结果的手写格式，程序如下

```
>> pretty(ans)              % 将结果转为手写形式
```

转换结果为

```
ans =
                  s(s^2   + 80)
1536 ----------------------------------
        (s^2   + 16)^2   (s^2   + 144)^2
```

其中“pretty（ans）”中的“ans”是上一步简化之后的结果。

2. 拉氏反变换

拉氏反变换是为了将复数域函数转换为与其对应的时域函数。

【例 4-14】 求下列传递函数的时域函数 g(t)。

$$G(s)=\frac{s^3+3s^2+5s+6}{3s^2+2s+7}$$

解：拉氏变换程序如下

```
>> clear
>> syms s;                    % 定义变换过程中所涉及的符号变量
>> Gs = (s^3 + 3 * s^2 + 5 * s + 6)/(3 * s^2 + 2 * s + 7);
>> gt = ilaplace(Gs)   % 进行拉氏反变换
```

运行结果为

```
gt =
    1/3 * dirac(1,t) + 7/9 * dirac(t) + 10/27 * exp( - 1/3 * t) * cos(2/3 * 5^(1/2) * t) + 1/54 * 5^
(1/2) * exp( - 1/3 * t) * sin(2/3 * 5^(1/2) * t)
```

即结果为

$$\frac{1}{3}\delta'(t)+\frac{7}{9}\delta(t)+\frac{10}{27}e^{-\frac{t}{3}}\cdot\cos\left(\frac{2\sqrt{5}}{3}t\right)+\frac{\sqrt{5}}{54}e^{-\frac{t}{3}}\cdot\sin\left(\frac{2\sqrt{5}}{3}t\right)$$

其中，dirac(t) $=\delta(t)$，dirac(1,t) $=\delta'(t)$，对时域函数 gt 求其逆过程如下

```
>> syms t;
>> Gss = laplace(gt)          % 再求 gt 的拉氏变换,以验证结果是否正确
```

运行结果为

```
Gss =
1/3 * s + 7/9 + 1/6 * (s + 1/3)/(9/20 * (s + 1/3)^2 + 1) + 1/36/(9/20 * (s + 1/3)^2 + 1)
```

转为手写格式的程序为

```
>> pretty(Gss)                % 将 Gss 转为手写形式
```

转换结果为

```
1/3 * s + 7/9 + 1/6 * (s + 1/3)/(9/20 * (s + 1/3)^2 + 1) + 1/36/(9/20 * (s + 1/3)^2 + 1)
```

该结果是将部分分式已经展开之后的结果，对其进行简化，程序为

```
>> simplify(Gss)              % 公式化简
```

简化结果为

```
ans =
(s^3 + 3 * s^2 + 5 * s + 6)/(3 * s^2 + 2 * s + 7)
```

转换成手写格式的程序为

```
>> pretty(ans)                % 转为手写形式
```

转换结果为

```
s^3  + 3 s^2  + 5 s + 6
---------------------------------
3 s^2  + 2 s + 7
```

可见反验证的结果与本例题相同。

3. 部分分式展开法

用拉氏变换求解微分方程是一种代数方法。其中最繁琐的一步，就是对多项式进行部分分式展开。对于分母中包含较高阶次多项式的复杂函数，手工运算可能会相当费时间，在这种情况下，可采用 MATLAB 的部分分式展开方法进行。

常见的有理多项式表示如下

$$\frac{M(s)}{N(s)}=\frac{b_0s^n+b_1s^{n-1}+\cdots+b_n}{s^n+a_1s^{n-1}+\cdots+a_n}=\frac{b_0(s+z_1)(s+z_2)\cdots(s+z_n)}{(s+p_1)(s+p_2)\cdots(s+p_n)} \tag{4-6}$$

式(4-6) 可以展开为部分分式之和

$$\frac{M(s)}{N(s)}=\frac{r_1}{s+p_1}+\frac{r_2}{s+p_2}+\frac{r_n}{s+p_n}+K(s) \tag{4-7}$$

式中，$r_i(i=1,2,\cdots,n)$为待定系数，称为留数。

MATLAB 中有一个命令可用于求 $M(s)/N(s)$ 的部分分式展开项的内容，即直接求出展开式中的留数、极点和余项，其命令格式为

[r,p,k] = residue(num,den)

其中，r、p、k 分别为函数结果中的留数、极点和余项值，而 num 和 den 为待展开多项式分子和分母系数的向量。

【例 4-15】 设某传递函数为

$$G(s)=\frac{2s^3+5s^2+3s+6}{s^3+6s^2+11s+6}$$

求其展开的部分分式。

解：程序如下

```
>> clear
>> num = [2,5,3,6];
>> den = [1,6,11,6];
>> [r,p,k] = residue(num,den)
```

运行结果为

```
r =
    -6.0000
    -4.0000
     3.0000
p =
    -3.0000
    -2.0000
    -1.0000
k =
     2
```

其中，留数变成列向量 r，极点变为列向量 p，而余项变为行向量 k。

由此可得出展开的部分分式为

$$G(s)=\frac{-6}{s+3}+\frac{-4}{s+2}+\frac{3}{s+1}+2$$

MATLAB 有一个命令可以将已展开的部分分式返回到有理多项式之比的形式，命令格式为

[num,den] = residue(r,p,k)

其中，r、p、k 为已展开的部分分式中的留数列向量、极点列向量及余数行向量，将例 4-15 中的 r、p、k 代入，程序如下

```
>> clear;
>> [num1,den1] = residue(r,p,k)
```

运行结果为

```
num1 =
    2.0000    5.0000    3.0000    6.0000
den1 =
    1.0000    6.0000    11.0000    6.0000
```

可见，结果与原例题中多项式系数一致。这里需要注意的是，在用 MATLAB 方法展开或返回多项式函数时，对于重根的情况，也要写成标准形式后进行运算，即如果有

$$G(s)=\frac{A(s)}{(s-p_j)^m}$$

则部分分式展开为

$$G(s)=\frac{r_{(j)}}{s-p_{(j)}}+\frac{r_{(j+1)}}{[s-p_{(j)}]^2}+\cdots+\frac{r_{(j+m-1)}}{[s-p_{(j)}]^m}$$

【例 4-16】 设某传递函数为

$$G(s)=\frac{s^2+2s+3}{(s+1)^3}=\frac{s^2+2s+3}{s^3+3s^2+3s+1}$$

求其展开的部分分式。

解：程序如下，

```
>> clear;
>> num = [1,2,3];
>> den = [1,3,3,1];
>> [r,p,k] = residue(num,den)
```

运行结果为

```
r =
     1.0000
     0.0000
     2.0000
p =
    -1.0000
    -1.0000
    -1.0000
k =
     []
```

由此得出展开的部分分式为

$$G(s)=\frac{1}{s+1}+\frac{0}{(s+1)^2}+\frac{2}{(s+1)^3}+0$$
$$=\frac{1}{s+1}+\frac{2}{(s+1)^3}$$

【例 4-17】 设一个 *RLC* 电路如图 4-21 所示，其中 u_i 为输入信号，u_o为输出信号，电路中各变量的初始状态为零。试求：

1）建立 *RLC* 电路的传递函数 $G(s)=U_o/U_i$。

2）当 $u_i=Eu(t)$时，利用拉氏逆变换命令求 u_o。

解：1）根据电压方程有

$$u_o(t)=-u_L(t)-u_R(t)+u_i(t)$$

因为

$$u_L(t)=L\frac{di(t)}{dt},\quad u_R(t)=Ri(t),\quad i(t)=C\frac{du_o(t)}{dt}$$

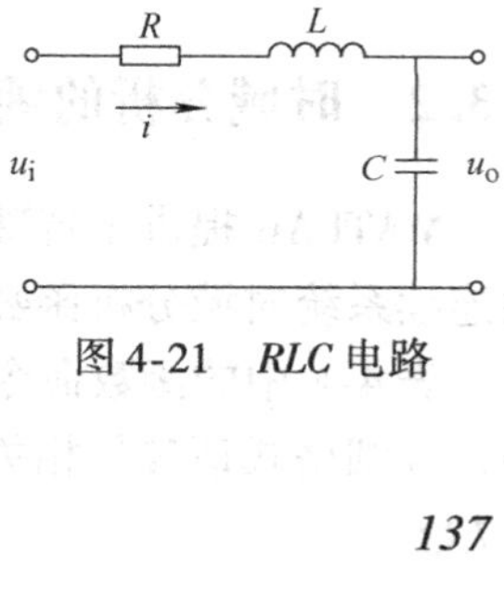

图 4-21 *RLC* 电路

将上式代入第 1 个式子，整理得

$$LC\frac{d^2u_o(t)}{dt^2}+RC\frac{du_o(t)}{dt}+u_o(t)=u_i(t)$$

继而有

$$\frac{d^2u_o(t)}{dt^2}+\frac{R}{L}\frac{du_o(t)}{dt}+\frac{1}{LC}u_o(t)=\frac{1}{LC}u_i(t)$$

令 $2\xi\omega_n=\frac{R}{L}$，$\omega_n^2=\frac{1}{LC}$，得

$$\frac{d^2u_o(t)}{dt^2}+2\xi\omega_n\frac{du_o(t)}{dt}+\omega_n^2u_o(t)=\omega_n^2u_i(t)$$

通常称 $\xi=\frac{R}{2}\sqrt{\frac{C}{L}}$ 为阻尼比或阻尼系数，称 $\omega_n=\sqrt{1/LC}$ 为自然振荡频率。上式为一个二阶线性非齐次微分方程，在工程上称为标准二阶系统的时域模型。对该模型两边取拉氏变换，该 *RLC* 电路传递函数为

$$G(s)=\frac{U_o(s)}{U_i(s)}=\frac{\omega_n^2}{s^2+2\xi\omega_ns+\omega_n^2}$$

该式称为标准二阶系统模型。

2）当 $u_i=Eu(t)$ 时，由于 $L[u_i]=L[E]=E/s$，所以输出的拉氏变换为

$$U_o(s)=\frac{\omega_n^2}{s^2+2\xi\omega_ns+\omega_n^2}\frac{E}{s}$$

利用拉氏逆变换函数求 u_o。程序如下

```
>> clear;
>>syms t s E wn et                                   % 定义变换过程中所涉及的符号变量
>> Uo = E * wn^2/((s^2 +2 * et * wn * s + wn^2) * s); % 书写复数域 Uo 的表达式
>> uo = ilaplace(Uo,s,t)                             % 对 Uo 函数指定 s 为自变量,对输出函数
                                                       uo 指定 t
                                                     % 为自变量
```

运行结果为

```
uo =
E * wn * (1/wn + exp( - t * et * wn) * ( - 1/wn * cosh(t * (et^2 * wn^2 - wn^2)^(1/2)) - et/(et^2
* wn^2 - wn^2)^(1/2) * sinh(t * (et^2 * wn^2 - wn^2)^(1/2))))
```

4.3.2 时域分析的函数命令

MATLAB 提供了特殊的函数命令，专用于对系统的分析。本节介绍常用的 MATLAB 线性连续系统时域分析函数命令格式及其使用方法。

表 4-4 中的函数命令，根据不同的输入和输出参数及具体要求，其命令格式也不尽相同，详细格式请参见相关参考文献。

表 4-4　常用时域分析函数命令

序　　号	函数命令格式	功 能 说 明
1	impulse(sys)	求系统 sys 的单位脉冲响应，并绘图
2	step(sys)	求系统 sys 的单位阶跃响应，并绘图
3	Lsim(sys,u,t)	系统 sys 对任意输入 u 在时域 t 内的响应。其中，u 可由 gensi( ) 生成：[ut,t] = gensig(type,tau)； type = "sin"：正弦信号； type = "square"：方波信号； type = "pulse"：周期脉冲信号； tau：type 的周期（单位为 s）

【例 4-18】 已知某系统传递函数为 $G(s)=\dfrac{5}{s^2+2s+5}$，求其单位脉冲响应。

解： 程序如下

```
>> clear;
>> n=[5];                %设定传递函数 G(s)的多项式分子系数
>> d=[1,2,5];            %设定传递函数 G(s)的多项式分母系数
>> Gs=tf(n,d);           %根据多项式分子和分母系数生成传递函数模型 Gs
>> impulse(Gs)           %求传递函数 Gs 的单位脉冲响应
```

其运行结果如图 4-22 所示。

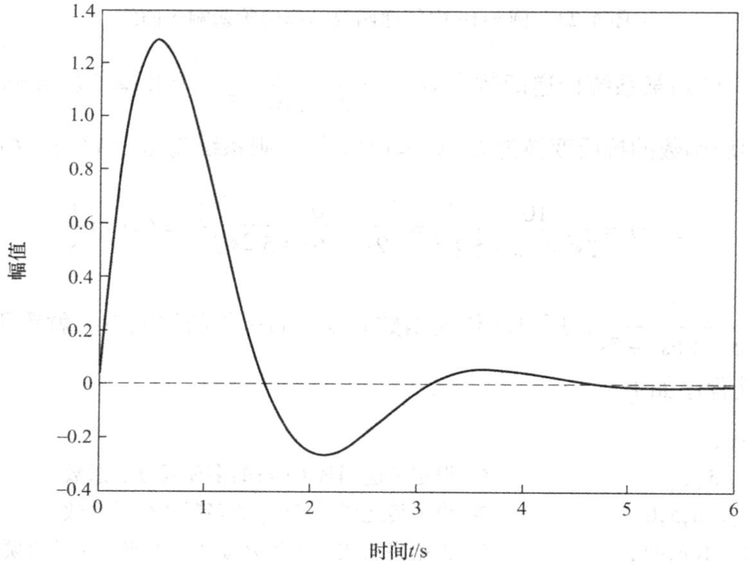

图 4-22　例 4-18 中传递函数的单位脉冲响应曲线

【例 4-19】 已知某系统传递函数为 $G(s)=\dfrac{s+5}{s^3+2s^2+6s+5}$，求其单位阶跃响应。

解： 程序如下

```
>> clear;
>> n=[1,7];              %设定传递函数 G(s)的多项式分子系数
```

```
>> d=[1,2,6,5];                    % 设定传递函数 G(s)的多项式分母系数
>> Gs=tf(n,d);                     % 根据多项式分子和分母系数生成传递函数模型 Gs
>> step(Gs)                        % 求传递函数 Gs 的单位阶跃响应
```

其运行结果如图 4-23 所示。

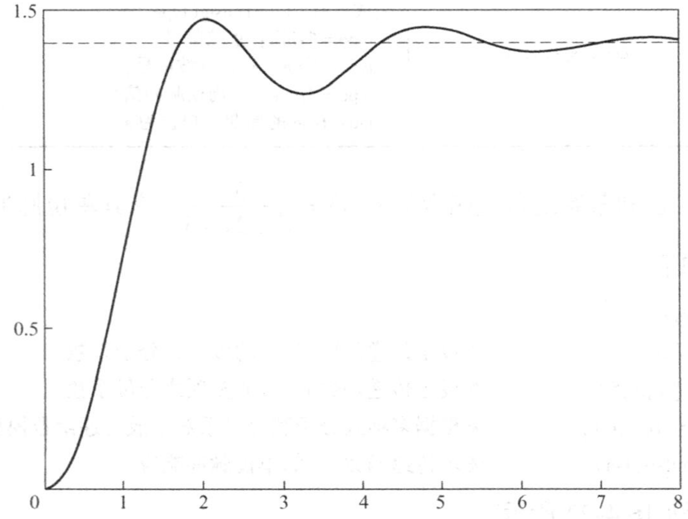

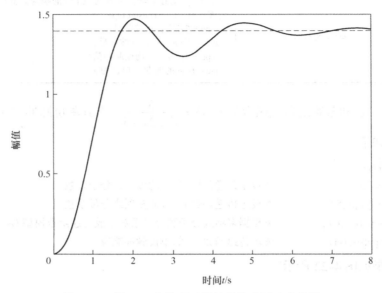

图 4-23　例 4-19 中传递函数的单位阶跃响应曲线

【例 4-20】　已知某系统传递函数为 $G(s)=\dfrac{10}{2s^2+6s+5}$，求其单位斜坡响应。

解：单位斜坡函数的拉氏变换为 $U_i(s)=1/(2s^2)$，则系统输出为 $Y(s)=G(s)U_i(s)$，即

$$Y(s)=\frac{10}{2s^2+6s+5}\frac{1}{2s^2}=\left(\frac{10}{2s^2+6s+5}\frac{1}{2s}\right)\frac{1}{s}=G_1(s)\frac{1}{s}$$

其中，$G_1(s)=\dfrac{5}{2s^3+6s^2+5s}$，所以求传递函数 $G(s)$ 的单位斜坡响应，就等于求 $G_1(s)$ 的单位阶跃响应，其程序如下

```
>> clear;
>> n=[5];                    % 设定传递函数 G(s)的多项式分子系数
>>d=[2,6,5,0];               % 设定传递函数 G(s)的多项式分母系数
>> G1=tf(n,d);               % 根据多项式分子和分母系数生成传递函数模型 Gs
>> t=0:0.01:8;               % 设定时间区间
>> step(G1)                  % 求传递函数 Gs 的单位阶跃响应
>> hold on;                  % 保留原像
>> plot(t,t,'k-')            % 在图像窗口绘制输入曲线
```

其运行结果如图 4-24 所示。

【例 4-21】　已知某系统传递函数为 $G(s)=\dfrac{27}{s^2+3s+27}$，求其矩形方波响应。

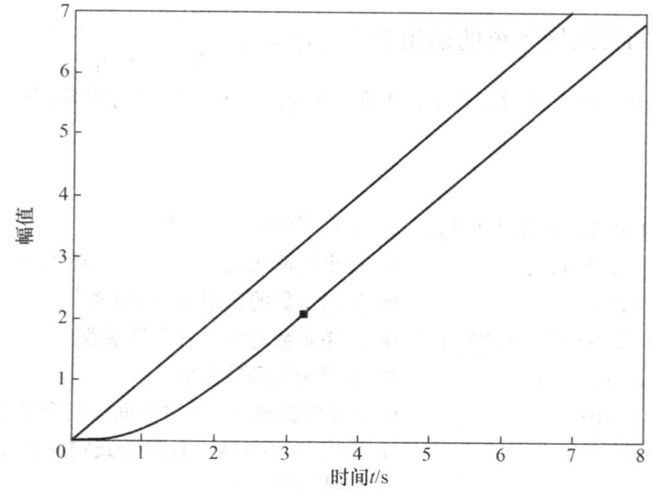

图 4-24　例 4-20 中传递函数的单位斜坡响应曲线

解：矩形方波可用相关函数命令生成，程序如下

```
>> clear;
>> [u,t] = gensig('square',6,20,0.1);    % 生成以 t 为自变量,以 u 为变量的方波信号,该
                                           方波周期 6s,长度 20s,采样间隔 0.1s
>> num = [27];                            % 设定传递函数 G(s)的多项式分子系数
>> den = [1,3,27];                        % 设定传递函数 G(s)的多项式分母系数
>> Gs = tf(num,den);                      % 生成传递函数模型 Gs
>>lsim(Gs,u,t);                           % 生成 Gs 在方波[u,t]输入下的响应函数
>> grid on                                % 添加网格
>> hold on                                % 保持图像
>> plot(t,u,'r')                          % 将输入函数以红色形式绘制出来以做对比
```

其运行结果如图 4-25 所示。

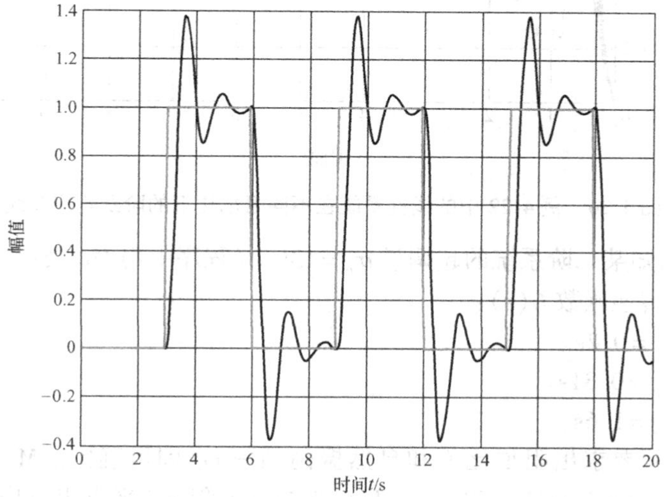

图 4-25　例 4-21 中传递函数的矩形方波响应曲线

【**例 4-22**】 已知某线性系统的输出为 $U_o(s)=\dfrac{\omega_n^2}{s^2+2\xi\omega_n s+\omega_n^2}U_i(s)$。求当 $U_i(s)=1/s$，$\omega_n=4$，$t=0:0.05:10$，$et=[0.1, 0.2, 0.5, 0.9, 1.5]$ 时的时域响应。

解：程序如下

```
>> clear;
>> et = [0.1,0.2,0.5,0.9,1.5];        % 设置不同阻尼比数组
>> for i = 1:length(et);              % 每个阻尼比执行一次 for 循环体生成一个响应曲线
   num = [4^2];                       % 传递函数的多项式分子系数
   den = [1,2 * et(i) * 3,4^2];       % 传递函数的多项式分母系数
   G0 = tf(num,den);                  % 生成传递函数模型
   t = 0:0.05:10;                     %设置阶跃响应的采样时间区间和采样间隔
   step(G0,t)                         % 生成 G0 在时域 t 内的阶跃响应曲线
   hold on                            % 保持图形
   grid on                            % 添加网格
   end                                % 结束循环
```

其运行结果如图 4-26 所示。

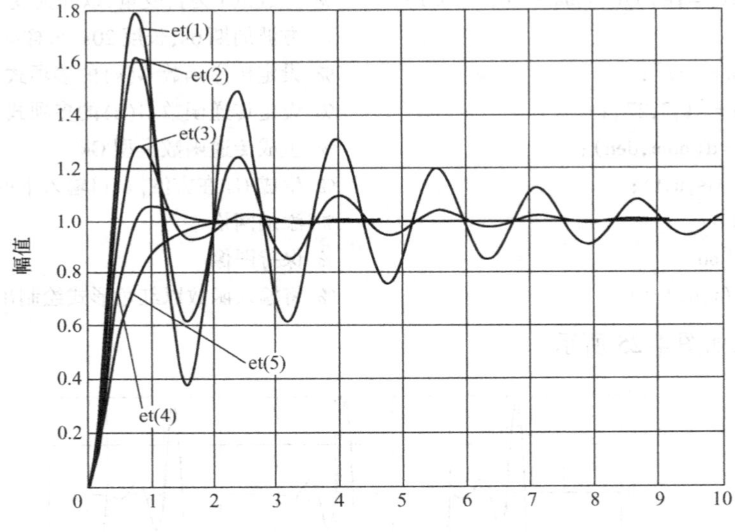

图 4-26 例 4-22 中的线性系统在不同阻尼比下的阶跃响应曲线

【**例 4-23**】 已知某二阶系统的超调量 $\sigma_p=13\%$（程序中用 Mp 表示），根据下列条件确定二阶系统的开环传递函数 $G(s)$：

1）上升时间 $t_r=0.2s$。

2）峰值时间 $t_p=0.31s$。

3）调节时间 $t_s=1.6s$。

解：二阶系统只要求出阻尼比 ξ 和自然振荡频率 ω_n 即可确定。MATLAB 提供了 solve（‘eq1’,‘eq2’,…,‘eqn’,val1,val2,…,valn）来根据方程 eqi 来求出对应的方程解 vali（其中 i=1，2，…，n）。

1）求解同时满足超调量 $\sigma_p=13\%$ 和上升时间 $t_r=0.2\text{s}$ 的阻尼比 ξ 和自然振荡频率 ω_n。根据超调量和上升时间公式得

$$\sigma_p=e^{-\xi\pi/\sqrt{1-\xi^2}}\times100\%,\quad t_r=\frac{\pi-\arctan(\sqrt{1-\xi^2}/\xi)}{\omega_n\sqrt{1-\xi^2}}$$

设式中两个变量 ξ 和 ω_n 分别为 x、y，则上述方程改写为

$$\sigma_p-e^{-x\pi/\sqrt{1-x^2}}=0,\quad t_r-\frac{\pi-\arctan(\sqrt{1-x^2}/x)}{y\sqrt{1-x^2}}=0$$

其程序如下

```
>> clear;
>> syms x y Mp tr                                     % 预设符号变量
>> x = solve('Mp - exp( - x * pi/sqrt(1 - x^2)) = 0',x) % 解方程,求 x 即为 ξ
>> x = subs(x,Mp,0.13)                               % 将求解表达式 x 中的 Mp 用 0.13 代替
>> y = solve('tr - (pi - atan(sqrt(1 - x^2)/x))/
   (y * sqrt(1 - x^2)) = 0',y);                       % 求 y 即为 ωn
>> y = subs(y,tr,0.2);                                % 将求解表达式 y 中的 tr 用 0.2 代替
>> y = subs(y,x)                                      % 将求解表达式 y 中的 x 代入数值
```

其运行结果为

```
x =
    0.5446
y =
   12.7987
```

因此，所得二阶系统模型为

$$G(s)=\frac{\omega_n^2}{s^2+2\xi\omega_n s+\omega_n^2}=\frac{12.7989^2}{s^2+2\times0.5446\times12.7987s+12.7989^2}$$

2）求解同时满足超调量 $\sigma_p=13\%$ 和峰值时间 $t_p=0.31\text{s}$ 的阻尼比 ξ 和自然振荡频率 ω_n。根据超调量和峰值时间公式得

$$\sigma_p=e^{-\xi\pi/\sqrt{1-\xi^2}}\times100\%,\quad t_p=\frac{\pi}{\omega_n\sqrt{1-\xi^2}}$$

设式中两个变量 ξ 和 ω_n 分别为 x、y，则上述方程改写为

$$\sigma_p-e^{-x\pi/\sqrt{1-x^2}}=0,\quad t_p-\frac{\pi}{y\sqrt{1-\xi^2}}=0$$

其程序如下

```
>> clear;
>> syms x y Mp tp                                     % 预设符号变量
>> x = solve('Mp - exp( - x * pi/sqrt(1 - x^2)) = 0',x); % 解方程,求 x 即为 ξ
>> x = subs(x,Mp,0.13)                               % 将求解表达式 x 中的 Mp 用 0.13 代替
>> y = solve('tp - pi/(y * sqrt(1 - x^2)) = 0',y);    % 求 y 即为 ωn
>> y = subs(y,tp,0.31);                               %将求解表达式 y 中的 tp 用 0.31 代替
>> y = subs(y,x)                                      %将求解表达式 y 中的 x 代入数值
```

其运行结果为

```
x =
    0.5446
y =
   12.0837
```

因此，所得二阶系统模型为

$$G(s) = \frac{\omega_n^2}{s^2 + 2\xi\omega_n s + \omega_n^2} = \frac{12.0837^2}{s^2 + 2 \times 0.5446 \times 12.0837s + 12.0837^2}$$

生成的阶跃响应程序为

```
>> [num,den] = ord2(y,x);        % 生成二阶系统模型多项式的分子和分母系数向量
>> G = y^2 * tf(num,den);        % 生成系统模型的标准形式
>> step(G)                       % 求取系统模型的单位阶跃响应曲线
>> grid on                       % 添加网格
```

其运行结果如图 4-27 所示。

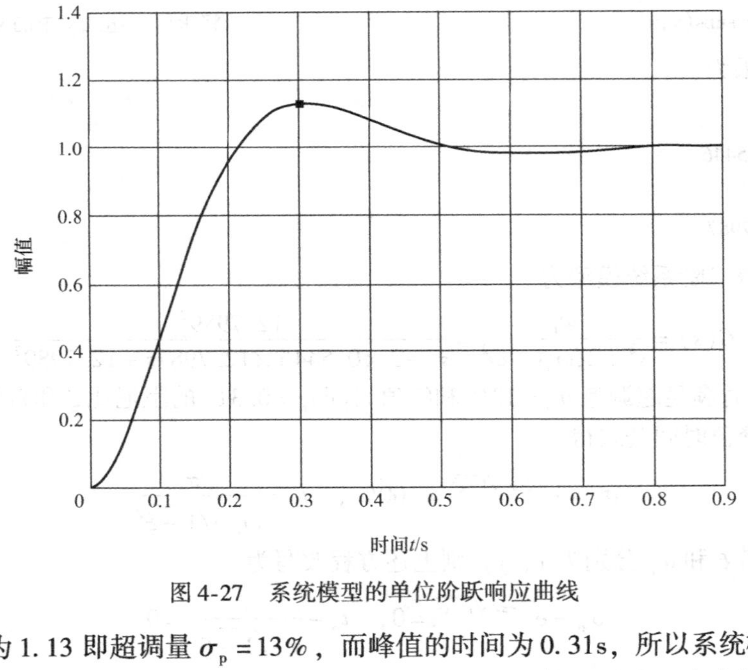

图 4-27　系统模型的单位阶跃响应曲线

可见幅值为 1.13 即超调量 $\sigma_p = 13\%$，而峰值的时间为 0.31s，所以系统模型求解正确。

3）求解同时满足超调量 $\sigma_p = 13\%$ 和峰值时间 $t_s = 1.6$s 的阻尼比 ξ 和自然振荡频率 ω_n。根据超调量和峰值时间公式得

$$\sigma_p = e^{-\xi\pi/\sqrt{1-\xi^2}} \times 100\%,\quad t_s = \frac{4}{\omega_n\xi}(\Delta = 0.02) \text{或} t_s = \frac{3}{\omega_n\xi}(\Delta = 0.05)$$

程序如下

```
>> clear;
>>syms x y Mp ts d                                        % 预设符号变量
>> x = solve('Mp - exp( - x * pi/sqrt(1 - x^2)) = 0',x);  % 解方程,求 x 即为 ξ
```

```
>> x = subs(x,Mp,0.13)                      % 将求解表达式 x 中的 σp 用 0.13 代替
>> y = solve('ts - d/(y * x) =0',y);        % 求 y 即为 ωn
>> y = subs(y,[ts,d],[1,4]);                % 将 y 表达式中的 ts 和 d 用 1 和 4 代替,
                                            % 这里采用 Δ = 0.02 算法
>> y = subs(y,x)                            % 将求解表达式 y 中的 x 代入数值
```

其运行结果为

```
x =
    0.5446
y =
   7.3442
```

对系统的时域分析，可以通过求解输出模型的拉氏反变换并绘制输出函数曲线；也可以利用专用的系统时域响应函数命令，直接得到输出响应和相关参数。而本章例题中所涉及函数的使用方法灵活多变，根据参数的不同，书写格式也有很大差别，具体应用中要根据实际情况采用对应格式的函数命令。

思考题与习题

4-1 用 MATLAB 对下列传递函数生成多项式模型。

(1) $G(s)=\dfrac{2}{s+11}$；　　(2) $G(s)=\dfrac{2s+5}{3s^2+4s+8}$；

(3) $G(s)=\dfrac{6s^2+7s+81}{2s^3+7s^2+5s+33}$；　　(4) $G(s)=\dfrac{12s^3+3s^2+41s+17}{s^4+2s^3+3s^2+4s+5}$。

4-2 用 MATLAB 对下列传递函数生成零极点增益模型。

(1) $G(s)=\dfrac{2}{(s+11)(s+3)}$；　　(2) $G(s)=\dfrac{2(s+5)}{(s+1)(s+2)}$；

(3) $G(s)=\dfrac{s^2(s+5)}{(s+1)(s+2)(s+3)}$；　　(4) $G(s)=\dfrac{3s(s+5)(s-4)}{s^2(s+1)(s+2)(s+3)}$。

4-3 求下列函数的拉氏变换。

(1) $f(t)=t$；　(2) $f(t)=\dfrac{1}{2}t^2$；　(3) $f(t)=t^3$；　(4) $f(t)=te^{-at}$。

4-4 用部分分式展开法，求下列已知传递函数的单位阶跃响应；用拉氏反变换求下列系统时域下的单位脉冲响应。

(1) $G(s)=\dfrac{s+13}{4s^2+5s+7}$；　　(2) $G(s)=\dfrac{s+13}{s^2(s+1)^2(s+2)}$。

第 5 章　直流调速系统性能分析

5.1　具有转速负反馈的晶闸管直流调速系统

5.1.1　系统的组成

图 5-1 所示为具有转速负反馈的晶闸管直流调速系统原理图。图中他励直流电动机是调速系统的被控对象，转速为被控量；电动机的励磁电流由另一直流电源供给，电动机的电枢由晶闸管可控整流电路供电。图中 L_d 为平波电抗器。在此系统中，励磁电流保持恒值，通过调节电动机电枢电压来调节转速（在以前学习中已知：直流电动机的转速与电枢电压成线性关系）。晶闸管供电电路及触发电路为执行环节（含功率放大）。比例调节器为控制环节，测速发电机和电位器 RP_2为检测和反馈环节（RP_2调节反馈量），RP_1 为给定电位器。由图可见，转速反馈电压 U_{fn}与给定电压 U_s极性相反，因此为负反馈。根据以上分析，可画出如图 5-2 所示的系统组成框图。

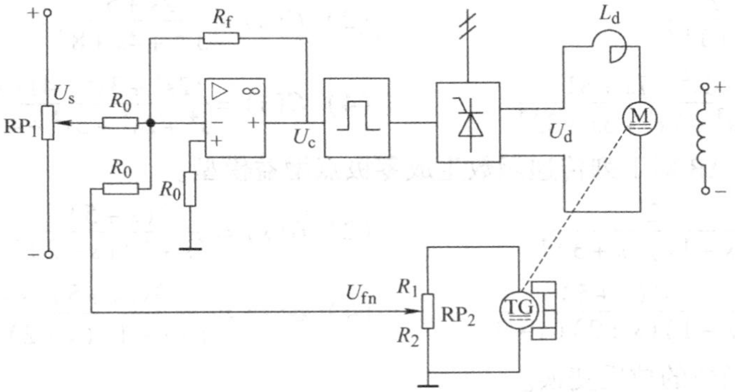

图 5-1　具有转速负反馈的晶闸管直流调速系统原理图

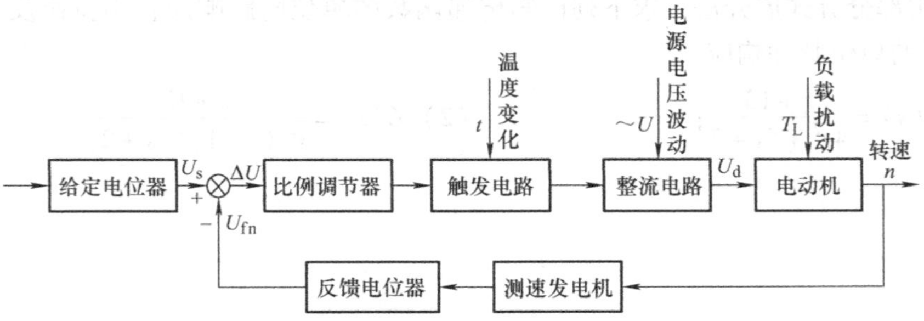

图 5-2　具有转速负反馈的直流调速系统组成框图

5.1.2 系统的工作原理

由图5-2可见，偏差电压$\Delta U=U_s-U_{fn}$，其中U_{fn}与转速n成正比，因此可写成$U_{fn}=\alpha n$，α为转速反馈系数。于是$\Delta U=U_s-U_{fn}=U_s-\alpha n$。

若调节给定电压U_s，设U_s增大，由$\Delta U=U_s-\alpha n$可知，ΔU将增大，它经电压放大和功率放大后，将使整流装置的输出电压U_d增大。若略去平波电抗器L_d的电压降U_{Ld}，则电枢电压U_α可近似等于U_d（$U_d=U_\alpha+U_{Ld}$）。当电枢电压U_α增加时，转速n将增加，因此，调节给定电压U_s，即可调节转速n的数值。

当负载转矩T_L发生变化时（设T_L增加），则电动机的转速将下降（$n\downarrow$），由反馈环节可知，反馈电压将减小（$U_{fn}\downarrow$），于是偏差电压$\Delta U=U_s-U_{fn}$将增大（$\Delta U\uparrow$），经电压放大和功率放大后，整流输出电压U_d也将增大，而$U_\alpha\approx U_d$，于是电枢电流将增加，从而使电动机的电磁转矩T_e增加。这个调节过程一直要继续到$T_e=T_L$，电动机重新达到平衡状态为止。

事实上，在转速发生变化时，除了上述因转速负反馈环节而形成的自动调节过程外，电动机内部也有一个自动适应外界负载变化的调节过程，即当电动机转速下降时，电动机电枢的反电动势E也下降，这同样使电枢电流增加、电动机电磁转矩增加，使电动机达到平衡。

5.1.3 系统的自动调节过程

综上所述，可画出图5-3所示的具有转速负反馈的直流调速系统的自动调节过程。

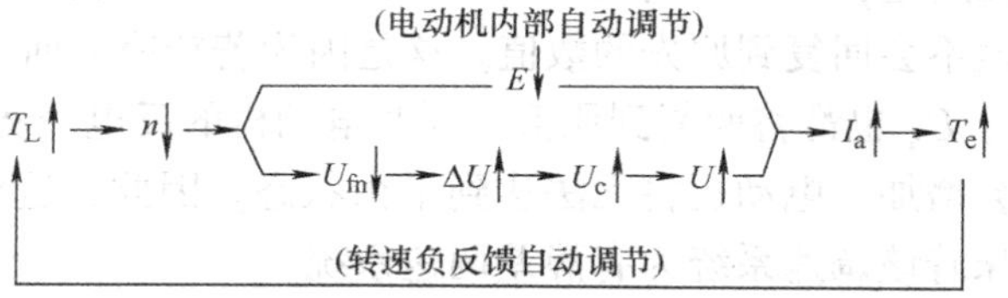

图5-3 具有转速负反馈的直流调速系统的自动调节过程

5.1.4 系统框图

由图5-2所示的系统组成框图，以各环节对应的传递函数代入，即可得到图5-4所示的具有转速负反馈的直流调速系统框图。

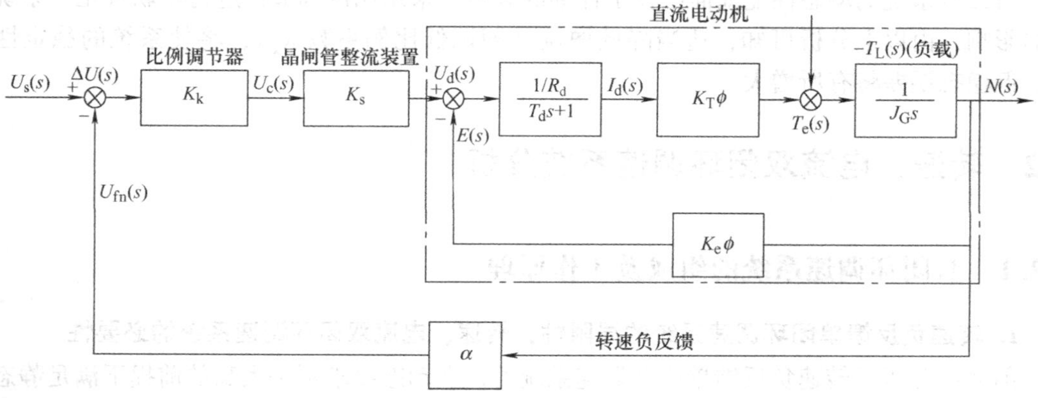

图5-4 具有转速负反馈的直流调速系统框图

图 5-4 中，比例调节器的增益为 K_k；晶闸管整流装置，若略去延迟因素，其线性部分可看成比例环节，其增益为 K_s；α 为转速反馈系数。

5.1.5 系统的性能分析

1. 系统的稳定性分析

由电动机知识可知，直流电动机等效的传递函数为

$$N(s)/U_\alpha(s)=1/[(K_e\phi)(T_mT_\alpha s^2+T_ms+1)]$$

于是由图 5-4 可写出该系统的开环传递函数为

$$G(s)H(s)=\frac{K_kK_s\alpha}{C_e\phi}\frac{1}{T_mT_\alpha s^2+T_ms+1}$$

由上式可见，控制器为比例调节器的直流调速系统为一个二阶系统，由前面章节的分析可知，二阶系统是稳定系统，因此这是一个稳定的系统。当然，若考虑实际系统还存在摩擦与间隙，电气线路中还会有吸收干扰脉冲电压的阻容滤波电路以及产生的时间延迟晶闸管整流装置等其他因素，实际系统可能是三阶或四阶高阶系统，仍有可能产生振荡的不稳定情况。

2. 系统的稳态性能分析

由图 5-3 所示的自动调节过程可知，转矩的平衡和转速降的减少是依靠偏差电压 ΔU 的变化来进行调节的。在这里，采用比例调节器控制，反馈环节只能减少转速偏差（Δn），而不能消除偏差，即转速不会回复到原先的数值。这是因为若转速 n 回复到原值，则 ΔU 也将回复到原值，于是 U_c、U_α 也都将回复到原值。同时电动机的反电动势 E 也回复到原值；这样，电流与转矩便不会增加，电动机将无法达到平衡状态。因此，这整个调节过程是以 ΔU 变化为前提的，这意味着该调速系统为有静差调速系统。

综上所述，**在采用比例调节器的有静差系统中，反馈环节只是检测偏差、减少偏差，而不能消除偏差。**

另外，从自动控制原理看，该系统在扰动量（T_L）作用点前的前向通道中，不含积分环节（$V=0$），对阶跃信号是有静差控制系统。

3. 系统的动态性能分析

对二阶系统的动态性能前面已作了详细的分析。采用比例调节器进行串联校正对系统性能的影响，由以上分析可知，适当降低增益（即调低比例系数 K_k），将使系统的稳定性改善，但稳态误差将有所增大。

5.2 转速、电流双闭环调速系统分析

5.2.1 双闭环调速系统的组成及工作原理

1. 转速负反馈单闭环调速系统的局限性，转速、电流双闭环调速系统的必要性

前面已分析了转速负反馈单闭环调速系统可以在动态要求不是太高的前提下满足静态调速指标。如果对系统的动态性能要求较高，例如，要求快速起动、制动，突加负载动态速降

小等，单闭环系统就难以满足需要。这主要是因为在单闭环系统中不能完全按照需要来控制动态过程的电流或转矩。

在转速负反馈单闭环调速系统中，只有电流截止负反馈环节是专门用来控制电流的，但它只在电流超过临界电流值 I_{dcr} 以后才起作用，靠强烈的负反馈作用限制电流的冲击，并不能很理想地控制电流的动态波形。带电流截止负反馈的单闭环调速系统起动时电流和转矩波形如图 5-5a 所示。当电流从最大值降低下来以后，电动机转矩也随之减小，因而使调速过程延长。

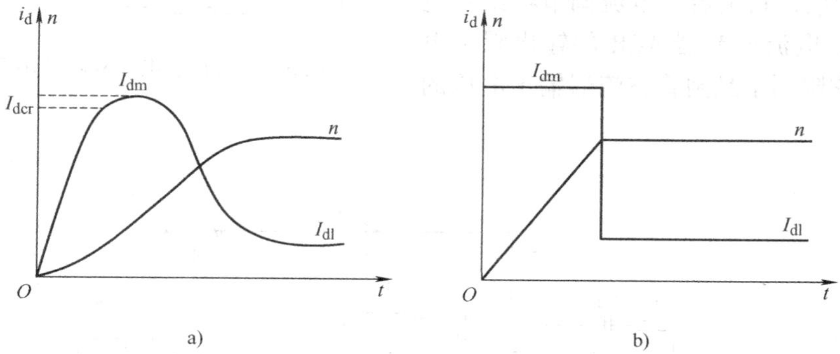

图 5-5　调速系统起动过程的电流和转速波形

a）带电流截止负反馈的单闭环调速系统起动过程　b）理想快速起动过程

对于龙门刨床、可逆轧钢机这样的经常正、反转运行的调速系统，尽量缩短其起动、制动过程的时间是提高生产率的重要因素。

为此，在电动机最大电流（转矩）受限制的条件下，希望充分利用电动机的允许过载能力，最好在过渡过程中始终保持电流（转矩）为允许的最大值，使电力拖动系统尽可能用最大的加速度起动，到达稳态转速后，又让电流立即降下来，使转矩马上与负载相平衡，转入稳态运行。这样的理想起动过程波形如图 5-5b 所示，起动电流呈方波形，而转速线性增长。这是在电动机最大电流（转矩）受限制的条件下调速系统所能得到的最快起动过程。

由于电流不能突变，实际图 5-5b 所示的理想波形只能近似得到，而不能完全实现。为了实现在允许条件下最快起动，关键是在起动过程中要使电流保持为最大值 I_{dm}。按照反馈控制规律，采用电流负反馈就应该能保持电流基本不变。而到达稳态转速后，又希望电流负反馈不起作用，而只让转速负反馈发挥作用。转速、电流双闭环调速系统正是用来实现上述目标的。

2. 转速、电流双闭环调速系统的组成及工作原理

为了实现转速、电流两种负反馈分别起作用，在系统中设置了两个调节器，分别调节电流和转速，实行串级连接，如图 5-6 所示。把转速调节器的输出当作电流调节器的输入，再用电流调节器的输出去控制晶闸管整流器的触发装置。从闭环结构上看，电流调节器在里面，称内环；转速调节器在外，称外环。这就是转速、电流双闭环调速系统的结构。

图5-7 中，ASR 为转速调节器，ACR 为电流调节器，TG 为测速发电机，TA 为电流互感器，GT 为触发装置，U_n^*、U_n 分别为转速给定电压和转速反馈电压，U_i^*、U_i 分别为电流给定电压和电流反馈电压。

为了获得良好的静态、动态性能，双闭环调速系统的两个调节器一般都采用 PI 调节器，其原理如图 5-7 所示。图中设触发装置 GT 的控制电压 U_{ct} 为正电压，考虑到运放的倒相作用，据此标出两个调节器输入、输出电压的实际极性。图中还表示出两个调节器的输出都是带限幅的，转速调节器 ASR 的输出限幅（饱和）电压是 U_{im}^{*}，它决定了电流调节器给定电压的最大值；电流调节器 ACR 的输出限幅电压是 U_{ctm}，它限制了晶闸管整流器输出电压的最大值。

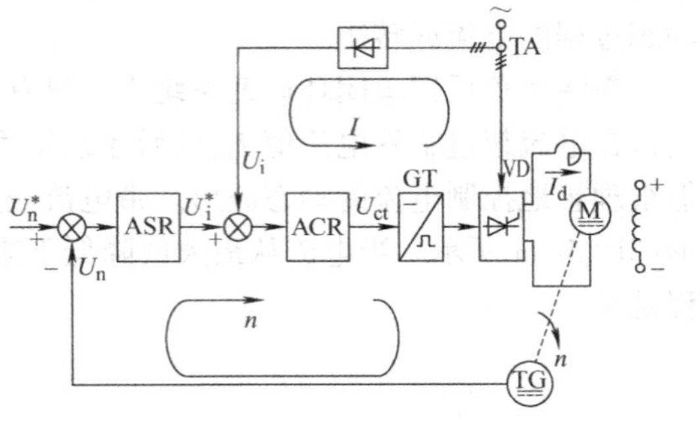

图 5-6　转速、电流双闭环调速系统

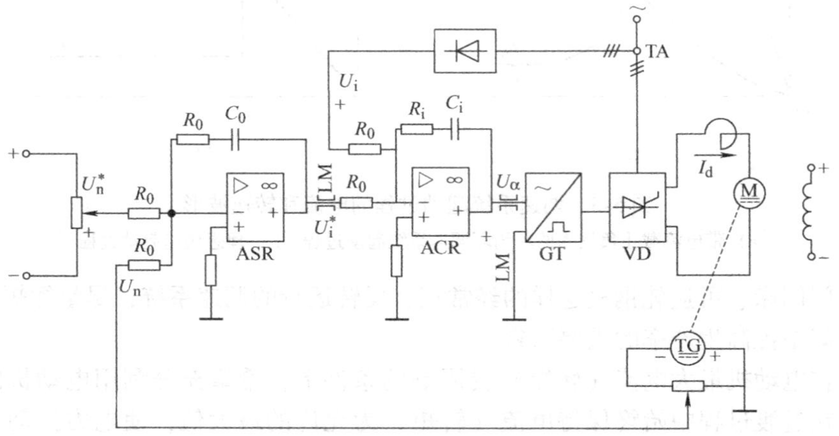

图 5-7　双闭环调速系统电路原理（⊨表示限幅作用）

当调节器饱和时，输出恒值，为限幅值，输入量的变化不再影响输出，即饱和的调节器隔断了输入、输出间的联系，相当于使该环节开路。

在正常运行时，电流调节器不会饱和，只有转速调节器会出现饱和及不饱和两种情况。详见后面的动态分析。

在起动初始，$n=0$，$U_n=0$，U_n^* 使 ASR 进入饱和状态，ASR 输出达限幅值 U_{im}^*，转速外环呈开环状态，转速的变化对系统不再产生影响，此时双闭环系统变成一个电流无静差的单闭环系统。稳态时

$$I_d=\frac{U_{im}^*}{\beta}=I_{dm} \tag{5-1}$$

式中，β 为电流放大倍数；最大电流 I_{dm} 是由设计者选定的，取决于电动机的允许过载能力和拖动系统允许的最大加速度。

式(5-1) 对应的静特性是图 5-8 中的 $A-B$ 段。当 $n \geqslant n_0$ 时，则 $U_n \geqslant U_n^*$，ASR 将退出饱和状态，进入不饱和状态，开始发挥转速环的作用。

稳态时两个调节器的输入偏差都是零，因此

$$U_n^*=U_n=\alpha n,\quad n=\frac{U_n^*}{\alpha}=n_0,\quad U_i^*=U_i=\beta I_d$$

由此可得图 5-8 中双闭环静特性的 n_0-A 段。由于采用“准 PI 调节器”，实际的静特性如图 5-8 中虚折线所示。

双闭环调速系统的静特性在负载电流小于 I_{dm} 时表现为转速无静差，转速环负反馈起主要调节作用，当负载电流达到 I_{dm} 后，转速调节器饱和，电流调节器起主要调节作用，系统表现为电流无静差，得到过电流保护。这就是采用了两个 PI 调节器分别形成内外两个闭环的效果。

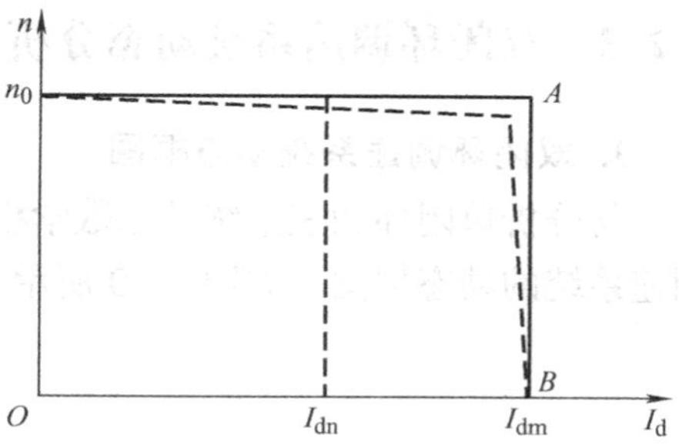

图 5-8　双闭环调速系统的静特性

5.2.2　双闭环调速系统稳态分析

双闭环系统稳态框图如图 5-9 所示。

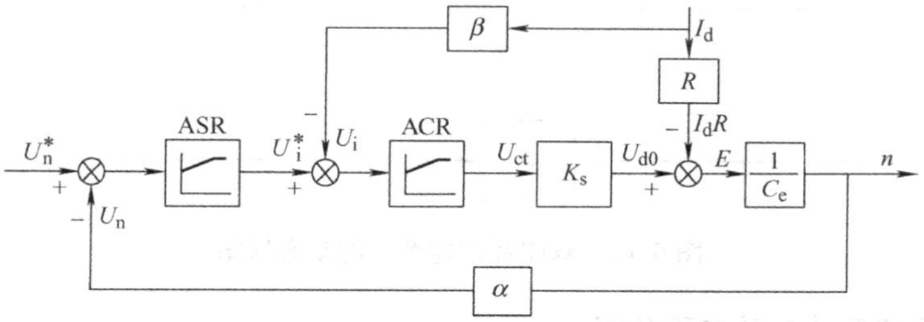

图 5-9　双闭环调速系统稳态框图

α—转速反馈系数　β—电流反馈系数

双闭环系统在稳态工作中，两个调节器都不饱和。各变量之间有如下关系

$$U_n^* = U_n = \alpha n = \alpha n_0,\quad U_i^* = U_i = \beta I_d = \beta I_{dL}$$

$$U_{ct} = \frac{U_{d0}}{K_s} = \frac{C_e n + I_d R}{K_s} = \frac{\dfrac{C_e U_n^*}{\alpha} + I_{dL} R}{K_s}$$

上述关系表明，在稳态工作点上，转速 n 是由给定电压 U_n^* 决定的，ASR 的输出量是由负载电流 I_{dL} 决定的，而控制电压 U_{ct} 的大小则同时取决于 n 和 I_d，即同时取决于 U_n^* 和 I_{dL}。由此进一步看出 PI 调节器与 P 调节器的不同之处。比例环节的输出总是正比于其输入量，而 PI 调节器的稳态输出量与输入无关，而是由它后面环节的需要决定的。后面环节需要 PI 调节器提供多大的输出量，它就能提供多少，直到饱和为止。

与无静差单闭环系统的稳态计算相似，根据给定的调节器与反馈值计算有关的反馈系数。

转速反馈系数

$$\alpha = \frac{U_{nm}^*}{n_{max}}$$

电流反馈系数

$$\beta = \frac{U_{im}^*}{I_{dm}}$$

由此，可以看出两个给定电压的最大值 U_{im}^* 和 U_{nm}^* 受运放的允许输入电压的限制。

5.2.3 双闭环调速系统动态分析

1. 双闭环调速系统动态框图

与分析单闭环调速系统动态数学模型类似，再结合双闭环系统的结构，即可得出双闭环调速系统的动态框图，如图5-10所示。

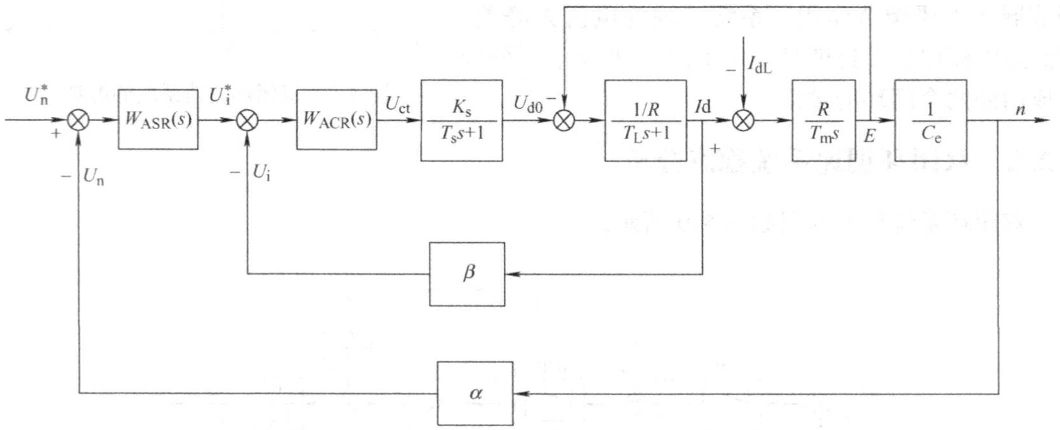

图5-10 双闭环调速系统的动态框图

2. 双闭环调速系统起动过程分析

前已提及，设置双闭环控制的一个重要目的就是要获得接近于理想的起动过程，因此在分析双闭环调速系统的动态性能时，有必要首先探讨它的起动过程。若给双闭环系统外加给定电压 U_n^*，系统由静止状态起动。起动过程中，转速和电流的过渡过程如图5-11所示。由于在起动过程中转速调节器ASR经历了不饱和、饱和及退饱和三个阶段，因此整个过渡过程也就分成三段，在图5-11中分别标以Ⅰ、Ⅱ和Ⅲ。

(1) 第Ⅰ阶段（$O-t_1$），是电流上升阶段

在 O 点外加给定电压 U_n^* 后，通过两个调节器的控制作用，使 U_{ct}、U_{d0}、I_d 都上升，当 $I_d \geq I_{dL}$后，电动机开始转动。由于机电惯性的作用，转速不会快速增长，因而转速调节器ASR的输入偏差电压 $\Delta U_n = U_n^* - U_n$较大，其输出很快达到限幅值 U_{im}^*强迫电流 I_d 迅速上升。当 $I_d \approx I_{dm}$时，$U_i = U_{im}^*$，电流调节器的作用使 I_d 不再迅速增长，标志着这一阶段的结束。在该阶段中，ASR由不饱和很快达到饱和，而ACR应该不饱和，以保证电流环的调节作用。

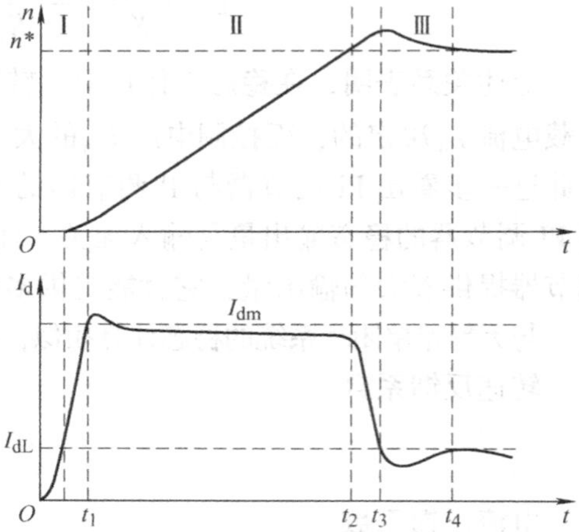

图5-11 双闭环调速系统起动的转速和电流波形

(2) 第Ⅱ阶段（t_1-t_2）是恒流升速阶段

从电流升到 I_{dm} 开始，转速升到给定值 n^*（即静态特性上的 n_0）为止，属于恒流升速阶段，是起动过程中的主要阶段。在这个阶段

中，ASR 一直是饱和的，转速环相当于开环状态，系统实际为恒值电流给定作用下的电流调节系统，基本上保持电流 I_d 恒定。因而拖动系统的加速度恒定，转速呈线性增长。同时，电动机的反电动势 E 也线性增长。对于电流调节系统来说，该反电动势 E 是一个线性渐增的扰动量，为克服这个扰动量，U_{d0}和 U_{ct}也必须基本上线性增长，才能保持 I_d 恒定。由于电流调节器 ACR 是 PI 调节器，要使它的输出增长，其输入偏差 $\Delta U_i = U_{im}^* - U_i$必须维持一定的恒值，即 I_d 应略低于 I_{dm}。此外还应指出，为了保证电流环的这种调节作用，在起动过程中电流调节器不能饱和，同时整流装置的最大电压 U_{d0m}也须留有余地，即晶闸管装置也不能饱和。

（3）第Ⅲ阶段（t_2 以后）是转速调整阶段

此阶段开始时，转速已经达到给定值，转速调节器的给定与反馈电压相平衡，输入偏差为零，但其输出却由于积分作用还维持在限幅值 U_{im}^*，所以电动机仍在最大电流下加速，必然使转速超调。转速超调后，ASR 输入端出现负的偏差电压，使它退出饱和状态，其输出电压即 ACR 的给定电压立即从限幅值降下来，主电流 I_d 也因此下降。但是，由于 I_d 仍大于负载电流，在一段时间内，转速仍将继续上升。到 $I_d = I_{dL}$时，转矩 $T_{em} = T_L$，则 $dn/dt = 0$，转速 n 达到峰值（$t = t_3$）。此后，电动机才开始在负载的阻力下减速，与此相应，电流 I_d 也出现一段小于 I_{dL}的过程，直到稳定（设调节器参数已调整好）。在这最后的转速调整阶段内，ASR 与 ACR 都不饱和，同时起调节作用。由于转速调节在外环，ASR 处于主导地位，而 ACR 的作用则是力图使 I_d尽快地跟随 ASR 的输出量 U_i^*，或者说电流内环是一个电流随动的子系统。

综上所述，双闭环调速系统的起动过程有三个特点：

（1）饱和非线性控制

随着 ASR 的饱和与不饱和，整个系统处于完全不同的两种状态。当 ASR 饱和时，转速环开环，系统表现为恒值电流调节的单闭环系统；而当 ASR 不饱和时，转速环闭环，整个系统是一个无静差调速系统，而电流内环则表现为电流随动系统。

在不同情况下，表现为不同结构的线性系统，这就是饱和非线性控制的特征。绝不能简单地应用线性控制理论来分析和设计这样的系统，可以采用分段线性化的方法来处理。

（2）准时间最优控制

起动过程中主要的阶段是第Ⅱ阶段，即恒流升速阶段。它的特征是电流保持恒定，一般选择为允许的最大值，以便充分发挥电动机的过载能力，使起动过程尽可能最快。这个阶段属于电流受限制条件下的最短时间控制，或称“时间最优控制”。但整个起动过程与理想快速起动过程相比还有一些差距，主要表现在第Ⅰ、Ⅱ两段电流不是突变的。不过这两段的时间只占全部起动时间中很小的部分，影响不大，所以双闭环调速系统的起动过程可以称为“准时间最优控制”过程。

采用饱和非线性控制方法实现准时间最优控制是一种很有实用价值的控制策略，在各种多环控制系统中普遍地得以应用。

（3）转速超调

由于采用饱和非线性控制，起动过程结束进入第Ⅲ阶段，即转速调整阶段后，必须使转速调节器退出饱和状态。按照 PI 调节器的特性，只有使转速超调，使 ASR 的输入偏差电压 ΔU_n 为负值，ASR 才能退出饱和状态。这就是说，采用 PI 调节器的双闭环调速系统的转速必然有超调。在一般情况下，转速略有超调对实际运行影响不大。如果工艺上不允许超调，就必须采取另外的控制措施。

（4）空载起动的振荡性

由于晶闸管的输出电流是单方向的，不可能在制动时产生负的回馈制动转矩。因此，双闭环系统虽然有很快的起动过程，但在制动时，只好自行停车。如果必须加快制动，只能采用电阻能耗制动或电磁抱闸的方法。减速时也有同样的情况。类似的问题还可能在空载起动时出现。这时在起动的第Ⅲ阶段内，电流很快下降到零，但不可能变负，于是造成断续的动态电流，从而加剧了转速的振荡，使过渡过程拖长，这是又一种非线性因素造成的。

5.2.4 转速、电流双闭环系统调节器的工程设计

校正环节的设计方法很多，而且是很灵活的。用经典的动态校正方法设计调节器须同时解决稳、准、快、抗干扰等各方面相互有矛盾的静动态性能要求，需要设计者具有扎实的理论基础、丰富的实际经验和熟练的设计技巧。这样初学者往往不易掌握，在工程应用中也不很方便。于是便产生建立更简便、实用的工程设计方法的必要性。

现代的电力拖动自动控制系统，除电动机外，都是由惯性很小的晶闸管、电力晶体管或其他电力电子器件以及集成电路调节器等组成的。经过合理的简化处理，整个系统一般都可以用低阶系统来近似。而以运算放大器为核心的有源校正网络（调节器），和由 R、C 等元件构成的无源校正网络相比，又可以实现更为精确的比例、微分、积分控制规律，于是就有可能将多种多样的控制系统简化和近似成少数典型的低阶系统结构。如果事先对这些典型系统作比较深入的研究，把它们的开环对数频率特性当作预期的特性，弄清楚它们的参数和系统性能指标的关系，写成简单的公式或制成简明的图表，则在设计实际系统时，只要能把它校正成或简化成典型系统的形式，就可以利用现成的公式和图表来进行参数计算，设计过程就会简单得多。这就是建立工程设计方法的可能性。

有了必要性和可能性，各类工程设计方法便创造出来了。建立工程设计方法所遵循的原则如下：

1）理论上概念清楚、易懂。

2）计算公式简明好记。

3）不仅给出参数计算公式，而且指明参数调节方向。

4）除线性系统外，也考虑饱和非线性情况，同样给出简单的计算公式。

5）对于一般的调速系统、随动系统以及类似的反馈控制系统都能适用。

按照工程设计方法，调节器的设计过程可分为以下两步：

第一步，选择调节器的结构，以确保系统稳定，同时满足所需的稳态精度。

第二步，选择调节器的参数，以满足动态性能指标。

这样做，就把稳态精度和动态指标之间的矛盾分成两步来解决，先解决动态稳定性和稳态精度，然后再进一步满足其他动态性能指标。

在选择调节器的结构时，只在少量的典型系统中选用，因为它们的参数与系统性能指标的关系都已事先找到，具体选择参数时只需按现成的公式和图表中的数据计算一下就可以了。这样就使设计方法规范化，大大减少了设计工作量。

思考题与习题

5-1 对于直流调速系统，若改变其给定电压能否改变电动机的转速？为什么？若给定电压不变，改变反馈系数的大小，能否改变转速？为什么？

5-2 双闭环调速系统起动过程中，两个调节器各起什么作用？

5-3 双闭环调速系统中两个调节器的输出限幅值应该如何整定？稳态运行时，两个调节器的输入、输出电压各为多少？

5-4 请分析双闭环调速系统中，忽略直流电动机电动势对电流环影响的近似条件是什么？

5-5 晶闸管直流调速系统的扰动量有哪些？其中哪一个是主扰动？克服扰动量对系统性能影响的措施有哪些？其中最常用的是哪一种？

5-6 由晶闸管线路供电的直流调速系统通常具有哪些保护环节？

5-7 如果反馈信号线断线，会产生怎样的后果？为什么？

5-8 如果负反馈信号线极性接反了，会产生怎样的后果？为什么？

5-9 电流负反馈、电流微分负反馈和电流截止负反馈这三种反馈环节各起什么作用？它们之间的主要区别在哪里？它们能否同时在同一个控制系统中应用？

5-10 若采用电流负反馈环节，对调速系统的机械特性有什么影响？对过渡过程有什么影响？测速发电机励磁电压不稳定，会产生怎样的影响？

5-11 在调速系统中，若电网电压波动（设电压降低）时，则会产生怎样的后果？为什么？若设有转速负反馈环节，能否起自动补偿作用，请写出其自动调节过程。

第 6 章　位置随动系统性能分析

6.1　位置控制原理

位置随动系统主要解决位置的自动跟随问题。该系统的特点是：输入量是随时间任意变化的函数，要求系统的输出量能以尽可能小的误差跟随输入量的变化，所以该系统又称为跟踪系统。在随动系统中，扰动的影响是次要的，系统分析、设计的重点是研究输出量跟随输入量的快速性和准确性。该系统的另一个特点是可以用功率很小的输入信号操纵功率很大的工作机械（只要选用大功率的功放装置和电动机即可），此外还可以进行远距离控制。

6.1.1　位置随动系统的分类

随着科学技术的迅速发展，位置随动系统的应用领域日益广泛。例如，轧钢机压下装置的控制，在轧制钢材的过程中，必须使上下两根轧辊之间的距离能够按工艺要求进行自动调节；火炮上雷达跟踪的天线或电子望远镜瞄准目标的控制以及机器人各关节的运动控制等。这些场合都是位置随动系统的具体应用。

位置随动系统中的位置指令（给定量）和被控制量可以是角位移、直线位移或代表位移的电量。它的基本特征表现在位置环上，具体体现在位置给定信号、位置反馈信号以及两个信号的综合比较方面，因此可根据这些信号的特征把它们划分为两大类型：一类是模拟式随动系统；另一类是数字式随动系统。

1. 模拟式随动系统

（1）模拟式角位移随动系统

图 6-1 所示是一个模拟式角位移随动系统的例子。这类系统的各种参数都是连续变化的模拟量，其位置检测可用旋转变压器、自整角机、电位器等。图 6-2 所示是典型的模拟式位置随动系统的原理框图，一般是在直流调速系统的基础上外加一个位置环组成的。

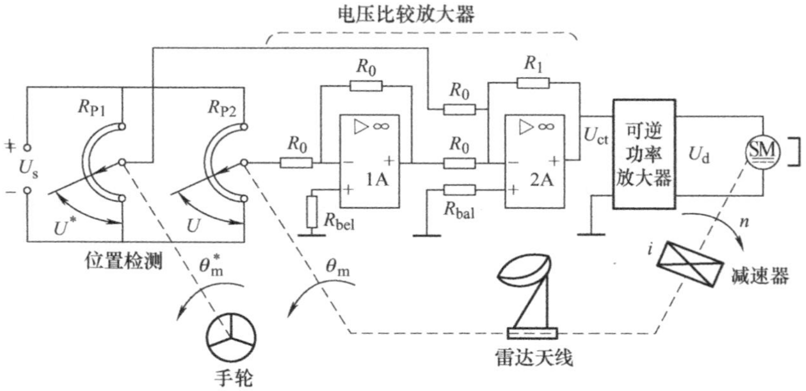

图 6-1　模拟式角位移随动系统的例子

(2) 模拟式线位移随动系统

模拟式线位移随动系统的基本特性是被控制量为直线位移。例如，采用靠模拟信号作为位置指令的仿形机床就是一个模拟式线位移随动系统的应用实例。

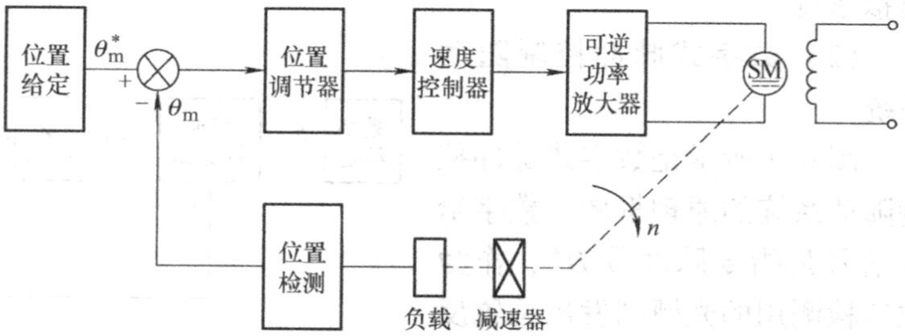

图6-2　典型的模拟式位置随动系统的原理框图

由于模拟式检测装置的精度受制造工艺上的限制，其精度不可能做得很高，从而影响了整个模拟式随动系统的精度。要想提高生产机械的控制精度，则必须采用数字式检测装置来组成数字式随动系统。

2. 数字式随动系统

在这类系统中，一般采用模拟的电流环和速度环以保证系统的快速响应，但需要注意的是其位置环一般采用数字方式。

(1) 数字式相位控制随动系统

图6-3所示是一个数字式相位控制随动系统原理框图，这种随动系统广泛应用于数控机床上。其位置环由数字相位给定、数字相位反馈和数字相位比较三个部分组成，对应如图6-3中的数字给定、位置检测和鉴相器三部分。下面进一步介绍这三部分的具体功能。

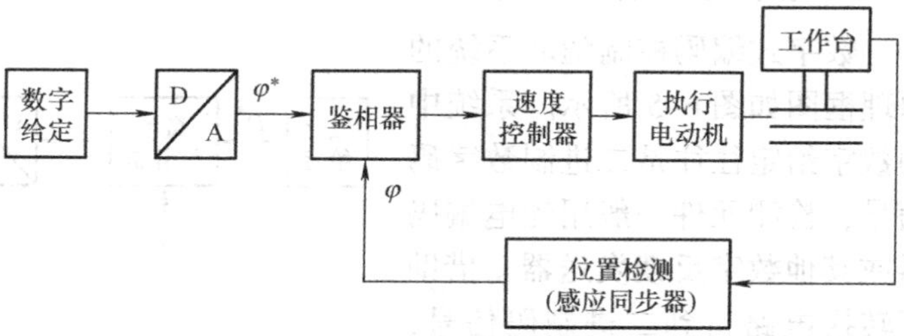

图6-3　数字式相位控制随动系统原理框图

数字给定的任务是将数字指令变换成脉冲个数，再经脉冲相位数-模转换（D-A），即输入一个指令脉冲将使其输出方波电压的给定相位 φ^* 前移或后移一个脉冲当量，这个脉冲当量可以做得很小，以保证系统有很高的给定精度。输入一系列指令脉冲将使方波电压的给定相位以一定的速度前移或后移，移相的速度由指令脉冲的频率决定。

位置检测部件产生相位反馈，其功能是将工作台的机械位移转换成与给定方波同频率的方波电压的相位移 φ（反馈相位），可以采用感应同步器来实现位移相位转换，其精度可达 ±0.001mm。因此，其相位能精确反映机械的实际位置。

鉴相器的主要功能是进行给定相位 φ^* 和反馈相位 φ 的比较，将它们的偏差量转变成模拟量电压，此模拟量电压的极性反映了相位差的极性。鉴相器的输出经变换处理后送给速度控制器，经功率放大，控制电动机和机床工作台朝着减小偏差的方向移动，因而使相位 φ 不断地跟踪 φ^*，实现了工作台精确地按指令要求运动。数字式的鉴相器提高了系统的精度和分辨率。在相位闭环工作时，给定信号控制执行机构的位置，反馈信号的相位被锁定在给定信号的一定相位范围内。因此，这种系统又称为锁相环控制随动系统。尽管这种相位式数字随动系统实质上是按采样比较的原理工作的，但因采样频率高（鉴相器的采样频率一般都在1000Hz以上，采样周期小于1ms)，其快速性并不亚于一般的模拟系统。

(2) 数字式脉冲控制随动系统

图6-4所示是数字式脉冲控制随动系统的原理框图，数字给定信号是指令脉冲数 D^*，作为位置检测用的光栅则发出位置反馈脉冲数 D，它们分别送入可逆计数器的加法端和减法端，经运算后得到脉冲的误差量 $\Delta D = D^* - D + D_0$，其中 D_0 是为了克服后级模拟放大器零漂影响，在计数器中预置的常量。此误差信号经数-模转换后，送给速度控制器，经过功率放大，驱动电动机，带着机床工作台朝着减小偏差的方向运动。系统中数字光栅的精度可以根据控制精度的要求来设计制造，从而保证这种系统能够获得理想的控制精度。

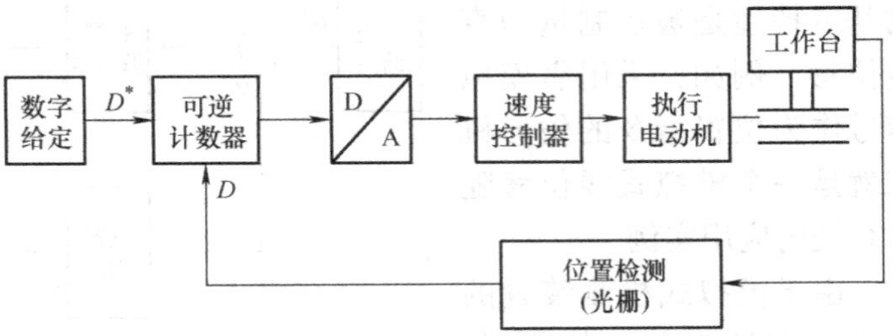

图6-4 数字式脉冲控制随动系统的原理框图

3. 数字式编码控制随动系统

数字式编码控制随动系统的原理框图如图6-5所示。系统中的数字给定往往是二进制数字码信号，检测元件一般用光电编码器或其他数字反馈发送器，借助于转换电路得到二进制码信号，两者联合构成“线位移–数码”转换器或“角度–数码”转换器。位置检测元件的输出信号与给定数码信号同时送入计算机进行比较并确定其间的误差，按照一定控制规律运算后（如PID控制算法），获得数字式的校正信号，再经数-模转换成电压信号，送给速度控制器。该系统中采用计算机控制，系统的控制算法可以通过软件来实现，大大提高了控制的灵活性。

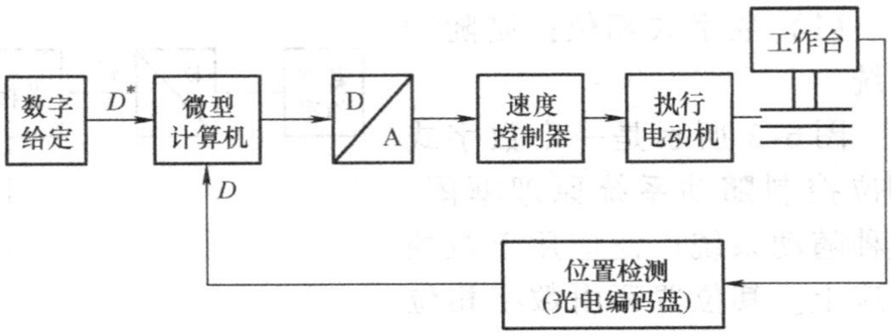

图6-5 数字式编码控制随动系统的原理框图

无论是模拟式还是数字式的随动系统，其闭环结构都可以有不同的形式。在实际生产中较多采用位置、速度、电流三环组成的位置随动系统，也有的采用其他方案，例如：仅有位置环和速度环，而没有电流环组成的系统；或者有位置环和电流环，而没有速度环组成的系统；甚至仅有一个位置环也能组成位置随动系统。所以，在不同的应用场合应根据自身特点采用相应的控制结构。

6.1.2 位置检测元件

检测元件的精度直接影响系统的精度，因此要求检测元件精度高、线性好和灵敏度高，对于小功率系统，还要求检测元件的惯量和摩擦力矩要小。目前常用的线位移检测元件有差动变压器和感应同步器，常用的角位移检测元件有伺服电位器、自整角机和光电编码器等。

1. 差动变压器

差动变压器是一种常用的线位移检测元件，它由一个可以移动的铁心和绕在它外面的一个一次绕组、两个二次绕组组成。一次绕组通以 50 ~ 10000Hz 的交流电，两个二次绕组反极性相连，作为输出绕组。差动变压器如图 6-6 所示。其输出电压 u_o为两电动势之差。即 $u_o = e_1 - e_2$。

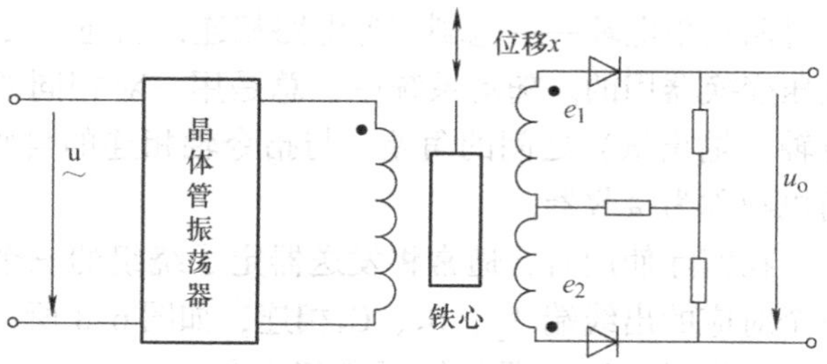

图 6-6　差动变压器

若铁心在中央，则两个二次绕组感生的电动势相等，即 $e_1 = e_2$，此时输出电压 $u_o = e_1 - e_2 = 0$。当铁心有微小的位移后，则两个二次绕组感生的电动势就不再相等，输出电压 u_o也就不再为零。两个次级电动势的差值随铁心的位移量增大而增大，输出电压 u_o也越大，u_o的数值与铁心的位移量 x 成正比。若铁心的位移方向相反，则其合成电动势的相位也将反向（相位改变 180°）。

为了将交流信号转换成直流信号，并且使该直流电压的极性能反映位移的方向，通常采用的方法是相敏整流（即整流后的直流电压的极性能跟随相位的倒相而改变）。图 6-6 中即采用由两个半波整流电路组成的相敏整流电路。

差动变压器的特点是驱动力矩小，灵敏度高（可高达 0.5 ~ 2.0V/mm），测量精度高（0.5% ~ 0.2%），线性度好，常用于检测微小位移量。其缺点是位移量小，且由于铁心质量较大，故在位移速度很快的场合不宜使用。

2. 伺服电位器

伺服电位器摩擦转矩较小，通常为线绕电位器，因此输出的信号不平滑，容易出现接触不良现象，而且测量范围不超过 360°，精度也不是很高（±1% ~ ±5%），因此一般应用于精度较低的系统中。伺服电位器如图 6-7 所示。其输出电压 ΔU 正比于角差，即

$$\Delta U = K(\theta_i - \theta_o) = K\Delta\theta$$

伺服电位器线路简单，惯性小，消耗功率小，但通常用的线绕电位器有接触不良和寿命短的缺点。若采用光电照射式的光电电位器，可以避免上述的缺点。此外，导电塑料电位器具有很高的分辨率，运转寿命长，输出平滑性也很好，因此在要求较高的场合，可使用光电或导电塑料电位器。同时，若将电位器做成直线型，可作为线位移检测元件。

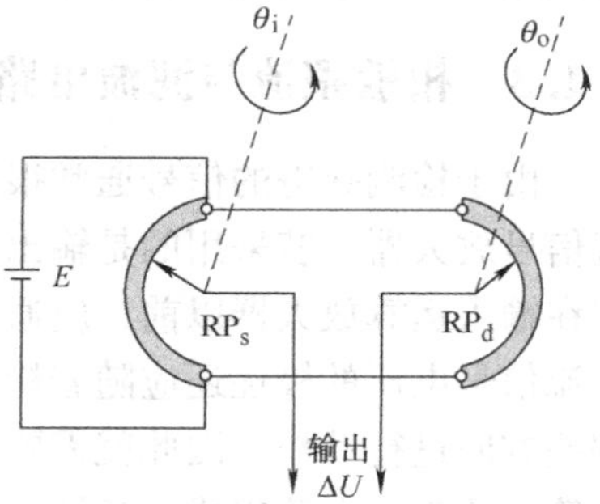

图 6-7　伺服电位器

3. 自整角机（BS）

自整角机在结构上分为接触式和非接触式两类。下面通过接触式来介绍其结构和工作原理。自整角机的定子和转子铁心均为硅钢片叠压而成。定子绕组与交流电动机三相绕组相似，也是 A、B、C（或 U、V、W）三相分布绕组，它们彼此在空间相隔 120°，一般接成丫形，定子绕组称为整步绕组，转子绕组称为励磁绕组，它

通过两只集电环——电刷与外电路相连，以通入交流励磁电流。控制式自整角机是作为转角电压变换器用的。随动系统中，总是用一对相同的自整角机来检测指令轴（输入量）与执行轴（输出量）之间的角差。与指令轴相连的自整角机称为发送器，与执行轴相连的自整角机则称为接收器。

在实际使用时，通常将发送器定子绕组的三个出线端 A_1、B_1、C_1 与接收器定子绕组的三个对应的出线端 A_2、B_2、C_2 相连，如图 6-8 所示。

工作时，发送器的转子绕组上加一正弦交流励磁电压 $u_f = U_{fm}\sin\omega_0 t$，其中 ω_0 称为调制角频率，与 ω_0 对应的频率 f_0 称为调制频率。f_0 通常为 400Hz（也有 50Hz 的）。当发送器转子绕组加上励磁电压后，接收器转子绕组感应产生一个正弦交流电压 u_{bs}。可以证明，此正弦交流电压的频率与励磁电压的频率相同，其振幅与两个自整角机间的角差 $\Delta\theta$ 的正弦成正比。即

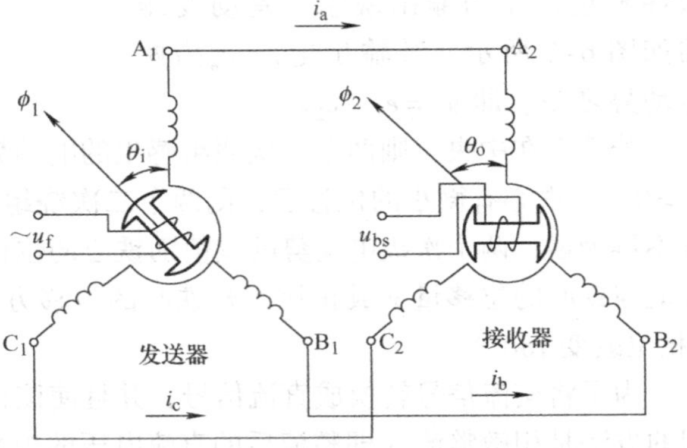

图 6-8　自整角机接线图

$$u_{bs} = K\sin(\theta_i - \theta_o)\sin\omega_0 t$$

当 $\Delta\theta = \theta_i = \theta_o$ 很小时

$$\sin\Delta\theta \approx \Delta\theta$$

则

$$u_{bs} \approx K\Delta\theta\sin\omega_0 t$$

式中，θ_i 为发送器转子角位移；θ_o 为接收器转子角位移；$\Delta\theta$ 为角差。

这种线路的优点是简单可靠，可供远距离检测与控制，最大误差在 0.25°～0.75°之间。其缺点是有剩余电压，转子有一定的惯性。

6.1.3　相敏整流与滤波电路

由于检测获得的信号通常很小，一般都要经过放大，现在常用的是运算放大器，它是直流信号放大器。若采用的是输出交流信号电压的检测元件（如自整角机、旋转变压器等），则在输入运算放大器以前，应通过整流电路，将检测输出的交流信号转换成直流信号，且该直流信号电压的极性还应随着检测角差 $\Delta\theta$ 的正负而改变，以保证随动系统的执行机构根据偏差方向进行动作。因此就需要采用相敏整流电路，其形式有多种，图 6-9 所示为由两组二极管桥式整流电路组成的相敏整流电路。

图中 u_r 为检测元件输出的交流信号，$u_r = K\Delta\theta\sin\omega_0 t$，它经变压器 T_1 变换后，在两个二次侧产生两个相同的电压 u_{r1}、u_{r2}，而且 $u_r = u_{r1} = u_{r2}$。图中 u_0 为同步电压，它经变压器 T_2 变换后，也在两个二次侧产生两个相同的电压 u_{01}、u_{02}，而且 $u_0 = u_{01} = u_{02}$，并使 $u_0 > u_r$。

由图可见，Ⅰ组整流桥的输入电压 u_1 为 u_{01} 与 u_{r1} 相加（因为它们的极性一致），所以 $u_1 = u_{01} + u_{r1} = u_0 + u_r$。Ⅰ组整流桥输出电压为 $u_1' = |u_0 + u_r|$。

Ⅱ组整流桥的输入电压 $u_2 = u_{02} + u_{r2} = u_0 + u_r$（因为它们的极性相反），其输出电压 $u_2' = |u_0 + u_r|$。

相敏整流电路的输出电压 u_c为两组整流桥输出的叠加。由图 6-9 可见，两组输出电压极性相反，所以 $u_c = u_1' - u_2'$。

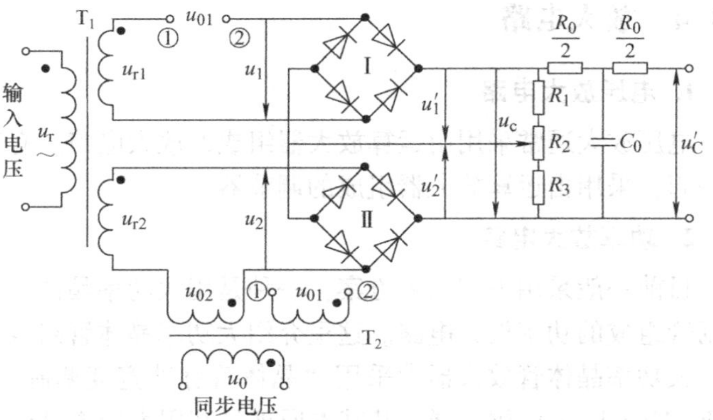

图 6-9　相敏整流与滤波电路

设当角差 $\Delta\theta > 0$ 时，u_r与 u_0同相，如图 6-10 所示。此时 $u_c = u_1' - u_2' = +2|u_r|$。同理，当 $\Delta\theta < 0$ 时，则 u_r与 u_0反相，如图 6-10 所示。此时 $u_c = u_1' - u_2' = -2|u_r|$。

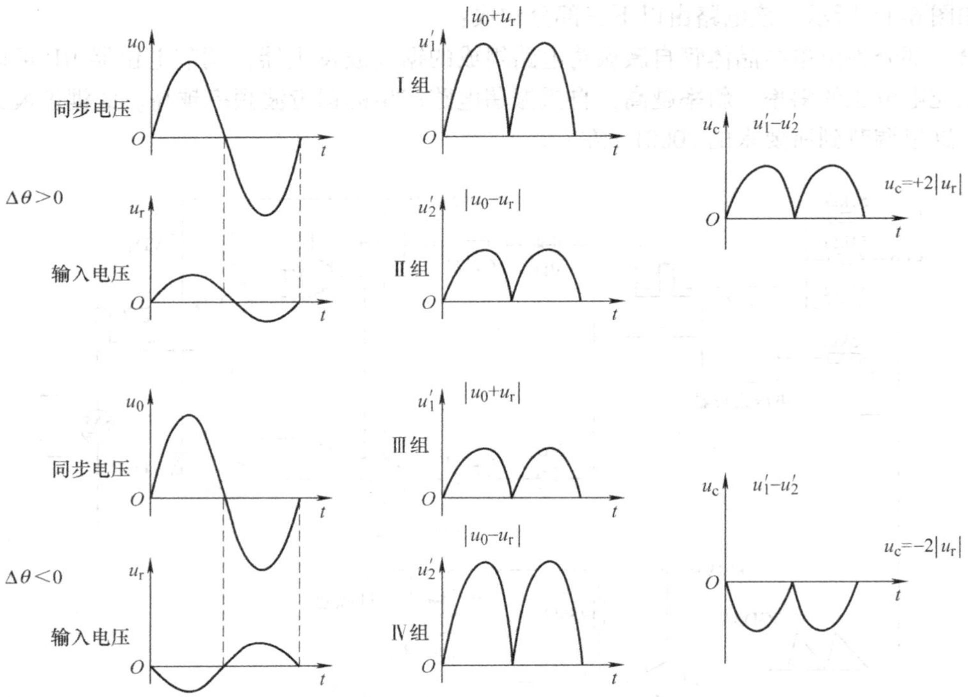

图 6-10　相敏整流电路输入电压与输出电压波形

由以上的分析可见，相敏整流电路通过输入电压与一个比它大的同步电压叠加，并使一组中这两个电压相加而另一组中这两个电压相减，然后再利用两组对称但反向的整流桥路电压叠加，来达到既能把交流信号变为直流信号，又能反映出输入信号极性的要求。

由于相敏整流电路的输出电压为全波整流信号，因此还需要设置如图 6-9 所示的由 R、C 组成的 T 型滤波电路，以获得较为平稳的直流信号。

6.1.4 放大电路

1. 电压放大电路

电压放大通常采用由运算放大器组成的放大电路。有时电压放大环节与串联校正环节合在一起，采用由运算放大器组成的调节器。

2. 功率放大电路

目前一般采用下列两种方案：一种是用大功率晶体管组成的功率放大电路，另一种是用晶闸管组成的功率放大电路。这里介绍大功率晶体管组成的功率放大电路。

大功率晶体管放大器常采用“晶体管脉冲宽度调制型开关放大器”，又称 PWM（Pulse Width Modulated）放大器。其基本原理是利用大功率晶体管的开关作用，将直流电源电压转换成频率约为 2000Hz 的方波脉冲电压，加在直流电动机的电枢上。通过对方波脉冲宽度的控制，改变电动机电枢的平均电压，从而调节电动机的转速。现以一个由锯齿波发生器-比较器-晶体管组成的供电电路为例说明 PWM 调压的工作原理。

如图 6-11 所示，该电路由以下三部分构成：

第一部分为由单结晶体管自激振荡电路组成的锯齿波发生器，调节电位器 RP 可以改变电容上充电电压的斜率，斜率越高，自激振荡电路产生的锯齿波频率越高。此锯齿波又称为载波，这里调节到所要求的 2000Hz 左右。

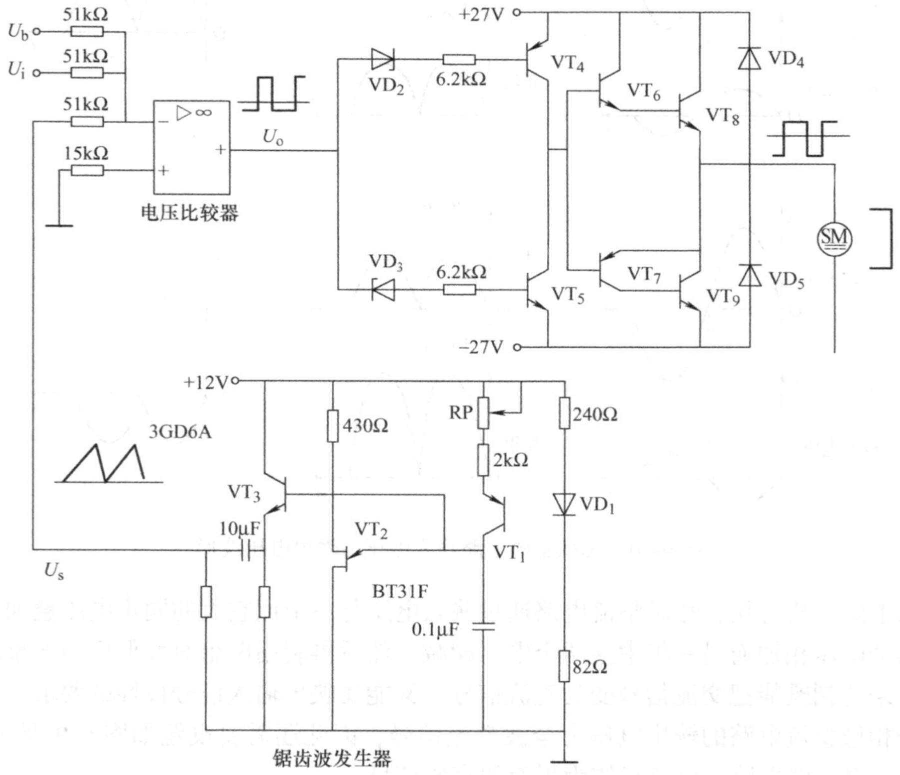

图 6-11　PWM 直流调压供电电路

第二部分为控制部分，它是一个由运算放大器构成的电压比较器。运放电路未设反馈阻抗，是一个开环放大器，因此，只要微小的输入电压，其输出电压即达到饱和值（或限幅值）。它的输入端有锯齿波电压 U_s、控制电压 U_i和偏置电压 U_b三个电压信号综合。由于三个信号的输入回路电阻相等（均为51kΩ），因此其输入综合电压 U_Σ 即为三个电压的代数和 $U_\Sigma = U_s + U_i + U_b$。由于是由反向输入端输入的，因此当综合电压 $U_\Sigma > 0$ 时，其输出电压 U_o 为负饱和值；反之，$U_\Sigma < 0$ 时，U_o为正饱和值。

为了使当控制电压 $U_i = 0$ 时，电压比较器输出的平均电压为零，输出电压的正负半波宽度相等，通常使偏置电压 U_b取锯齿波电压最大值 U_{sm}的一半，其极性与 U_s 相反，即 $U_b = (-U_{sm}/2)$。

由图6-12可见，当 $U_i = 0$ 时，U_s与 U_b叠加，锯齿波电压下降 U_b，锯齿波过零点以 a 在锯齿波中央，比较器正负方波相等，平均电压 $U_{av} = 0$。

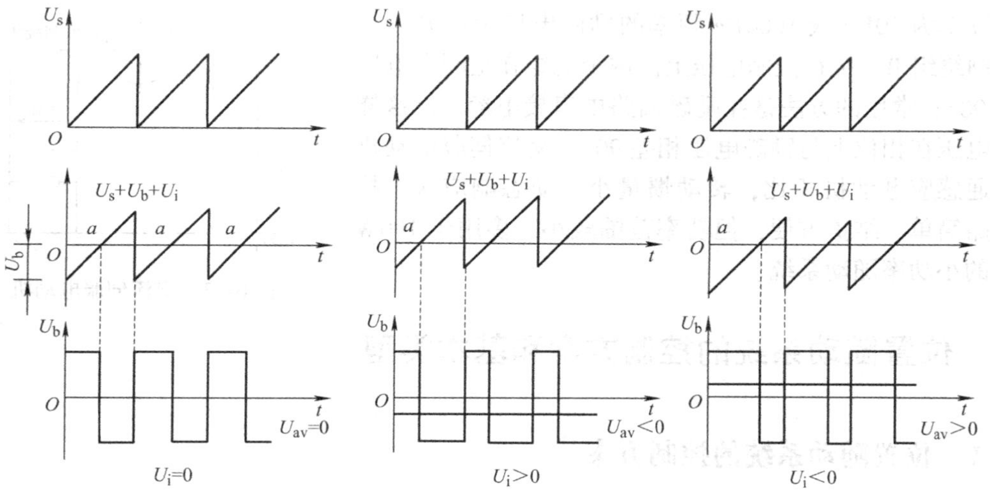

图6-12　脉冲宽度调制波形

当 $U_i > 0$ 时，叠加后锯齿波上移，过零点 a 左移，正方波脉冲变窄，负方波变宽，平均电压 $U_{av} < 0$。

当 $U_i < 0$ 时，叠加后锯齿波下移，过零点 a 右移，正方波脉冲变宽，负方波变窄，平均电压 $U_{av} > 0$。

从上面的分析可知，调节控制电压 U_i的数值和方向，即可调整正负脉冲宽度，从而控制输出平均电压 U_{av}的大小和极性。

第三部分为功率放大输出级。它由正、负电源及两组功率放大电路组成。当输入信号（控制电压）$U_i > 0$ 时，比较器输出电压 U_o为负饱和值，这时稳压管 VD_2和晶体管 VT_4、VT_6、VT_8导通，输出端接正电源，电动机电枢电压为正；反之，$U_i < 0$，比较器输出电压 U_o 为正饱和值，稳压管 VD_3和晶体管 VT_5、VT_7、VT_9导通，输出端接负电源，电动机电枢电压为负，电动机反转。电动机转矩的大小和转向主要取决于 U_i的大小和极性，这样便实现了电动机的可逆控制。

6.1.5 执行机构

随动系统的执行机构通常由伺服电动机和减速器构成。

1. 直流伺服电动机

直流伺服电动机的作用是将控制电压信号转换成转轴上的角位移或角速度输出，通过改变控制电压的极性和大小，就能改变电动机的转向和转速，实质上是一台他励式直流电动机。其优点是效率高，控制性能好（控制电压为零时，可自行停转），具有宽广的调速范围，功率范围较大，适用于中、大功率随动系统。

2. 交流伺服电动机

如图6-13所示，交流伺服电动机实质上是一个两相感应电动机。它的定子绕组有两个：一个是励磁绕组A，接在频率为50Hz或1000Hz频率的励磁电压上；另一个是控制绕组B，接在控制电压上。两个绕组在空间上电压相差90°，常用的方法是在励磁回路中串接电容C，这样控制电压在相位上与励磁电压相差90°。交流伺服电动机与普通感应电动机相比，转动惯量小，动态响应快，控制电路简单，维护方便，但功率范围较小，多用于100W以下的小功率随动系统。

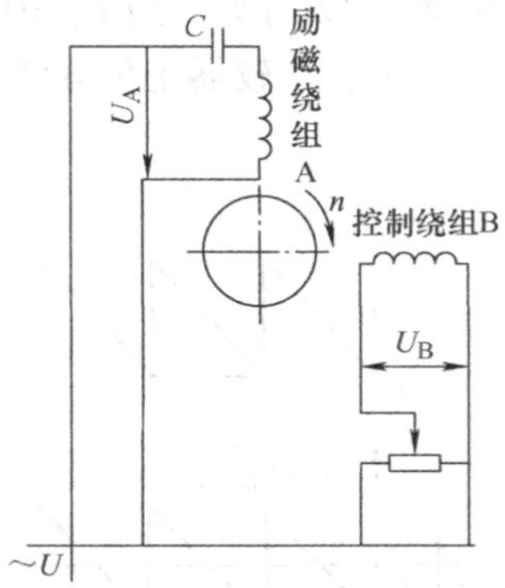

图6-13　交流伺服电动机

6.2 位置随动系统的控制方案和基本类型

6.2.1 位置随动系统的控制方案

位置随动系统控制方案的提出，要根据控制的要求，在确保系统稳定性和稳态精度的前提下，首先保证系统有良好的跟随性；其次，对负载扰动也要有相应的抵抗能力。其常见的控制方案有以下几种：

1. 位置反馈单环系统

对于小功率随动系统，为了提高系统的快速性，可以采用位置反馈单环系统。其特点是：由于只有一个位置环，可以得到对给定信号的快速响应；系统中未使用测速发电机，避免了测速发电机带来的干扰，但同时因没有转速反馈，会使摩擦等非线性因素不能得到抑制；负载扰动的影响必须由位置环克服，使系统动态误差增大。

所以，位置单环随动系统仅适用于负载小、非线性因素不强、扰动不大的场合。

2. 位置转速负反馈双环系统

位置的微分是转速，在位置单环随动系统的基础上，采用转速负反馈可以构成双环随动系统，内环的设置主要是为了提高系统的动态性能。如某位置随动系统如图6-14所示，通过测速发电机 [$G(s)=\alpha$] 引入转速负反馈，构成位置与转速双环系统。

增设转速负反馈环节后，大惯性环节$\dfrac{K_2}{T_m s+1}$被负反馈包围后变为$\dfrac{K_2/(1+\alpha K_2)}{[T_m s/(1+\alpha K_2)]+1}$，

引入转速负反馈后的闭环传递函数和被控对象固有传递函数形式相同，而增益和时间常数均为原来的 $1/(1+\alpha K_2)$，时间常数的减小则提高了快速性。

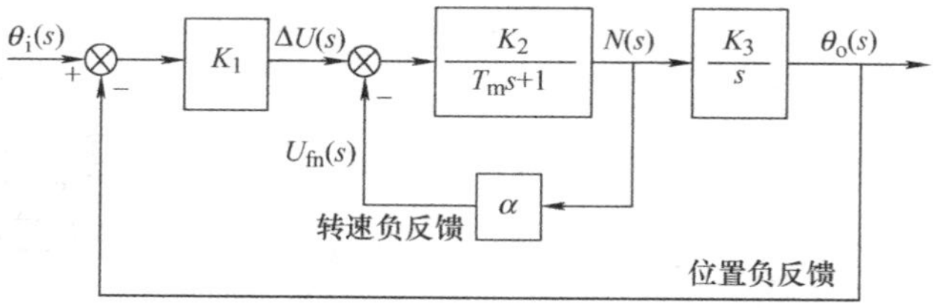

图 6-14　转速负反馈双环系统

3. 复合控制随动系统

利用前馈和反馈相结合的方法，构成复合控制随动系统，可以有效地提高系统精度和动态品质，因此也得到了广泛应用。

6.2.2　位置随动系统的基本类型

位置随动系统的类型很多，常见的分类如下：

（1）按控制方式

1）误差控制的随动系统　系统运动的快慢取决于误差的大小，误差为零时，系统相对静止。

2）复合控制系统　按输入信号变化率和系统误差综合控制的系统。其特点是系统的运动取决于输入信号的变化率（速度或加速度）和系统误差信号的综合作用。

（2）按组成系统元件的物理性质

1）电气随动系统　除机械部件外，均为电气元件。它包括直流随动系统和交流随动系统。

2）电气-液压随动系统　其误差测量和放大部分是电气的，系统的功率放大和执行机构则是液压系统。

（3）按系统信号特点

1）连续随动系统　系统中传递的电信号是连续的，属于模拟式控制。

2）数字随动系统　系统中传递的电信号有离散的脉冲数字信号，系统的运动靠数字量控制。系统中必须有 A－D、D－A 转换器。

3）脉冲-相位随动系统　系统的输入、输出均为方波脉冲，按输入、输出方波脉冲的相位差来控制系统的运动。

6.2.3　位置随动系统的控制性能与校正设计

要实现较高精度的位置控制，必须采用与自动调速系统一样的反馈控制。不同的是调速系统输入量为恒值，输出为转速；而随动系统输入量是变化的，输出量为位置。位置随动系统在组成结构上有很多特点，下面通过例子来介绍随动系统的特点及性能。

1. 系统组成及数学模型

（1）系统组成

图 6-15 所示是一个小功率晶闸管交流调压位置随动控制系统，它主要由以下几部分组成。

1）交流伺服电动机：

系统的被控对象是交流伺服电动机 SM，被控变量为角位移 θ_o。A 为励磁绕组，B 为控

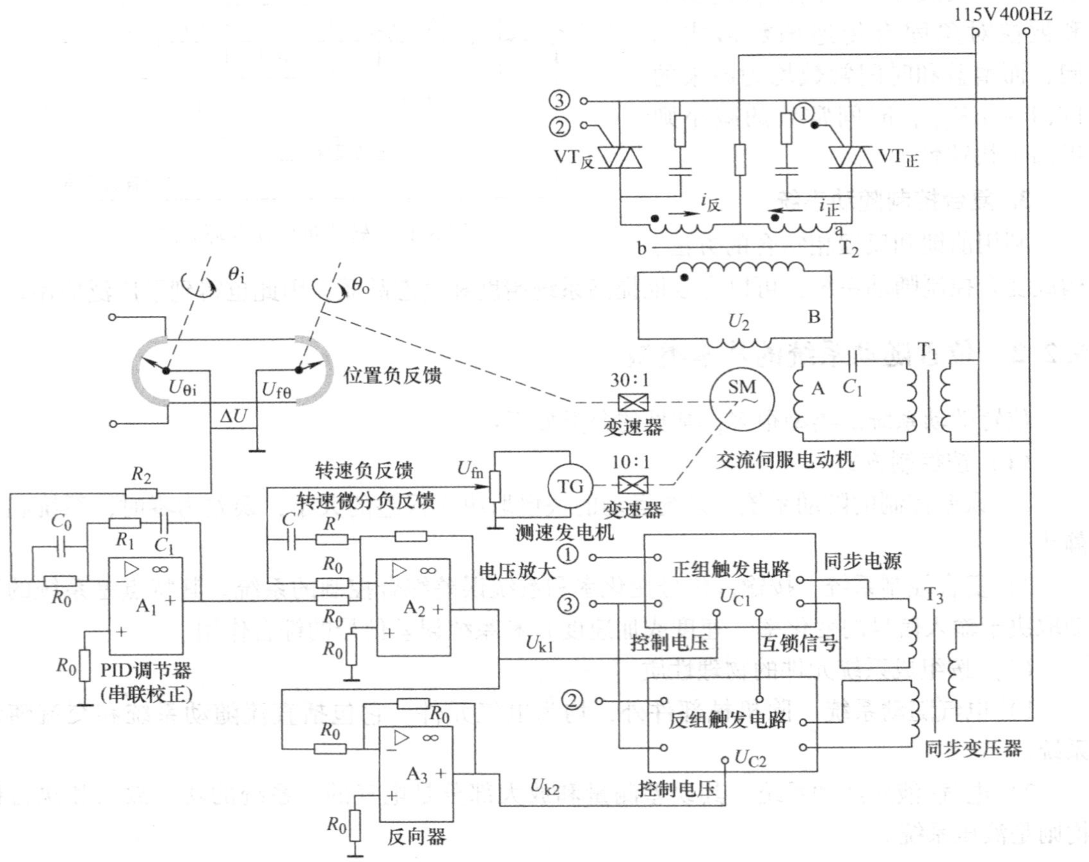

图6-15　晶闸管交流调压位置随动控制系统

制绕组。在励磁回路中串接了电容 C_1，使励磁电流和控制电流相差90°。励磁绕组通过变压器 T_1 由115V、400Hz的交流电源供电；控制绕组通过变压器 T_2 经交流调压电路（主电路）接于同一交流电源。

2）主电路：

随动系统的位置偏差可能为正，也可能为负。要消除位置偏差，必须要求电动机能正、反两个方向运行。系统的主电路为单相双向晶闸管交流调压电路，它是由 $VT_{正}$ 和 $VT_{反}$ 构成的正、反两组供电电路。

当 $VT_{正}$ 组导通工作时，变压器 T_2 的一次侧a绕组便有电流 $i_{正}$ 通过，电源交流电压经变压器 T_2 变压后提供给控制绕组，使电动机转动（设为正转）；反之，当 $VT_{反}$ 组导通工作时，变压器 T_2 的一次侧b绕组将有电流 $i_{反}$ 流过，电源交流电压经变压器 T_2 变压后提供给控制绕组以使电动机反转。

3）触发电路：

触发电路也有正、反两组，由同步变压器 T_3 提供同步信号电压。①、③为正组触发输出，送往 $VT_{正}$ 门极；②、③为反组触发输出，送往 $VT_{反}$ 门极；③为公共端。在主电路中，$VT_{正}$、$VT_{反}$ 不能同时导通，因此，在正、反两组触发电路中要增设互锁环节，以保证任意时刻只可能有一组发出触发脉冲。

4）控制电路：

控制电路由以下几部分组成。

① 给定信号。位置给定量为 θ_i，通过伺服电位器转换为电压信号 $U_{\theta i}=K\theta_i$。

② 位置负反馈环节。该系统的输出量是 θ_o，通过伺服电位器转换为电压信号 $U_{f\theta}=K\theta_o$。$U_{f\theta}$与 $U_{\theta i}$极性相反，因此是位置负反馈，偏差电压输入信号为

$$\Delta U=U_{\theta i}-U_{f\theta}=K(\theta_i-\theta_o)$$

③ 调节器与电压放大器。A_1为 PID 调节器，是为改善随动系统动、静态性能而设置的串联校正环节。输入信号是 ΔU，输出信号到电压放大器 A_2，A_2输出信号是正组触发电路的控制电压 U_{k1}，增设反向器 A_3可得到反组触发电路的控制电压 U_{k2}。

④ 转速负反馈和转速微分负反馈环节。为改善动态性能，减小位置超调量，系统中增设转速负反馈环节，U_{fn}为转速负反馈电压，用来限制速度过快。另外，U_{fn}另一路经 C′和 R′反馈回输入端，形成转速微分负反馈环节，限制位置加速度过大。

⑤ 避免参数之间互相影响。在系统设计时使位置反馈构成外环，信号在 PID 调节器 A_1输入端综合；把转速负反馈和转速微分负反馈构成内环，信号在电压放大器 A_2输入端综合。

（2）系统框图　该位置随动系统框图如图 6-16 所示。

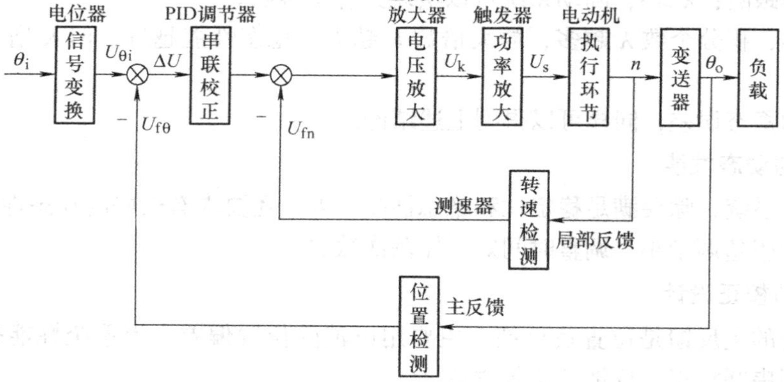

图 6-16　位置随动系统框图

2. 系统的自动调节过程

在稳态时，$\theta_i=\theta_o$，$\Delta U=0$，电动机停转。

当位置给定信号 θ_i改变，设 $\theta_i\uparrow$，则 $U_{\theta i}=K\theta_i$ 增大，偏差电压 $\Delta U=K(\theta_i-\theta_o)>0$，经过调节器和放大器后产生的 $U_{k1}>0$，正组触发电路发出触发脉冲使 $VT_{正}$ 导通，电动机正转，$\theta_o\uparrow$，直到 $\theta_i=\theta_o$，达到新的稳态，电动机停转。同理可知，当 $\theta_i\downarrow$，电动机反转，$\theta_o\downarrow$，直到 $\theta_i=\theta_o$。

综上所述，位置随动系统输出的角位移 θ_o 将随给定的 θ_i 变化而变化。调节过程如图 6-17 所示。

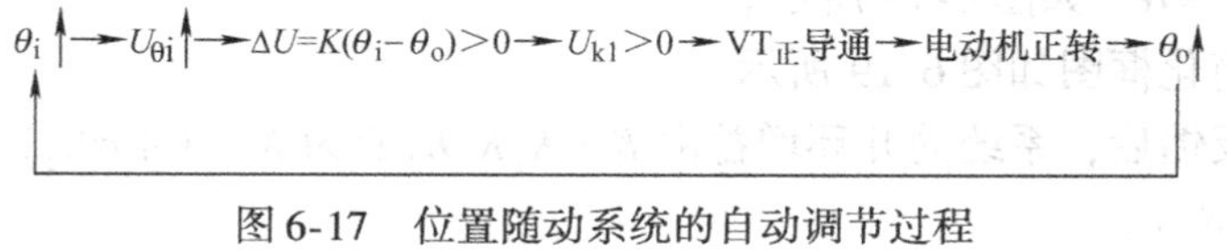

图 6-17　位置随动系统的自动调节过程

3. 系统的稳态性能分析

系统的稳态误差包括输入稳态误差 e_{ssr}（跟随稳态误差）和扰动稳态误差 e_{ssd} 两部分组成，与系统的结构、参数有关，而且还与作用量的大小、作用点有关。随动系统的输入量不断变化，典型输入信号有阶跃信号 $R(s)=1/s$、等速信号 $R(s)=1/s^2$、等加速信号 $R(s)=1/s^3$ 等，随动系统主要稳态误差是跟随稳态误差。其计算公式为

$$e_{ssr}=\lim_{s\to 0}\frac{sR(s)}{1+\dfrac{K}{s^{\lambda}}}\approx\lim_{s\to 0}\frac{sR(s)}{\dfrac{K}{s^{\lambda}}}=\lim_{s\to 0}\frac{s^{(\lambda+1)}}{K}R(s)$$

其中，λ 为前向通道积分环节的个数；K 为开环增益。

1）当输入信号为阶跃信号 $R(s)=1/s$ 时，若前向通道不含积分，即 $\lambda=0$ 时，$e_{ssr}=1/(1+K)$。K 增大，则 e_{ssr} 减小，稳态精度高；若前向通道含有积分环节，即 $\lambda\geqslant 1$，则 $e_{ssr}=0$，可以实现无静差跟随。

2）当输入信号为等速信号 $R(s)=1/s^2$ 时，若系统不含积分，即 $\lambda=0$，则 $e_{ssr}\to\infty$；若 $\lambda=1$，则 $e_{ssr}=1/K$，K 大，稳态精度高；要实现无静差跟随，需 $\lambda\geqslant 2$。

3）当输入信号为等加速信号 $R(s)=1/s^3$ 时，同理，$\lambda\leqslant 1$，$e_{ssr}\to\infty$，无法跟随；$\lambda=2$，实现有偏差的跟随；$\lambda\geqslant 3$，随动系统可以实现无静差跟随。

综上所述，积分个数 λ 越多，放大倍数 K 越大，稳态性能越好，但 K 增大将导致系统稳定性变差。

对于扰动稳态误差，同样可以得到上述结论。

4. 系统的动态性能

对于一个系统，除要满足稳定性和稳态性能以外，还要求有较好的动态性能。对于随动系统，一般希望超调量小、调整时间短、振荡次数少。

5. 系统的校正设计

随动系统的主反馈是位置负反馈，主要用以消除位置偏差。当系统性能指标要求较高时，必须采用串联校正、反馈校正等方法。

（1）采用串联校正

采用串联校正时，可降低增益，使系统的稳定性改善，但系统的快速性和稳态精度变差。PD 校正将使系统的稳定性和快速性改善，但是抗高频干扰能力将明显下降。PI 校正将使系统的稳态性能得到明显的改善，但使系统的稳定性变差。PID 校正兼顾了系统稳态性能和动态性能的改善，因此在要求较高的场合多采用 PID 校正。限于篇幅，不再赘述。

（2）采用反馈校正

在分析随动系统结构时已经知道，在控制电路中增加转速负反馈环节可以改善动态性能，减小位置超调量。转速负反馈环节就是反馈校正装置。未设置转速负反馈校正环节，系统的超调量 $\sigma_p=44\%$，调节时间 $t_s=1.6$s，系统的动态性能不佳。现在原基础上，增加转速负反馈装置 $G_c(s)=\alpha$，如图 6-18 所示。

此时，系统简化框图如图 6-19 所示。

增加转速负反馈后，系统的开环增益由 $K=K_1K_2K_3$ 变为 $K/(1+\alpha K_2)$，惯性时间常数变为 $T'_m=T_m/(1+\alpha K_2)$。

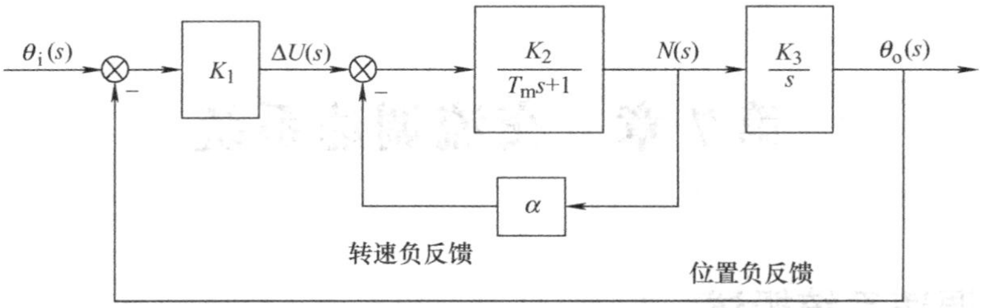

图 6-18　转速负反馈随动系统

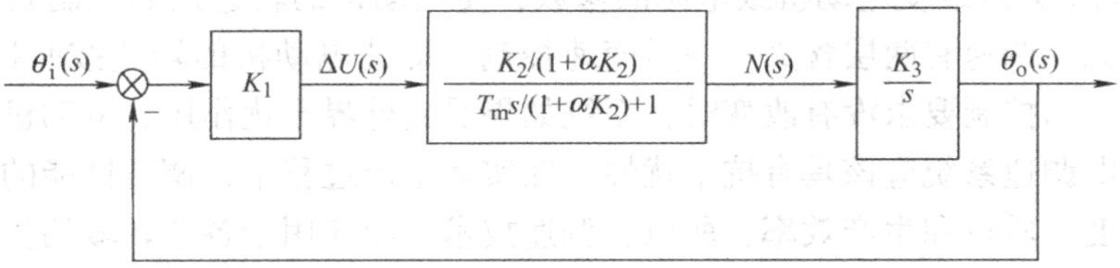

图 6-19　系统简化框图

因阻尼比将增大为原来的 $1+\alpha K_2$ 倍，由于超调量和时间常数均和系统的阻尼比成反比，因此将使超调量 σ_p 与调节时间 t_s 明显减小，动态性能得到提高。

思考题与习题

6-1　简述随动系统的结构组成及适用场合。

6-2　随动系统在构造上与调速系统有何区别？

6-3　简述在大功率晶体管组成的功率放大电路中，如何利用控制电压 U 的大小和极性实现电动机的可逆控制。

6-4　简述随动系统的自动调节过程。

6-5　采用转速负反馈和转速微分负反馈的目的是什么？随动系统的快速性是否受到影响？为什么？

6-6　在位置随动系统中，采用位置的 PD 校正，试问在信号综合端，反馈信号代表的是什么物理量？

第 7 章　交流调速系统

7.1　交流调速系统概述

“调速”就是通过改变电动机或电源的参数，使电动机的转速按照控制要求发生改变或保持恒定。可见，调速有两层含义：一是变速控制，即让电动机的转速按照控制要求改变；二是稳速控制，当控制要求没有改变时，系统如果受到外界干扰作用，电动机的转速应当保持相对恒定，即调速系统应该具有抗干扰性。在实际生产过程中，调速性能的好坏直接关系产品加工的精度、质量和生产效率，所以，调速技术广泛应用于各个领域的生产过程。

交、直流拖动是在 19 世纪中先后产生的。经过努力，到了 20 世纪 80 年代大见成效，一直被认为是天经地义的交、直流电力拖动的分工格局被逐渐打破，高性能的交流调速系统应用的比例逐年上升。今天，在各工业部门中用可调速交流电力拖动取代直流电力拖动的形势已成为趋势。

7.1.1　交流调速系统的特点

直流调速系统的主要优点在于调速范围广、静差率小、稳定性好以及具有良好的动态性能。在高性能的拖动技术领域中，相当长的时期内几乎都采用直流电力拖动系统。尽管如此，直流调速系统却解决不了直流电动机由于本身的换向问题和在恶劣环境下的不适用问题，同时制造大容量、高转速及高电压的直流电动机还比较困难，这就限制了直流拖动系统的进一步发展。

国际上在 20 世纪 60 年代后，解决了交流电动机调速方案中的关键问题，并于 20 世纪 70 年代开始实现了电动机的高压、大容量、小型化，现在交流电动机已经逐渐取代了大部分直流电动机在传统领域的应用。交流调速系统迅速发展的很大一部分原因在于交流电动机本身的优点。目前，交流电力拖动系统已具备了较宽的调速范围、较高的稳态精度、较快的动态响应、较高的工作效率以及可以四象限运行等优异性能，其静、动态特性均可以与直流电动机调速系统相媲美。

交流调速系统与直流调速系统相比，具有如下特点：

1）交流电动机容量大、转度高、电压等级高。

2）与同等容量的直流电动机相比，交流电动机的体积小、质量小、价格低，且结构简单、经济可靠、惯性小。

3）交流电动机环境适应性强，坚固耐用，可以在十分恶劣的环境下使用。

4）高性能、高精度的新型交流电力拖动系统已达到同直流电力拖动系统一样的性能指标。

5）交流调速系统具有与直流调速系统相同的调速平滑、方便、过载转矩和起动转矩大的优点。

6）交流调速系统的控制精度和响应速度均优于传统的直流调速系统的标准。

7）交流调速系统能显著地节约能源。

从各方面的对比分析来看，交流调速的性能全面优于其他调速方式，随着交流调速技术的发展和应用领域的扩展，直流调速系统终将被其替代。

7.1.2 交流调速系统的发展趋势

交流调速系统的发展依赖于电力电子技术、微电子技术和现代控制理论的发展，也依赖于交流电动机制造技术的发展。此外，交流调速系统能够改善直流调速系统的缺陷，其发展趋势可概括如下：

1）研制新型的开关和储能元件。20 世纪 80 年代以来，各种具有自关断能力的全控型功率开关器件相继研制成功，使得交流调速进入了电力电子技术的新时代。

2）引入新的控制思想、理论和技术，改善交流调速系统的性能。目前较先进的交流电动机调速控制技术是矢量控制（又称为磁场定向控制）技术，其后，又陆续提出了直接转矩控制、解耦控制、智能控制等方法，形成了一系列在性能上可以和直流调速系统相媲美的高性能交流调速系统。

3）进一步改进现有交流调速系统的可靠性，彻底解决瞬时停电后的装置安全及恢复正常工作问题。

4）运用微型计算机、数字信号处理装置、全数字控制器等先进装置，研制全数字交流调速拖动系统。

5）研制大容量、特大容量调速系统需要的理想新型交流电动机。

当今在全球能源紧缺的情况下，交流调速的发展应用领域正在不断扩展，如电梯、起重机、矿井、钢铁工业等。其控制方法和技术水平也在不断改善，如交流调速系统的总线控制、PID 控制、模糊控制、仿真应用等。交流调速系统在今后的发展过程中，除了要解决以上几点技术问题之外，高性能交流调速传动是电气自动化行业的一个重要发展方向，该技术问题的攻克必将给电气自动化行业带来新的面貌。

7.1.3 交流调速系统的分类

根据电机学理论，交流异步电动机的转速公式为

$$n=\frac{60f_1}{p}(1-s) \tag{7-1}$$

式中 n——交流异步电动机的转速；

f_1——定子电压频率；

p——极对数；

s——转差率。

从式(7-1) 中可以看出，通过改变极对数 p、转差率 s 或定子电压频率，都能达到调节电动机速度的目的。因此，根据式(7-1)，常见的交流调速系统有变极对数调速、变转差率调速和变频调速。

如今交流调速的发展越来越成熟，为了深入地掌握其基本原理，从更高的角度认识交流调速的本质，按照交流异步电动机的基本原理，从定子传入转子的电磁功率 P_m 可分为两部

分：一部分为 $P_2=(1-s)P_m$，这是拖动负载的有效功率；另一部分是转差功率 $P_s=sP_m$，它与转差率 s 成正比。从能量转换的角度上来看，转差功率是否过大，最终是消耗掉还是得到回收，显然是评价调速系统效率高低的一种标志。

从这点出发，可把异步电动机的调速系统分为以下三大类：

1）转差功率消耗型调速系统　这类系统中的转差功率全部转换成热能的形式，并消耗掉。如调压调速、电磁转差离合器调速、绕线转子异步电动机中的转子串电阻调速等。显然，这类调速系统的效率很低，它是以增加转差功率的消耗来换取转速的降低（恒转矩负载时），并且越向下调速效率越低。

2）转差功率回馈型调速系统　这类系统中转差功率的一部分被消耗掉，而其余大部分则通过变流装置回馈给电网或者转化为机械能加以利用，转速越低时回收的能量越多。例如，串级调速就属于这一类。

3）转差功率不变型调速系统　这类系统中除转子铜损部分的损耗不可避免外，无论电动机转速的高低，转差功率的消耗基本不变，因此它的效率最高。例如，变极对数调速和变频调速等就属于这一类。

当前，以上各种类别的调速系统都在工业领域中广泛应用，虽然都取得了较大的成果，但还有很多性能有待改进。随着交流调速系统在更广阔的工业领域中的日渐普及，更多的交流调速改进技术将应运而生，而更理想、更节能的交流调速系统类别也将应运而生。

7.2　变频调速的基本控制方式

异步电动机变频调速时，首先要控制电动机的磁通，如果磁通太弱，则不能充分利用电动机的铁心；反之磁通太强，使得铁心饱和，从而导致励磁电流过大，功率因数降低，电动机过热。

在异步电动机中，磁通是由定子磁势和转子磁势合成产生的，因此为了保持磁通不变，应对异步电动机采取电流、电压和频率的协调控制策略。

三相异步电动机定子每相电动势的有效值为

$$E_g=4.44f_1N_1K_{N1}\Phi_m \tag{7-2}$$

式中　E_g——气隙磁通在定子每相绕组中感应电动势的有效值（V）；

f_1——定子电源频率（Hz）；

N_1——定子每相绕组串联匝数；

K_{N1}——定子基波绕组系数；

Φ_m——每相绕组气隙磁通量（Wb）。

如果忽略定子阻抗压降，则电动机端电压 $U_1\approx E_g$。由式(7-2) 可知，当 U_1 恒定时，随着 f_1 的升高，Φ_m 减小。又根据转矩公式 $T=C_{M1}\Phi_mI_2\cos\varphi_2$ 可知，Φ_m 减小必然导致电动机运行的输出转矩下降，降低电动机的效率，同时电动机的最大转矩也将降低，严重时会使电动机堵转。若维持端电压 U_1 恒定，随着 f_1 的减小，Φ_m 将增加，势必导致磁路饱和，励磁电流上升，铁损急剧增加。因此，在调频的时候，要协调控制 U_1 和 f_1，以达到控制磁通 Φ_m 恒定的目的。根据 U_1 和 f_1 的不同比例关系，将变频调速分为基频（额定频率）以下调速和基频以上调速两种情况。

7.2.1 基频以下调速

要实现基频以下调速，定子电源频率应从额定电源频率向下调节。同时，由式(7-2)可知，要保持 Φ_m 不变，必须同时降低 E_g、f_1，使

$$\frac{E_g}{f_1}=常数 \tag{7-3}$$

即采用恒定的电动势频率比的控制方式。

然而，式(7-3) 是难以直接实现的。这是因为电动机绕组中的感应电动势是难以直接控制的。但是考虑到感应电动势较高时，可以忽略定子绕组的漏磁阻抗压降，因而认为定子相电压 $U_1 \approx E_g$，则得

$$\frac{U_1}{f_1}=常数 \tag{7-4}$$

这就是恒压频比的控制方式。

低频时，$U_1(E_g)$ 较小，定子阻抗压降所占的分量就比较显著，不能被忽略。这时，可以人为地将电压 U_1适当抬高，以便近似地补偿定子压降。带定子压降补偿的恒压频比控制特性如图 7-1 中的 b 线所示，不带定子压降补偿的恒压频比控制特性如图 7-1 中的 a 线所示。

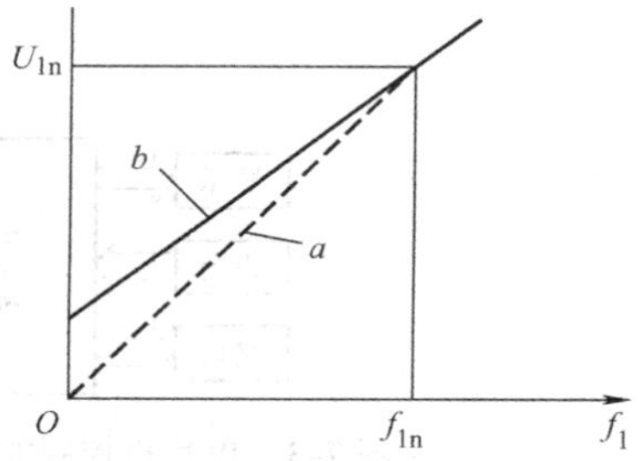

图 7-1 恒压频比控制特性

a—不带定子压降补偿 b—带定子压降补偿

以上导出了电动机变频调速的两种基本控制方法，用这两种基本控制方式构成变频调速系统时，又会由于装置的种类（电压型、电流型）不同而使系统性能有所差异。

7.2.2 基频以上调速

在基频以上调速时，频率可以从电动机额定频率 f_{1n} 往上增高，但定子电压不能增加得比额定电压 U_{1n} 还高，最多只能保持额定电压，否则电动机的绝缘功能将受到损害。由式(7-2) 可知，这将迫使磁通与频率成反比地降低，相当于直流电动机弱磁升速的情况。

把基频以下和基频以上两种情况结合起来，可得图 7-2 所示的异步电动机变频调速控制特性。

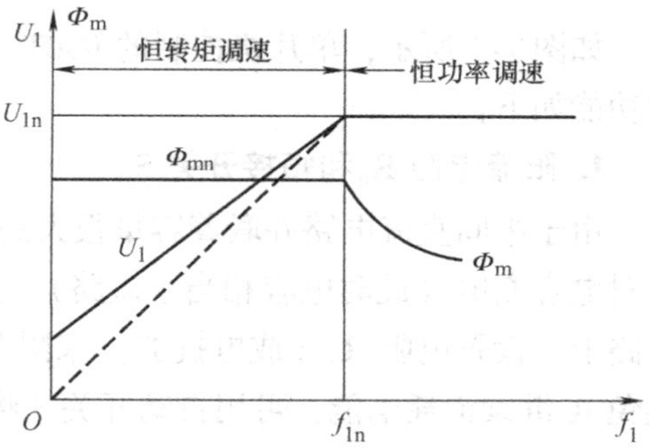

图 7-2 异步电动机变频调速控制特性

如果电动机在不同转速下都具有额定电流，则电动机都能在温升允许的条件下长期运行。这时转矩基本上随磁通变化，在基频以下，磁通保持不变，属于“恒转矩调速”；在基频以上，定子电压保持不变，属于“恒功率调速”。

7.3 交流调速系统简介

图 7-3 所示为单片机控制的 IGBT－SPWM－VVVF 交流调速系统的原理框图。

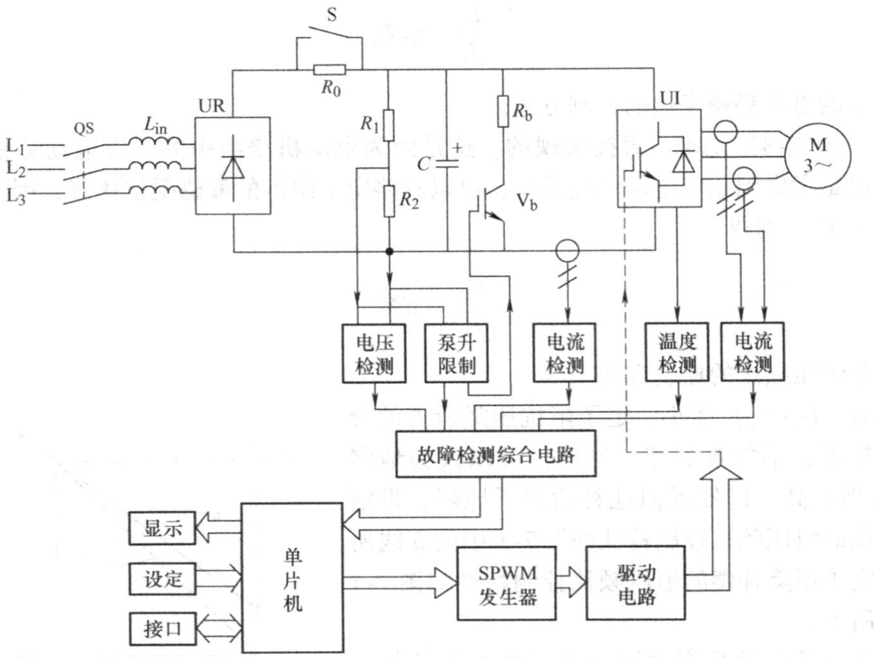

图 7-3　单片机控制的 IGBT－SPWM－VVVF 交流调速系统的原理框图

此系统的特点是采用单片机来进行控制，主要通过软件来实现变压变频控制、SPWM 控制和发出各种保护指令。SPWM 发生器可采用专用的集成电路芯片，也可由单片机的软件来实现。它的主电路是由二极管整流器、IGBT 逆变器和中间电压型直流电路组成的。它是一个转速开环控制系统。

7.3.1 交流调速系统的组成

如图 7-3 所示，单片机控制的 IGBT－SPWM－VVVF 交流调速系统的组成及其在系统中的功能如下：

1. 限流电阻 R_0和短接开关 S

由于中间直流电路并联着容量很大的电容器，在突然外加电源时，电源通过二极管整流桥对电容充电（此时电容相当于短路），会产生很大的冲击电流，使元件损坏。为此在充电回路上，设置电阻 R_0（或电抗器）来限制电流。待电源合上、起动过渡过程结束以后，为避免 R_0继续消耗电能，可用自动开关 S 将 R_0短接实现延时。

2. 电压检测与泵升限制

当异步电动机减速制动时，它相当于一个感应发电机，由于二极管不能反向导通，电动机将通过续流二极管向电容器充电，使电容上的电压随着充电而不断升高（称泵升电压），这样的高电压将使元件损坏。为此，在主电路设置了电压检测电路，当电压过高时，通过泵升限制保护环节，使开关的管 V_b 导通，使电动机制动时释放的电能在电阻 R_b 上消耗掉。

3. 进线电抗器

由于整流桥后面接有一个容量很大的电容，在整流时，只有当整流电压大于电容电压时，才会有电流，造成电流断续，这样电源供给整流电路的电流中会含有较多的谐波成分，对电源造成不良影响（使电压波形畸变，变压器和线路损耗增加），因此在进线处增设进线电抗器 L_{in}。

4. 温度检测

主要是检测 IGBT 管壳的温度，当通过电流过大、壳温过高时，单片机将发出指令，通过驱动电路，使 IGBT 管迅速截止。

5. 电流检测

由于此系统未设转速负反馈环节，所以通过在交流侧（或直流侧）检测到的电流信号，来间接反映负载的大小，使控制器（单片机）能根据负载的大小，对电动机因负载而引起的转速变化给予一定的补偿。此外，电流检测环节还用于电流过载保护。

以上这些环节，在其他类似的系统中，也都可以采用。

7.3.2 VVVF 交流调速系统的原理

VVVF 交流调速系统主要由系统给定、积分电路、*U/f* 函数发生器、正弦波发生器和三角波发生器、延时电路以及驱动放大电路组成，如图 7-4 所示。其中，开通延时器主要是避免桥臂上两个 IGBT 逆变器在换相时上下直通，造成短路故障。给定积分电路主要是进行正方向限幅和加（减）速时间调整，实现软起动减少起动和制动时的冲击电路，避免主电路由于机械能转变成电能在主电路电容上造成泵升电压而危害 IGBT 逆变器的安全。驱动电路主要实现脉冲分配。*U/f* 函数发生器主要产生一种 *U/f* = 恒量的正弦波，并且是一种带限幅的斜坡信号，基频以下采用恒转矩调速，基频以上采用弱磁调速控制方式。

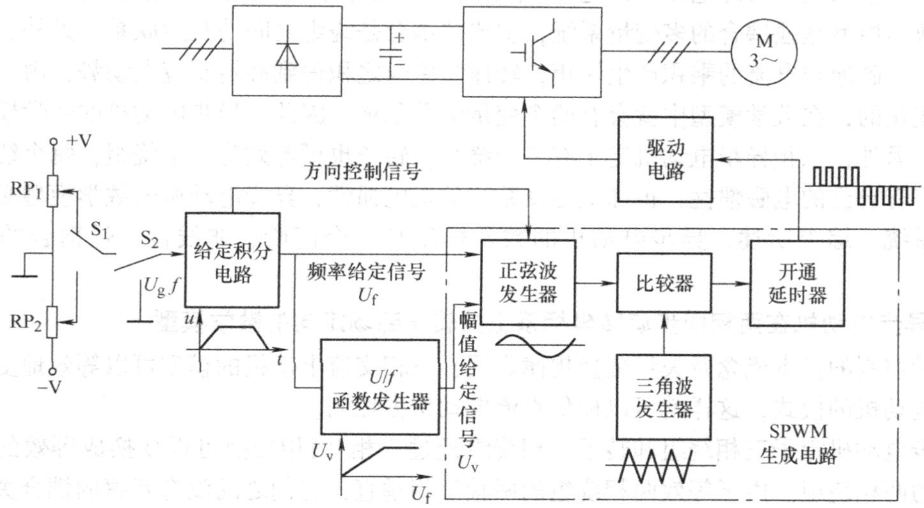

图 7-4　VVVF 交流调速系统的原理

比较器是形成 SPWM 的关键器件，比较器将三角波和正弦波进行比较，形成不同脉冲宽度的脉冲信号，此信号经过整形后提供给驱动电路。此系统的工作过程大致如下：由给定信号（给出转向及转速大小）→ 起动（或停止）信号→给定积分器（实现平稳起动、减小起动电流）→*U/f* 函数发生器→SPWM 控制电路（由体现给定频率和给定幅值的正弦信号波与三角波进行载波比较后产生 SPWM 波）→驱动电路模块→主电路（IGBT 三相逆变电路）→三相异步电动机（实现了 VVVF 调速）。

7.4　异步电动机矢量控制的变频调速系统

电动机是一种能将电能转换成机械能的设备，它的用途非常广泛，在现代社会生活中随处可见其身影，因此，研究异步电动机高性能的调速控制方法是十分必要的。矢量控制理论满足了国民经济发展对交流调速系统提出的宽调速范围、快速响应性能、高精度和稳定性的要求，如今矢量控制理论已经应用到家用电器、车辆交通、航空航天、军工及医疗设备的各个领域中，具有较好的应用前景。

7.4.1　异步电动机模型

1. 异步电动机动态数学模型的性质

异步电动机单变量数学模型是在作了很多的假定下得到的，根据该模型去设计变频调速系统，性能肯定不能令人满意。为进一步提高变频调速系统的性能，就必须从交流电动机的动态数学模型入手。

首先，异步电动机的变频调速需要进行电压（或电流）和频率的协调控制，因而有电压（或电流）和频率两个独立的输入变量。其次，异步电动机只通过定子供电，而磁通和转速的变化是同时进行的，为了获得良好的动态性能，应对磁通进行控制，使它在动态过程中尽量保持恒定，所以，输出变量除转速外，还应包括磁通。因此，异步电动机的数学模型是一个多变量系统；另外电压（或电流）、频率、磁通、转速之间又互相影响，所以异步电动机的数学模型是强耦合的多变量系统，主要的耦合是绕组之间的互感联系。另外，在异步电动机中，磁通与电流的乘积产生转矩，转速与磁通之积得到旋转感应电动势，由于它们都是同时变化的，在数学模型中就会有两个变量的乘积项。因此，异步电动机的数学模型是非线性的。另外，三相异步电动机定子有三个绕组，转子也可等效为三个绕组，每个绕组产生的磁通都有自己的电磁惯性，再加上运动系统的机电惯性，异步电动机的数学模型必定是一个高阶系统。综上所述，异步电动机的数学模型是一个高阶、非线性、强耦合的多变量系统。

2. 异步电动机在两相同步旋转坐标系上按转子磁场定向的数学模型

矢量控制的基本概念及矢量变换规律表明，三相交流电动机的模型可以等效地变换成类似直流电动机的模式，这样就可以模仿直流电动机去控制。

异步电动机定子三相绕组和转子三相绕组经过三相/两相变换可以变换成等效的静止坐标系 L 的两相绕组。由于等效两相绕组的两轴互相垂直，它们之间没有互感的耦合关系。静止坐标系上的两相模型再经过旋转变换后就变成两相同步旋转坐标系上的模型，如果原来三相坐标变量是正弦函数。则经过三相/两相及旋转变换后等效的两相变量是直流量。在此基础上，如果再将两相同步旋转坐标系按转子磁场定向，即采用 M、T 坐标系——转子总磁链 $\boldsymbol{\phi}_2$矢量的方向为 M 轴，逆时针转 90°与 $\boldsymbol{\phi}_2$垂直的方向为 T 轴，则异步电动机数学模型中多变量之间部分得到解耦，此时的电压方程为

$$\begin{pmatrix} u_{M1} \\ u_{T1} \\ u_{M2} \\ u_{T2} \end{pmatrix} = \begin{pmatrix} R_1 + L_s p & -\omega_1 L_s & L_m p & -\omega_1 L_m \\ \omega_1 L_s & R_1 + L_s p & \omega_1 L_m & L_m p \\ L_m p & 0 & R_1 + L_r p & 0 \\ \omega_2 L_m & 0 & \omega_2 L_r & R_2 \end{pmatrix} \begin{pmatrix} i_{M1} \\ i_{T1} \\ i_{M2} \\ i_{T2} \end{pmatrix} \tag{7-5}$$

式中 R_1、R_2——分别为定子绕组和转子绕组的电阻；

L_m——两相坐标系中同轴等效定子与转子绕组间的互感；

L_s——两相坐标系中等效两相定子绕组的自感；

L_r——两相坐标系中等效两相转子绕组的自感；

p——微分算子；

ω_1——同步角速度；

ω_2——转差角频率。

由于 M 轴与空间矢量 $\boldsymbol{\phi}_2$重合，T 轴与空间矢量 $\boldsymbol{\phi}_2$垂直，所以 $\phi_{M2}=\phi_2$，$\phi_{T2}=0$，写成电流表达式为

$$\begin{cases} \phi_{M2} = \phi_2 = L_m i_{M1} + L_r i_{M2} \\ \phi_{T2} = L_m i_{T1} + L_r i_{T2} = 0 \end{cases} \tag{7-6}$$

对于笼型异步电动机，转子短路，则 $u_{T2}=u_{M2}=0$，电压方程可写为

$$\begin{pmatrix} u_{M1} \\ u_{T1} \\ 0 \\ 0 \end{pmatrix} = \begin{pmatrix} R_1 + L_s p & -\omega_1 L_s & L_m p & -\omega_1 L_m \\ \omega_1 L_s & R_1 + L_s p & \omega_1 L_m & L_m p \\ L_m p & 0 & R_2 + L_r p & 0 \\ \omega_2 L_m & 0 & \omega_2 L_r & R_2 \end{pmatrix} \begin{pmatrix} i_{M1} \\ i_{T1} \\ i_{M2} \\ i_{T2} \end{pmatrix}$$

$$T_e = n_p L_m (i_{T1} i_{M2} - i_{M1} i_{T2}) \tag{7-7}$$

而异步电动机电磁转矩在两相同步旋转坐标系上是按转子磁场定向，可将式(7-6) 代入式(7-7) 中，得转矩公式

$$T_e = n_p \frac{L_m}{L_r} i_{T1} \phi_2 \tag{7-8}$$

式中，n_p为电动机的极对数。该关系式和直流电动机的转矩方程非常相似。

7.4.2 矢量控制的基本概念

1. 矢量变换控制的基本思想

他励直流电动机通过电刷的作用，可使电枢磁动势获得固定的空间位置，且与定子正交。只要控制定子励磁电流使磁通恒定，则电磁转矩就正比于电枢电流。

而从交流异步电动机的转矩公式可知，异步电动机的气隙磁通、转子电流与功率因数都影响拖动转矩，而这些量又都与转速有关，因此，交流异步电动机的转矩控制问题就变得复杂。

要解决这个问题，一种办法是从根本上改造交流电动机，改变其产生转矩的规律，到目前为止，在这方面的研究未见成效；另一种方法是在普通的三相交流电动机上设法采用直流

电动机控制转矩的规律。1971 年由联邦德国 F. Blaschke 等人首先提出的矢量变换就是这种控制思想的体现。

矢量变换控制的基本思路是按照产生同样的旋转磁场这一等效原则建立起来的。

众所周知，三相固定的对称绕组 U、V、W，通以三相正弦对称交流电流 i_U、i_V、i_W 即产生转速为 ω_1 的旋转磁场，如图 7-5a 所示。

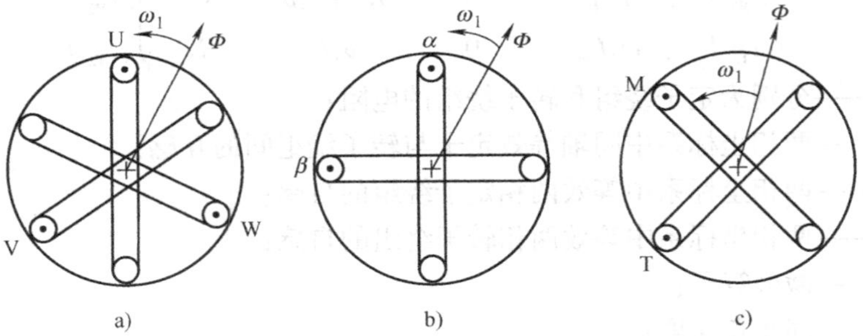

图 7-5　等效的交流电动机绕组与直流电动机绕组

产生旋转磁场不一定非要三相对称绕组，除单相绕组以外，两相绕组、三相绕组、四相绕组等任意的多相对称绕组，通以多相对称电流，都能产生旋转磁场。如图 7-5b 所示是两相固定绕组 α 和 β（空间位置上电压差为 90°），通以两相对称交流电流 i_α 和 i_β（时间上差 90°）时，也能产生旋转磁场 Φ。若此旋转磁场的大小与转向都与图 7-5a 所示的三相绕组产生的合成磁场相同时，则图 7-5b 中的两相绕组 α 和 β 与图 7-5a 中的三相绕组等效。

图 7-5c 中有两个匝数相等且互相垂直的绕组 M 和 T，分别通以直流电流 i_M 和 i_T 产生位置固定的磁通 Φ。如果这个磁通 Φ 与图 7-5a、b 中交流电动机产生的合成磁场相同，且这两个绕组也同时按交流电动机同步转速 ω_1 旋转，则磁通 Φ 自然随着旋转起来，M、T 绕组也就和图 7-5a、b 中的绕组等效。当观察者站在铁心上和绕组一起旋转时，在他看来，是两个通以直流电的互相垂直的固定绕组，如果取磁通 Φ 的位置和 M 绕组的平面正交，就与等效的直流电动机绕组没有差别了，如图 7-6 所示。其中，F_a 是电枢磁动势，F_1 是励磁磁动势，绕组 1 - 1′是等效的励磁绕组，绕组 a - a′是与换向器等效的电枢绕组。这时，图 7-5c 中的 M 绕组相当于励磁绕组，T 绕组相当于电枢绕组。

这样，以产生同样的旋转磁场为准则，图 7-5b 中的两相绕组和图 7-5c 中的直流绕组等

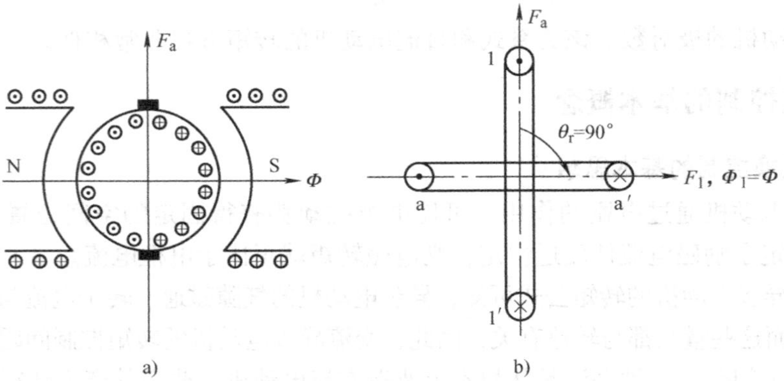

图 7-6　直流电动机的磁通和电枢磁动势

效。i_U、i_V、i_W与i_α、i_β及i_M、i_T之间存在着确定的关系，即矢量变换关系。要保持i_M和i_T为某一定值时，则i_U、i_V、i_W必须按一定的规律变化。只要按照这个规律去控制三相电流i_U、i_V、i_W，就可以等效地控制i_M和i_T，达到控制转矩的目的，从而可得到和直流电动机一样的控制性能。

2. 矢量变换规律

矢量变换规律是三相交流笼型异步电机实现矢量变换控制思想的基本方法。矢量变换规律有三相/两相变换（简称3/2变换）、矢量旋转变换（VR变换）和直角坐标/极坐标变换（K/P变换）三种。

下面分别叙述其基本规律。

（1）三相/两相变换或两相/三相变换

所谓3/2变换或2/3变换，就是通过数学上的磁动势坐标变换方法，把交流三相绕组电流与交流两相绕组电流相互等效变换。图7-7表示三相绕组U、V、W和与之等效的两相绕组α、β各相脉动磁动势矢量的空间位置。为简单起见，令三相的U相与等效两相的α相重合。必须注意，图中矢量仅表示空间位置，并不表示其大小，磁势的大小是随时间变化的。在任何时刻各相磁势幅值一般并不相等。假设磁动势波形是按正弦分布的，或只计其基波分量。按照合成磁动势相同的变换原则，两套绕组瞬时磁动势在α、β轴上的投影应该相等，即

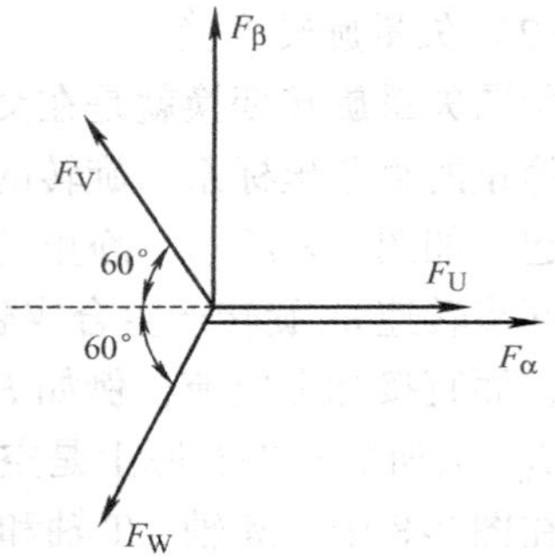

图7-7 三相绕组和两相绕组磁动势矢量的空间位置

$$\begin{cases} F_\alpha = F_U - F_V\cos 60° - F_W\cos 60° = F_U - \dfrac{1}{2}F_V - \dfrac{1}{2}F_W \\ F_\beta = F_V\sin 60° - F_W\sin 60° = F_U - \dfrac{\sqrt{3}}{2}F_V - \dfrac{\sqrt{3}}{2}F_W \end{cases} \tag{7-9}$$

各相磁动势均为有效匝数与其瞬时电流的乘积。设三相系统每相绕组的有效匝数为N_3，两相系统每相绕组的有效匝数为N_2，且三相绕组为星形接法，即$i_U+i_V+i_W=0$，或$i_W=-i_U-i_V$，则有

$$N_2 i_\alpha = N_3\left(i_U - \frac{1}{2}i_V - \frac{1}{2}i_W\right) = \frac{3}{2}N_3 i_U \tag{7-10}$$

$$N_2 i_\beta = N_3\left(\frac{\sqrt{3}}{2}i_V - \frac{\sqrt{3}}{2}i_W\right) = N_3\left[\frac{\sqrt{3}}{2}i_V + \frac{\sqrt{3}}{2}(i_U + i_V)\right] = N_3\left(\frac{\sqrt{3}}{2}i_U + \sqrt{3}i_V\right) \tag{7-11}$$

可以证明，为了保持变换前后功率不变，变换后的两相绕组每相有效匝数N_2应为原三相绕组每相有效匝数N_3的$\sqrt{3/2}$倍。于是三相电流变换为两相电流的关系为

$$i_\alpha = \sqrt{\frac{3}{2}}i_U,\quad i_\beta = \sqrt{\frac{1}{2}}i_U + \sqrt{2}i_V \tag{7-12}$$

写成矩阵形式得

$$\begin{pmatrix} i_\alpha \\ i_\beta \end{pmatrix} = \begin{pmatrix} \sqrt{\dfrac{3}{2}} & 0 \\ \dfrac{1}{\sqrt{2}} & \sqrt{2} \end{pmatrix} \begin{pmatrix} i_U \\ i_V \end{pmatrix} \tag{7-13}$$

将式(7-13) 逆变换可得到两相/三相变换式为

$$\begin{pmatrix} i_U \\ i_V \end{pmatrix} = \begin{pmatrix} \sqrt{\dfrac{2}{3}} & 0 \\ -\dfrac{1}{\sqrt{6}} & \dfrac{1}{\sqrt{2}} \end{pmatrix} \begin{pmatrix} i_\alpha \\ i_\beta \end{pmatrix} \tag{7-14}$$

同理，电压和磁链的变换式均与电流变换式相同。

(2) 矢量旋转变换

所谓矢量旋转变换就是在交流两相 α、β 绕组和直流 M、T 绕组之间电流的变换，它是一种静止的直角坐标系与旋转的直角坐标系之间的变换，简称 VR 变换。现把两个坐标系画在一起，如图 7-8 所示。静止坐标系两相电流 i_α 和 i_β 与旋转坐标系的两个直流电流 i_M 和 i_T 均以同步转速 ω_1 旋转产生合成磁动势 F_1。由于各绕组匝数相等，可以消去合成磁动势中的匝数，而直接标上电流，例如 F_1 可直接标成 i_1。但必须注意，在这里，矢量 i_1 以其分量 i_α、i_β 和 i_M、i_T 所表示的实际上是空间磁动势矢量，而不是电流的时间相量。

在图 7-8 中，M 轴、T 轴和矢量 i_1 都以转速 ω_1 旋转，因此 i_M 和 i_T 分量的长短不变，相当于 M、T 绕组的直流磁动势；但 α 轴与 β 轴是静止的，α 轴与 M 轴的夹角 φ 随时间而变化，因此 i_1 在 α 轴与 β 轴上的分量 i_α 和 i_β 的长短也随时间变化，相当于 α、β 绕组交流磁动势的瞬时值。由图 7-8 可见，i_α、i_β 和 i_M、i_T 之间存在着下列关系

$$\begin{cases} i_\alpha = i_M\cos\varphi - i_T\sin\varphi \\ i_\beta = i_M\sin\varphi + i_T\cos\varphi \end{cases} \tag{7-15}$$

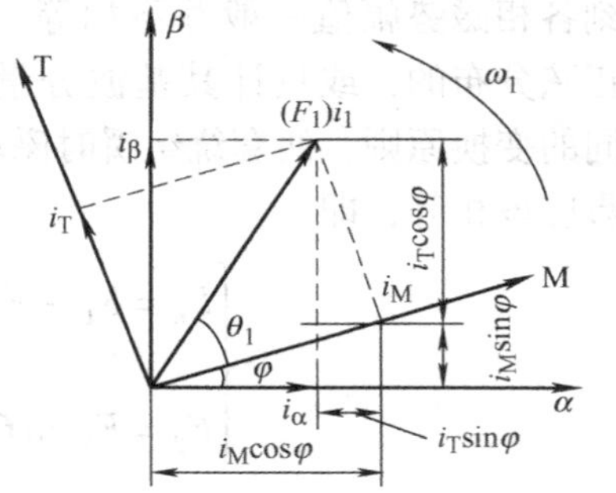

图 7-8 两相静止坐标系和旋转坐标系与磁动势空间矢量

两相旋转坐标系到两相静止坐标系的矩阵形式为

$$\begin{pmatrix} i_\alpha \\ i_\beta \end{pmatrix} = \begin{pmatrix} \cos\varphi & -\sin\varphi \\ \sin\varphi & \cos\varphi \end{pmatrix} \begin{pmatrix} i_M \\ i_T \end{pmatrix} \tag{7-16}$$

由式(7-16) 可知，两相静止坐标系到两相旋转坐标系的逆变换关系为

$$\begin{pmatrix} i_M \\ i_T \end{pmatrix} = \begin{pmatrix} \cos\varphi & \sin\varphi \\ -\sin\varphi & \cos\varphi \end{pmatrix} \begin{pmatrix} i_\alpha \\ i_\beta \end{pmatrix} \tag{7-17}$$

同理，电压和磁链的旋转变换也与电流旋转变换相同。

(3) 直角坐标-极坐标变换

在图 7-8 中，令矢量 i_1 和 M 轴的夹角为 θ_1，已知 i_M、i_T 求 i_1、θ_1，这就是直角坐标-极坐标变换，简称 K/P 变换。众所周知，直角坐标与极坐标的关系是

$$i_1 = \sqrt{i_M^2 + i_T^2} \tag{7-18}$$

$$\theta_1 = \arctan\frac{i_T}{i_M} \tag{7-19}$$

当 θ_1 在 $0°\sim90°$之间取不同值时，$|\tan\theta_1|$ 的变化范围是 $0\sim\infty$，变化幅度太大，很难在实际变换器中实现，因此常改用下列公式来表示 θ_1 值，即

$$\sin\theta_1=\frac{i_T}{i_1} \tag{7-20}$$

或

$$\tan\frac{\theta_1}{2}=\frac{\sin\theta_1}{1+\cos\theta_1}=\frac{i_T}{i_1+i_M} \tag{7-21}$$

则

$$\theta_1=2\arctan\frac{i_T}{i_1+i_M} \tag{7-22}$$

3. 交流异步电动机和直流他励电动机的比较

直流他励电动机之所以具有良好的静动态特性，是因为其两个参数：定子励磁电流 i_m及电枢电流 i_α。它们是两个可以独立控制的变量，只要分别控制这两个变量，就可以独立地控制直流他励电动机的气隙磁通和电磁转矩。

图 7-9a 所示为直流他励电动机结构图，若不考虑电枢反应的影响和磁路饱和影响，直流电动机的电磁转矩 T_e 为

$$T_e=C_m\Phi_m i_\alpha \tag{7-23}$$

该关系式可由图 7-9b 来表示，C_m 为电磁转矩系数，磁通 Φ_m 由励磁电流 i_m产生，若忽略磁路非线性的影响，则 Φ_m与 i_m成正比而与电枢电流 i_α无关。在直流调速系统中（弱磁升速除外），一般主磁通 Φ_m可以先建立，而不参与系统的动态调节。

直流电动机的运动方程式为

$$T_e-T_L=\frac{GD^2}{375}\frac{dn}{dt} \tag{7-24}$$

由上述可知，当负载转矩 T_L 发生变化时，只要调节电枢电流 i_α，就可以获得满意的动态特性。

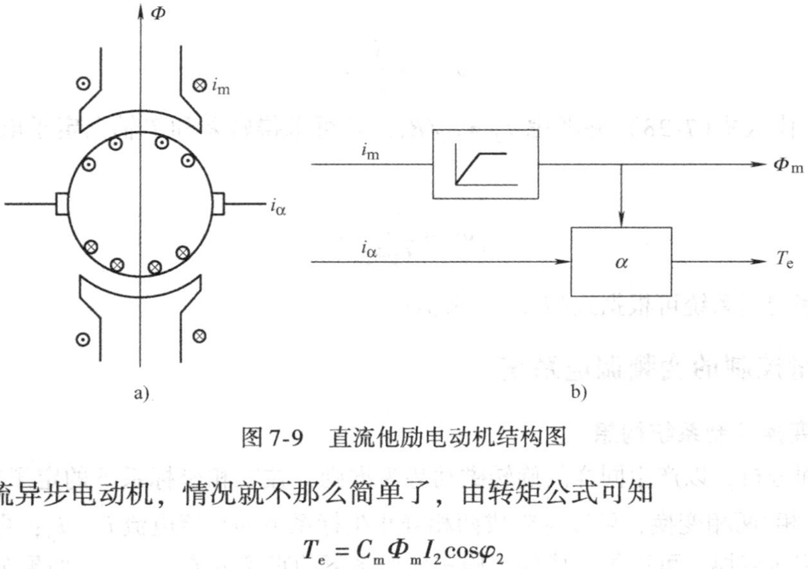

图 7-9　直流他励电动机结构图

对于交流异步电动机，情况就不那么简单了，由转矩公式可知

$$T_e=C_m\Phi_m I_2\cos\varphi_2 \tag{7-25}$$

在交流异步电动机中，异步电动机的气隙磁通 Φ_m、转子电流 I_2 与转子功率因数 $\cos\varphi_2$

都是转差率 s 的函数，而且都是难以直接控制的。比较容易控制的是定子电流 $\boldsymbol{I}_1$。而它又是 $\boldsymbol{I}_2$ 的近似值与励磁电流 $\boldsymbol{I}_0$ 的矢量和。因此，要在动态中精确地控制转矩显然要困难得多。

7.4.3 矢量变换控制方程式

在矢量控制系统中，被控制的是定子电流，因此必须从数学模型中找到定子电流的两个分量与其他物理量的关系。用式(7-6) 和式(7-7) 中第三行联立求解可得

$$i_{\mathrm{M1}}=\frac{T_2p+1}{L_{\mathrm{m}}}\varphi_2$$

$$\phi_2=\frac{L_{\mathrm{m}}}{T_2p+1}i_{\mathrm{M1}} \tag{7-26}$$

式中，$T_2=L_{\mathrm{r}}/R_2$，为转子励磁时间常数。

式(7-26) 表明转子磁链 φ_2 仅由 i_{M1} 产生，而与 i_{T1} 无关，因而 i_{M1} 被称为定子电流的励磁分量。φ_2 的稳态值由 i_{M1} 决定。

再由式(7-8) 可看出，当 i_{M1} 不变，即 φ_2 不变时，如果 i_{T1} 变化，转矩 T_{e} 立即随之成正比地变化，没有滞后。因此可以认为，i_{T1} 是定子电流的转矩分量。

总之，由于 M、T 坐标按转子磁场定向，在定子电流的两个分量之间实现了解耦，i_{M1} 是唯一决定磁链 φ_2 的稳态值，i_{T1} 只影响转矩，与直流电动机中的励磁电流和电枢电流相对应，这样就大大简化了多变量强耦合的交流变频调速系统的控制问题。

根据式(7-6) 第二式可求得 T 轴上定子电流 i_{T1}，它和转子电流 i_{T2} 的动态关系为

$$i_{\mathrm{T2}}=-\frac{L_{\mathrm{m}}}{L_{\mathrm{r}}}i_{\mathrm{T1}} \tag{7-27}$$

由式(7-7) 行列式方程中的第四行可得

$$0=\omega_2(L_{\mathrm{m}}i_{\mathrm{M1}}+L_{\mathrm{r}}i_{\mathrm{M2}})+R_2i_{\mathrm{T2}}=\omega_2\varphi_2+R_2i_{\mathrm{T2}}$$

所以

$$\omega_2=-\frac{R_2}{\varphi_2}i_{\mathrm{T2}} \tag{7-28}$$

将式(7-27) 代入式(7-28) 并考虑 $T_2=L_{\mathrm{r}}/R_2$，则可求得转差和 T 轴上定子电流 i_{T1} 的关系为

$$\omega_2=\frac{L_{\mathrm{m}}}{T_2\varphi_2}i_{\mathrm{T1}} \tag{7-29}$$

转差功率控制系统可根据式(7-29) 来实现。

7.4.4 矢量控制的变频调速系统

1. 矢量变换控制系统构想

根据前面分析，以产生同样的旋转磁动势为准则，在三相坐标系下的定子交流电流 i_{U}、i_{V}、i_{W} 通过三相/两相变换，可以等效成两相静止坐标系下的交流电流 i_{α}、i_{β}；再通过按转子磁场定向的旋转变换，可以等效成同步旋转坐标系下的直流电流 i_{M}、i_{T}。如果观察者站在铁心上与坐标一起旋转，他所看到的便是一台直流电动机。原交流电动机的转子总磁通 Φ_2 就

是等效直流电动机的磁通，M 绕组相当于直流电动机的励磁绕组，i_{M1}相当于励磁电流；T 绕组相当于电枢绕组，i_{T1}相当于与转矩成正比的电枢电流。

把上述等效关系用结构图形式画出来，即得如图 7-10 所示的双线方框内的结构图。从整体上看，U、V、W 三相为输入，转速 ω 为输出，是一台异步电动机。从内部看，经过三相/两相变换和同步旋转变换，异步电动机变换成一台由 i_{M1}、i_{T1}输入和 ω 输出的直流电动机。

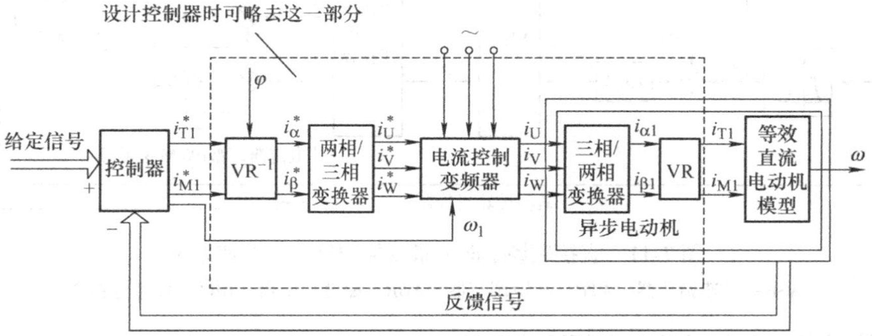

图 7-10　矢量变换控制系统的构想（φ 为 M 轴与 α 轴的夹角）

既然异步电动机经过坐标变换可以等效成直流电动机，那么，模仿直流电动机的控制方法，求得直流电动机的控制量，再经过相应的坐标反变换，就能够控制异步电动机了。所构想的矢量变换控制系统如图 7-10 所示。图中给定和反馈信号经过类似于直流调速系统所用的控制器，产生励磁电流给定信号 i_{M1}^*。i_{M1}^*、i_{T1}^* 经过反旋转变换 VR^{-1} 得到 i_α^* 和 i_β^*，再经过两相/三相变换得到 i_U^*、i_V^*、i_W^*。把这三个电流控制信号和由控制器直接得到的频率控制信号 ω_1 加到带电流控制的变频器上，就可以输出异步电动机调速所需的三相变频电流。

在设计矢量控制系统时，可以认为，在控制器后面引入的反旋转变换 VR^{-1} 与电动机内部的旋转变换环节 VR 抵消，两相/三相变换器与电动机内部的三相/两相变换环节抵消，如果再忽略变频器中可能产生的滞后（如图 7-10 所示中点画线框内的部分可以完全删去），剩下的部分就和直流调速系统非常相似了。可以想象，矢量控制交流变频调速系统的静、动态性能应该完全能够与直流调速系统相媲美。

2. 直接磁场定向矢量控制变频调速系统

异步电动机变频调速的矢量变换控制系统近年来发展迅速。其理论基础虽然是成熟的，但实际系统却种类繁多，各有千秋，这里介绍两种，便于读者得到一个完整的系统概念。

图 7-11 所示为一种直接磁场定向矢量变换控制变频调速系统。图中带“*”号的是各量的给定信号，不带“*”号的是各量的实测信号。系统主电路采用电流跟踪控制 PWM 变换器。系统的控制部分有转速、转矩和磁链三个闭环。磁通给定信号由函数发生环节获得，转矩给定信号同样受到磁通信号的控制。

直接磁场定向矢量控制变频调速系统的磁链是闭环控制的，因而矢量控制系统的动态性能较高。但它对磁链反馈信号的精度要求很高。

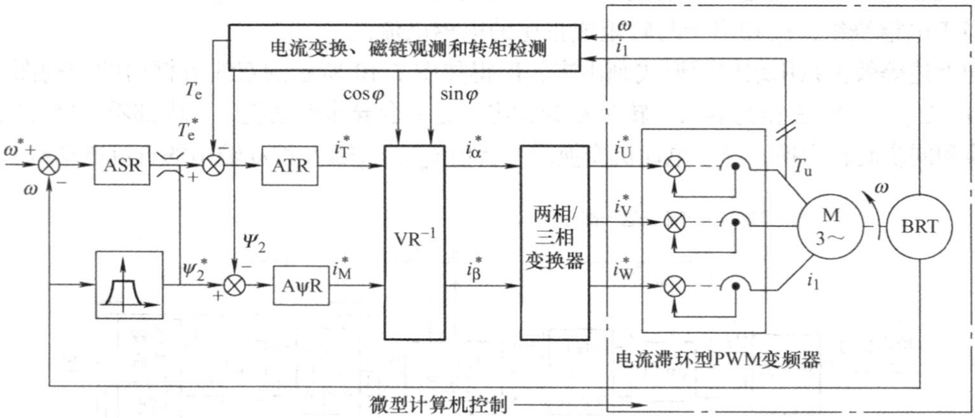

图 7-11　直接磁场定向矢量变换控制变频调速系统

ASR—转速调节器　ATR—转矩调节器　AψR—磁链调节器　BRT—转速传感器

3. 间接磁场定向矢量控制变频调速系统

图 7-12 所示另一种矢量控制变频调速系统——暂态转差补偿矢量控制系统。该系统中磁链是开环控制的，由给定信号并靠矢量变换控制方程确保磁场定向，没有在运行中实际检测转子磁链的相位，这种情况属于间接磁场定向。由于没有磁链反馈，这种系统结构相对简单。但这种系统在动态过程中实际的定子电流幅值及相位与给定值之间总会存在偏差，从而影响系统的动态性能。为了解决这个问题，可采用参数辨识和自适应控制或智能控制方法。

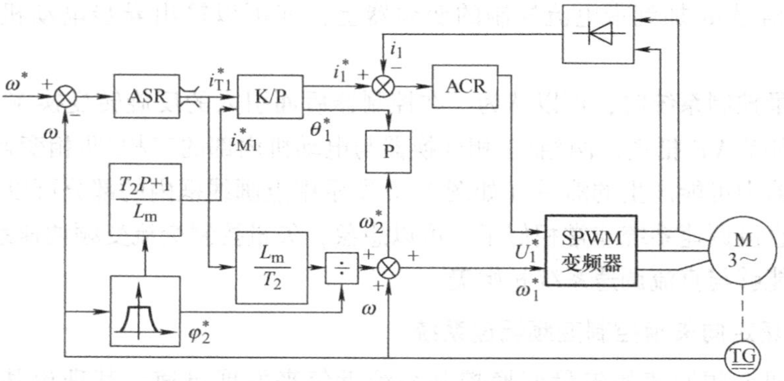

图 7-12　暂态转差补偿矢量控制系统

主电路采用由 IGBT 构成的 SPWM 变换器，控制结构完全模仿了直流电动机的双闭环调速系统。系统的外环是转速环，转速给定与实测转速比较后，经过转速调节器 ASR 输出转矩电流给定信号 i_{T1}^*。同时实测转速角速度 ω 经函数发生器输出转子磁链给定值 φ_2^*，经过运算得励磁电流给定值 i_{M1}^*。i_{T1}^*、i_{M1}^* 经坐标变换（K/P）输出定子电流的给定值 i_1^* 和定子电流相角给定值 θ_1^*，对 θ_1^* 进行微分后可作为暂态转差补偿分量。φ_2^*、i_{T1}^* 运算后得到 ω_2^*，加上 ω，再加上暂态转差补偿分量，得到频率给定信号 ω_1^*，作为 SPWM 信号的频率给定信号。i_1^* 与反馈电流 i_1 比较后经电流调节器 ACR 输出信号 U_1^*，作为 SPWM 的幅值给定信号。

思考题与习题

7-1 三相异步电动机的转速与哪些因素有关？

7-2 交流异步电动机有哪些调速方式？

7-3 变频器是怎样分类的？

7-4 交流调速系统由哪几部分组成？

7-5 为什么在基本 U/f 控制的基础上还要进行转矩补偿？

附　　录

附录 A　拉普拉斯变换

拉普拉斯变换也称为拉氏变换，它是一种函数变换，经变换后，可将微分方程式变换成代数方程式，并且变换的同时将初始条件引入，避免了经典解法关于求积分常数的麻烦，因此这种方法可以使解题的过程大为简化。

在经典自动控制理论中，自动控制系统的数学模型是建立在传递函数基础之上的，而传递函数的概念又是建立在拉氏变换基础之上的，因此，拉氏变换是自动经典控制理论的数学基础。

A.1　拉氏变换

1. 拉氏变换的定义

若将实变量 t 的函数 $f(t)$，乘以指数函数 e^{-st}（其中 $s=\sigma+j\omega$ 是一个复变数），再在 0 到∞之间对 t 进行积分，就得到一个新的函数 $F(s)$。$F(s)$ 称为 $f(t)$ 拉氏变换式，并可用符号 $L[f(t)]$表示。即

$$F(s) = L[f(t)] = \int_0^{\infty} f(t)e^{-st}dt \tag{A-1}$$

式(A-1) 称为拉氏变换的定义式。为了保证式中等号右边的积分存在（收敛），$f(t)$ 应满足下列条件：

1）当 $t<0$，$f(t)=0$；

2）当 $t>0$，$f(t)$ 分段连续；

3）当 $t\to\infty$，e^{-st}较 $f(t)$ 衰减得更快。

由于 $\int_0^{\infty} f(t)e^{-st}dt$ 是一个定积分，t 将在新函数中消失。因此，$F(s)$ 只取决于 s，它是复变数 s 的函数。拉氏变换将原来的实变量函数 $f(t)$ 转化为复变量函数 $F(s)$。

拉氏变换是一种单值变换。$f(t)$ 和 $F(s)$ 之间具有一一对应的关系。通常 $f(t)$ 为原函数，$F(s)$ 为像函数。

2. 拉氏变换的性质

性质 1：线性性质

若 a、b 是常数，且

$$L[f_1(t)] = F_1(s),\quad L[f_2(t)] = F_2(s)$$

则

$$L[af_1(t) + bf_2(t)] = aL[f_1(t)] + bL[f_2(t)] = aF_1(s) + bF_2(s)$$

性质 1 表明，函数的线性组合的拉氏变换等于各函数的拉氏变换的线性组合。性质 1 可以推广到有限个函数的线性组合的情形。

性质 2：平移性质

若 $L[f(t)]=F(s)$，则

$$L[e^{at}f(t)]=F(s-a)$$

性质 2 表明，像原函数乘以 e^{at}，等于其像函数做位移 a，因此性质 2 称为平移性质。

性质 3：延滞性质

若 $L[f(t)]=F(s)$，则

$$L[f(t-a)]=e^{-as}F(s)\quad (a>0)$$

函数 $f(t-a)$ 与 $f(t)$ 相比，滞后了 a 个单位，若 t 表示时间，性质 3 表明则时间延迟了 a 个单位，相当于像函数乘以指数因子 e^{-as}。

性质 4：微分性质

若 $L[f(t)]=F(s)$，则

$$L[f'(t)]=sF(s)-f(0)$$

性质 4 表明，一个函数求导后取拉氏变换，等于这个函数的拉氏变换乘以参数 s 再减去这个函数的初值。

推论：$L[d^nf(t)/dt^n]=s^nF(s)-s^{n-1}f(0)-s^{n-2}f(0)-\cdots-f^{(n-1)}(0)$。

当 $f(0)=f'(0)=\cdots=f^{(m-1)}(0)=0$，则 $L[d^nf(t)/dt^n]=s^nF(s)$。

性质 5：积分性质

若 $L[f(t)]=F(s)$，则

$$L\left[\int f(t)dt\right]=F(s)/s+\int f(t)dt/s\,\Big|_{t=0}$$

性质 5 表明，一个函数积分后取拉氏变换，等于这个函数的拉氏变换除以参数 s。性质 5 也可以推广到有限次积分的情形。

推论：若 $F(s)=L[f(t)]$，初始条件为 0 时，则 $L\left[\int\cdots\int f(t)dt\right]=\frac{1}{s^n}F(s)$。

性质 6：终值性质

若 $F(s)=L[f(t)]$，且 $\lim\limits_{s\to\infty}f(t)$ 存在，则

$$f(\infty)=\lim_{t\to\infty}f(t)=\lim_{s\to 0}sF(s)$$

3. 拉氏变换的应用举例

【例 1】 求指数函数 $f(t)=e^{at}$（$a\geqslant 0$，a 是常数）的拉氏变换。

解：根据拉氏变换的定义，得

$$L[e^{at}]=\int_0^{+\infty}e^{at}e^{-st}dt=\int_0^{+\infty}e^{-(s-a)t}dt$$

此积分在 $s>a$ 时收敛，有

$$\int_0^{+\infty}e^{-(s-a)t}dt=\frac{1}{s-a}$$

所以

$$L[e^{at}]=\frac{1}{s-a}$$

【例 2】 求单位阶跃函数

$$u(t)=\begin{cases}0, & t<0\\ 1, & t\geqslant 0\end{cases}$$

的拉氏变换。

解：

$$L[u(t)]=\int_0^{+\infty}\mathrm{e}^{-st}\mathrm{d}t$$

此积分在 $s>0$ 时收敛，且有

$$\int_0^{+\infty}\mathrm{e}^{-st}\mathrm{d}t=\frac{1}{s}\quad(s>0)$$

所以

$$L[u(t)]=\frac{1}{s}\quad(s>0)$$

【例 3】 求 $f(t)=at$（a 为常数）的拉氏变换。

解： $L[at]=\int_0^{+\infty}at\mathrm{e}^{-st}\mathrm{d}t=-\frac{a}{s}\int_0^{+\infty}t\mathrm{d}(\mathrm{e}^{-st})$

$$=-\frac{a}{s^2}[t\mathrm{e}^{-st}]_0^{+\infty}+\frac{a}{s}\int_0^{+\infty}\mathrm{e}^{-st}\mathrm{d}t$$

$$=-\frac{a}{s^2}[\mathrm{e}^{-st}]_0^{+\infty}$$

$$=\frac{a}{s^2}$$

A.2 拉氏逆变换

1. 拉氏逆变换的定义

若 $F(s)$ 是 $f(t)$ 的拉氏变换，则称 $f(t)$ 是 $F(s)$ 的拉氏逆变换［或叫作 $F(s)$ 的像原函数］，记作

$$f(t)=L^{-1}[F(s)]$$

2. 拉氏逆变换的性质

设 $L[f_1(t)]=F_1(s)$，$L[f_2(t)]=F_2(s)$，$L[f(t)]=F(s)$

性质 1：线性性质

$$L^{-1}[aF_1(s)+bF_2(s)]$$
$$=aL^{-1}[F_1(s)]+bL^{-1}[F_2(s)]$$
$$=af_1(t)+bf_2(t)(a,b\text{ 为常数})$$

性质 2：平移性质

$$L^{-1}[F(s-a)]=\mathrm{e}^{at}L^{-1}[F(s)]=\mathrm{e}^{at}f(t)$$

性质 3：迟滞性质

$$L^{-1}[\mathrm{e}^{-as}F(s)]=f(t-a)$$

常用的拉氏变换可以在拉氏变换表中查得。在求拉氏逆变换的时候，可以结合拉氏逆变换的性质，在拉氏变换表中直接查得。在用拉氏变换解决工程技术中的应用问题时，经常遇到的像函数是有理分式，一般可将其分解为部分分式之和，然后再利用拉氏变换表求出像原函数。

3. 拉氏逆变换的应用举例

【例 4】 求 $F(s)=\dfrac{2s-5}{s^2}$的拉氏逆变换。

解： 由性质 1 及附录 B 得

$$f(t)=L^{-1}\left[\frac{2s-5}{s^2}\right]=2L^{-1}\left[\frac{1}{s}\right]-5L^{-1}\left[\frac{1}{s^2}\right]=2-5t$$

【例 5】 求 $F(s)=\dfrac{2s+3}{s^2-2s+5}$的拉氏逆变换。

解：

$$f(t)=L^{-1}\left[\frac{2s+3}{s^2-2s+5}\right]=L^{-1}\left[\frac{2s+3}{(s-1)^2+4}\right]=2L^{-1}\left[\frac{s-1}{(s-1)^2+4}\right]+\frac{5}{2}L^{-1}\left[\frac{2}{(s-1)^2+4}\right]$$

查附录 B 可得

$$f(t)=2\mathrm{e}^t\cos2t+\frac{5}{2}\mathrm{e}^t\sin2t=\mathrm{e}^t\left(2\cos2t+\frac{5}{2}\sin2t\right)$$

【例 6】 求 $F(s)=\dfrac{s+9}{s^2+5s+6}$的拉氏逆变换。

解：

$$f(t)=L^{-1}\left[\frac{s+9}{s^2+5s+6}\right]=L^{-1}\left[\frac{7}{s+2}-\frac{6}{s+3}\right]=7L^{-1}\left[\frac{1}{s+2}\right]-6L^{-1}\left[\frac{1}{s+3}\right]$$

查附录 B 可得

$$f(t)=7\mathrm{e}^{-2t}-6\mathrm{e}^{-3t}$$

附录 B　常用拉氏变换表

常用拉氏变换如表 B-1 所列。

表 B-1　常用拉氏变换表

原函数 $f(t)$	像函数 $F(s)$
$\delta(t)$	1
$1(t)$	$1/s$
t	$\dfrac{1}{s^2}$
e^{-at}	$\dfrac{1}{s+a}$
$t\mathrm{e}^{-at}$	$\dfrac{1}{(s+a)^2}$
$\sin\omega t$	$\dfrac{\omega}{s^2+\omega^2}$
$\cos\omega t$	$\dfrac{s}{s^2+\omega^2}$

（续）

原函数 $f(t)$	像函数 $F(s)$
t^n （$n=1, 2, 3, \cdots$）	$\frac{n!}{s^{n+1}}$
$t^n e^{-at}$ （$n=1, 2, 3, \cdots$）	$\frac{n!}{(s+a)^{n+1}}$
$\frac{1}{(b-a)}(e^{-at}-e^{-bt})$	$\frac{1}{(s+a)(s+b)}$
$e^{-at}\sin\omega t$	$\frac{\omega}{(s+a)^2+\omega^2}$
$e^{-at}\cos\omega t$	$\frac{s+a}{(s+a)^2+\omega^2}$
$\frac{1}{a^2}(at-1+e^{-at})$	$\frac{1}{s^2(s+a)}$
$\frac{\omega_n}{\sqrt{1-\xi^2}}e^{-\xi\omega_n t}\sin(\omega_n\sqrt{1-\xi^2}t)$	$\frac{\omega_n^2}{s^2+2\xi\omega_n s+\omega_n^2}$

参 考 文 献

[1] 孔凡才. 自动控制原理与系统 [M]. 3 版. 北京：机械工业出版，2005.

[2] 陈贵银. 自动控制原理与系统 [M]. 北京：电子工业出版社，2013.

[3] 胡寿松. 自动控制原理习题集 [M]. 2 版. 北京：科学出版社，2003.

[4] 刘慧英. 自动控制原理 [M]. 西安：西北工业大学出版社，2006.

[5] 姜春瑞. 自动控制原理与系统 [M]. 北京：北京大学出版社，2005.

[6] 李友善. 自动控制原理 [M]. 3 版. 北京：国防工业出版社，2005.

[7] 胡寿松. 自动控制理论 [M]. 6 版. 北京：科学出版社，2013.

[8] 夏德钤. 自动控制理论 [M]. 4 版. 北京：机械工业出版社，2013.

[9] 孙荣林. 自动控制原理 [M]. 上海：上海交通大学出版社，2001.

[10] 康晓明. 自动控制原理 [M]. 北京：国防工业出版社，2004.

[11] 鄢景华. 自动控制原理 [M]. 3 版. 哈尔滨：哈尔滨工业大学出版社，2006.

[12] 刘超，高双. 自动控制原理的 MATLAB 仿真与实践 [M]. 北京：机械工业出版社，2015.

[13] 陈明. MATLAB 函数功能速查效率手册 [M]. 北京：电子工业出版社，2012.

[14] 陈相志. 交直流调速系统 [M]. 北京：人民邮电出版社，2011.

[15] 李志华. 交流变频调速系统的特点及其重要作用 [J]. 邢台职业技术学院学报，2002，19 (1)：65 - 66.

[16] 李本红. 基于 IGBT - SPWM - VVVF 交流调速系统中的缺相和过流保护系统的设计 [J]. 机电工程技术，2015(7)：86 - 88.

[17] 段玉波. 异步电动机矢量控制技术的研究 [J].. 电气开关，2010，48 (2)：48 - 50.

[18] 王划一. 自动控制原理 [M]. 北京：国防工业出版社，2004.